Python程序员面试笔试通关攻略

聚慕课教育研发中心　编著

清華大學出版社
北京

内容简介

本书通过深入解析企业面试与笔试真题，在解析过程中结合职业需求深入地融入并扩展了核心编程技术。本书是专门为Python程序员求职和提升核心编程技能量身打造的编程技能学习与求职用书。

全书共11章。首先讲解了求职者在面试过程中的礼仪和技巧，接着带领读者学习Python语言的基础知识，并深入讲解了Python中的序列、字符串、正则表达式、线程、进程、数据库操作等核心编程技术；同时还深入探讨了Python Web开发中使用的主流框架等高级应用技术；最后，对网络编程、AI编程、数据分析、数据爬取等技术进行了扩展性介绍。

本书的目的是从多角度、全方位地帮助读者快速掌握Python程序员的面试与笔试技巧，构建从高校到社会的就职桥梁，让有志于从事Python程序员开发行业的读者轻松步入职场。本书赠送资源比较多，在前言部分对资源包的具体内容、获取方式及使用方法等做了详细说明。

本书适合想从事Python程序员开发行业或即将参加Python程序员求职考试的读者阅读，也可以作为计算机相关专业毕业生阅读的求职指导用书。

图书在版编目（CIP）数据

Python程序员面试笔试通关攻略 / 聚慕课教育研发中心编著. —北京：清华大学出版社，2022.10
ISBN 978-7-302-61563-7

Ⅰ. ①P… Ⅱ. ①聚… Ⅲ. ①软件工具－程序设计 Ⅳ. ①TP311.561

中国版本图书馆CIP数据核字（2022）第141880号

责任编辑： 张　敏
封面设计： 杨玉兰
责任校对： 徐俊伟
责任印制： 宋　林

出版发行： 清华大学出版社
网　址：http: //www.tup.com.cn，http: //www.wqbook.com
地　址：北京清华大学学研大厦A座　　邮　编：100084
社 总 机：010-83470000　　邮　购：010-62786544
投稿与读者服务：010-62776969，c-service@tup.tsinghua.edu.cn
质量反馈：010-62772015，zhiliang@tup.tsinghua.edu.cn
印 装 者： 艺通印刷（天津）有限公司
经　销： 全国新华书店
开　本： 185mm×260mm　　**印　张：** 15　　**字　数：** 377千字
版　次： 2022年12月第1版　　**印　次：** 2022年12月第1次印刷
定　价： 79.80元

产品编号：092657-01

前　言

PREFACE

本书内容

全书分为 11 章。每章均设置有“本章导读”和“知识清单”板块，便于读者熟悉和自测本章必须掌握的核心要点；同时采用知识点和面试笔试试题相互依托贯穿的方式进行讲解，借助面试笔试真题让读者对求职仿佛身临其境，从而掌握解题的思路和解题技巧；最后通过“名企真题解析”板块让读者进行真正的演练。

第 1 章为面试礼仪和技巧，主要讲解了面试前的准备、面试中的应对技巧及面试结束的礼节，全面揭开了求职的神秘面纱。本章还有阅人无数的面试官亲述面试规则和面试流程，站在面试官的角度来教读者怎样设计简历、优化资料、准备面试和面试的完美表达等。

第 2 章为 Python 基础内容，主要讲解数据类型、常量和变量、运算符和表达式、流程控制语句、类与对象等基础知识。

第 3～7 章为 Python 知识拓展，主要讲解函数、序列、字符串和正则表达式、文件和文件系统、异常处理等知识。学习完本部分内容，读者将对 Python 有更全面的认识和了解。

第 8、9 章为 Python 核心技术，主要讲解线程、进程及数据库操作。学习完本部分内容，读者将对 Python 有更全面、深入的认识。

第 10 章为高级应用技术，即 Python Web 开发，从 Web 基础知识到 Python Web 开发框架。通过本章内容的学习，读者可以提高自己的高级编程能力，为求职迅速积累工作经验。

第 11 章为求职面试笔试核心考核模块，即 Python 可视化编程，主要讲解网络编程、AI 编程、数据分析、数据爬取等内容。

全书不仅融入了作者丰富的工作经验和多年人事招聘感悟，还融入了技术达人面试笔试的众多经验与技巧，全面剖析了众多企业招聘中的面试笔试真题。

本书特色

1. 结构科学，易于自学

本书在内容组织和题型设计中充分考虑了不同层次读者的特点，由浅入深，循序渐进，无论读者的基础如何，都能从本书中找到最佳的切入点。

2. 题型经典，解析透彻

为降低学习难度，提高学习效率，本书中的样题均选自经典题型和名企真题，通过细致的题型解析让读者迅速补齐技术短板，轻松获取面试笔试经验，晋级为技术大咖。

3. 超多、实用、专业的面试技巧

本书结合实际求职中的面试笔试真题，逐一讲解 Python 开发中的各种核心技能，同时从求职者角度为读者全面揭开求职的神秘面纱，并对求职经验和技巧进行了汇总和提炼，让读者在演练中掌握知识，轻松获取录用通知（Offer）。

4. 专业创作团队和技术支持

本书由聚慕课教育研发中心编著并提供在线服务。读者在学习过程中遇到任何问题，可加入图书读者服务（技术支持）QQ 群（661907764）进行提问，作者和资深程序员将为读者在线答疑。

本书附赠超值王牌资源库

本书附赠极为丰富的超值王牌资源库，具体内容如下。

① 王牌资源 1：随赠“职业成长”资源库，突破读者职业规划与发展瓶颈。

- 职业规划库：程序员职业规划手册、程序员开发经验及技巧集、软件工程师技能手册。
- 软件技术库：200 例常见错误及解决方案、软件开发技巧查询手册。

② 王牌资源 2：随赠“面试、求职”资源库，补齐读者的技术短板。

- 面试资源库：Python 程序员面试技巧、400 套求职常见面试（笔试）真题与解析。
- 求职资源库：206 套求职简历模板、210 套岗位竞聘模板、680 套毕业答辩与学术开题报告 PPT 模板。

③ 王牌资源 3：随赠“程序员面试与笔试”资源库，拓展读者学习本书的深度和广度。

- 本书全部程序源代码（98 个实例及其源代码注释）。
- 编程水平测试系统：计算机水平测试、编程水平测试、编程逻辑能力测试、编程英语水平测试。
- 软件学习必备工具及电子书资源库：Python 常见面试笔试试题解析、Python 常用查询手册、Python 标准库查询手册、Python 关键字查询手册。

上述资源获取及使用

注意：由于本书不配送光盘，所以书中所用及上述资源均需借助网络下载才能使用。

读者加入本书服务（技术支持）QQ 群（661907764），可以下载资源和咨询关于本书的任何问题。

本书适合哪些读者阅读

本书非常适合以下人员阅读：

- 准备从事 Python 程序员工作的人员。
- 准备参加 Python 程序员求职考试的人员。
- 正在学习软件开发的计算机相关专业的毕业生。
- 准备从事软件开发行业的计算机爱好者。

创作团队

本书由聚慕课教育研发中心组织编写，参与本书编写的人员主要有裴垚、陈梦、冯成等。

在编写过程中，我们尽己所能将最好的讲解呈现给读者，但也难免有疏漏和不妥之处，敬请读者不吝指正。

编　者

2022 年 8 月

目 录

CONTENTS

第1章 面试礼仪和技巧

本章导读

所有人都说求职比较难，其实主要难在面试。在面试中，个人技能只是一部分，还有一部分在于面试的技巧。

本章将带领读者学习面试中的礼仪和技巧，不仅包括面试现场的过招细节，还包括阅人无数的面试官们亲口讲述的职场规划和面试流程，站在面试官的角度来教会读者怎样设计简历、搜集资料、准备面试和完美地表达等。

知识清单

本章要点（已掌握的在方框中打钩）：

- ☐ 简历的投递。
- ☐ 面试流程。
- ☐ 仪容仪表。
- ☐ 巧妙回答面试中的问题。
- ☐ 等候面试通知。

1.1 面试前的准备

如果应聘者想在面试中脱颖而出，面试之前的准备工作是非常重要的。本节将介绍在面试之前应该做好哪些准备工作。

1.1.1 了解面试企业的基本情况和企业文化

在进行面试之前，了解招聘公司的基本情况和企业文化是最好的战略，这不仅能让应聘者积极地面对可能出现的挑战，还能机智、从容地应对面试中的问题。了解招聘公司的最低目标是尽可能多地了解该公司的相关信息，并基于这些信息建立起与该公司的共同点，帮助自己更好地融入公司的发展规划，同时能够让公司发展得更好。

1. 对招聘公司进行调研

对招聘公司进行调研是让应聘者掌握更多关于该公司的基本信息。无论应聘者的业务水平如何，都应该能够根据常识来判断和运用所收集的信息。

1）了解招聘公司的基本情况一般包括以下几个方面：

（1）了解招聘公司的行业地位，是否有母公司或下属公司。

（2）了解招聘公司的规模、地址、联系电话、业务描述等信息，如果是上市公司，还要了解其股票代码、净销售额、销售总量及其他相关信息。

（3）招聘公司的业务是什么类型。其公司都有哪些产品和品牌。

（4）招聘公司所处的行业规模有多大。公司所处行业的发展前景预测如何。其行业是欣欣向荣的、停滞不前的还是逐渐没落。

（5）招聘公司都有哪些竞争对手，应聘者对这些竞争对手都有哪些了解。该公司与其竞争对手相比较，优势和劣势分别有哪些。

（6）了解招聘公司的管理者。

（7）招聘公司目前是正在扩张、紧缩，还是处于瓶颈期。

（8）了解招聘公司的历史，曾经历了哪些重要事件。

2）了解企业的基本方法。

应聘者可以通过互联网查询的方法来了解招聘公司的更多信息。但互联网的使用不是唯一途径，之所以选择使用互联网，是因为它比纸质材料的查询更便捷，节省时间。

（1）公司官网。必须访问招聘公司的官方网站。了解招聘公司的产品信息，关注其最近发布的新闻。访问公司官方网站获取信息能让应聘者对招聘公司的业务运营和业务方式有基本的了解。

（2）搜索网站。在网站输入招聘公司的名称、负责招聘的主管名字以及任何其他相关的关键词和信息，如行业信息等。

（3）公司年报。一个公司的年报通常包含公司使命、运营的战略方向、财务状况及公司运营情况的健康程度等信息，它能够让应聘者迅速掌握招聘公司的产品和组织结构。

2. 企业文化

几乎在每场面试中，面试官都会问公司的企业文化，你了解多少？那么如何正确并且得体地回答该问题呢？

1）了解什么是企业文化

企业文化是指一个企业所特有的价值观与行为习惯，突出体现一个企业倡导什么、摒弃什么、禁止什么、鼓励什么。企业文化包括精神文化（企业价值观、企业愿景、企业规则制度）、行为文化（行为准则、处事方式、语言习惯等）和物质文化（薪酬制度、奖惩措施、工作环境等）3 个层面，无形的文化却实实在在地影响有形的方方面面。所以企业文化不仅关系企业的发展战略部署，也直接影响着个体员工的成长与才能发挥。

2）面试官询问应聘者对企业文化了解的目的

（1）通过应聘者对该企业文化的了解程度，判断应聘者的应聘态度和诚意。一般而言应聘者如果比较重视所应聘的岗位，有进入企业工作的实际意愿，会提前了解所应聘企业的基本情况，当然也会了解该企业的企业文化内容。

（2）通过应聘者对该企业文化的表述语气或认知态度，判断应聘者是否符合企业的用人价值标准（不是技能标准），预判应聘者如果进入企业工作，能否适应企业环境、个人才能能否得到充分发挥。

3. 综合结论

面试之前要做充分的准备，尤其是在招聘公司的企业文化方面。

（1）面试之前，在纸上写下招聘公司的企业文化，不需要全部写出来，以要点的方式列出即可，这样就能够记住所有的关键点，起到加深记忆的功效。

（2）应聘者应写上自己理想中的企业文化、团队文化以及如何实现或建设这些理想文化。

完成这些工作，不仅能让应聘者在面试中力压竞争对手，脱颖而出，更能让应聘者在未来的工作中成为一个好的团队成员或一个好的领导者。

1.1.2　了解应聘职位的招聘要求以及自身的优势和劣势

面试前的准备是为了提供面试时遇到问题的解决方法，那么应聘者首先就需要明确招聘公司对该职位的招聘要求。

1. 了解应聘职位的要求

首先应聘者需要对所应聘的职位有一个准确的认知和了解，从而对自己从事该工作后的情况有一个判断，例如，应聘驾驶员就要了解可能会有工作时间不固定的情况。

一般从企业招聘的信息中可以看到岗位的工作职责和任职资格，应聘前可以详细了解，一方面能够对自己选择岗位有所帮助（了解自己与该职位的匹配度以决定是否投递），二是能够更好地准备面试。

面试官一般通过应聘者对岗位职能的理解和把握来判断应聘者对于该工作领域的熟悉程度，这也是鉴别“应聘者是否有相关工作经验”的专项提问。

2. 自身优势和劣势

首先，结合岗位的特点谈谈自身的优势，这些优势必须是应聘岗位所要求的，可以从专业、能力、兴趣、品质等方面展开论述。

其次，客观诚恳地分析自身的缺点，这部分要注意措辞，不能将缺点说成缺陷，要尽量使面试官理解并接受。同时表明决心，要积极改进不足，提高效率，保证按时保质完成任务。

最后，总结升华，在今后的工作中发挥优势、改正缺点，成为一名合格的工作人员。

1.1.3　简历的投递

1. 设计简历

很多人在求职过程中不重视简历的制作。“千里马常有，而伯乐不常有”，一个职位有时候有成百上千人在竞争，要想在人海中突出自己，简历是非常重要的。

求职简历是应聘者与招聘公司建立联系的第一步。要想在“浩如烟海”的求职简历中脱颖而出，必须对其进行精心且不露痕迹的包装，既投招聘人员之所好，又重点突出应聘者的竞争优势，这样自然会获得更多的面试机会。

在设计简历时需要注意以下几点：

1）简历篇幅

篇幅较短的简历通常会令人印象更为深刻。招聘人员浏览一份简历一般只会用 10 秒左右。如果应聘者的简历言简意赅，恰到好处，招聘人员一眼就能看到。有些招聘人员遇上较长的简历可能都不会阅读。

如果应聘者总认为自己的工作经验比较丰富，1、2 页篇幅根本放不下，怎么办？相信我，你可以的。其实，简历写得洋洋洒洒并不代表你经验丰富，反而只会显得你完全抓不住重点。

2）工作经历

在写工作经历时，应聘者只需筛选出与之相关的工作经历内容即可，否则显得累赘，不能给招聘人员留下深刻印象。

3）项目经历

写明项目经历会让应聘者看起来非常专业，对大学生和毕业不久的新人尤其如此。

简历上应该只列举 2～4 个最重要的项目。描述项目要简明扼要，如使用哪些语言或哪种技术。当然也可以包括细节，如该项目是个人独立开发还是团队合作的成果。独立项目一般比课程设计会更加出彩，因为这些项目会展现出应聘者的主动性。

项目不要列太多，否则会显得鱼龙混杂，效果不佳。

4）简历封面

在制作简历时建议取消封面，以确保招聘人员拿起简历就可以直奔主题。

2. 投递简历

在投递简历时应聘者首先要根据自身优势选择适合自己的职位然后再投递简历，简历的投递方式有以下几种：

（1）网申。这是最普遍的一种途径。每到招聘时节，网络上就会有各种各样的招聘信息。常用的求职网站有 51job、Boss 直聘、拉勾网等。

（2）电子邮箱投递。有些招聘公司会要求应聘者通过电子邮箱投递，大多数招聘公司在开宣讲会时会接收简历，部分公司还会做现场笔试或者初试。

（3）大型招聘会。这是一个广撒网的机会，不过应聘者还是要找准目标，有针对性地投简历。

（4）内部推荐。内部推荐是投简历最高效的一种方式。

1.1.4 礼貌答复面试或笔试通知

招聘公司通知应聘者面试，一般通过两种方式：电话通知或者电子邮件通知。

1. 电话通知

应聘者一旦发出求职信件，就要有一定的心理准备，那就是接听陌生人的来电。接到面试通知的电话时，应聘者一定要在话语中表现出热情。声音是另外一种表情，对方根据说话的声音就能判断出应聘者当时的表情及情绪，所以，一定要注意说话的语气及音调。如果应聘者因为另外有事而不能如约参加面试，应该在语气上表现得非常歉意，并且要积极主动和对方商议另选时间，只有这样，才不会错失一次宝贵的面试机会。

2. 电子邮件通知

（1）开门见山告诉对方收到邮件了，并且明确表示会准时到达。

（2）对收到邮件表示感谢。

（3）为了防止面试时间发生变动，要注意强调自己的联系方式，也就是暗示对方如果改变时间了，可以通知变更，防止或者错过面试时间。

1.1.5　了解公司的面试流程

在求职面试时，如果应聘者能了解到企业的招聘流程和面试方法，那么就可以有充分的准备去迎接面试了。下面总结了一些知名企业的招聘流程。

1. 微软公司招聘流程

微软公司的面试招聘被应聘者称为“面试马拉松”。应聘者需要与部门工作人员、部门经理、副总裁、总裁等人交谈，每人大概 1 小时，交谈的内容各有侧重。除信仰、民族歧视、性别歧视等敏感问题外，其他问题几乎都可能涉及。面试时，应聘者尤其应重视以下几点：

（1）应聘者的反应速度和应变能力。

（2）应聘者的口才。口才是表达思维、交流思想感情、促进相互了解的基本功。

（3）应聘者的创新能力。只有经验没有创新能力、只会墨守成规的工作方式，不是微软提倡和需要的。

（4）应聘者的技术背景。要求应聘者当场编程。

（5）应聘者的性格爱好和修养。一般通过与应聘者共进午餐或闲谈了解。

微软公司面试应聘者，一般是面对面地进行，但有时候也会通过长途电话。

当应聘者离去之后，每个面试官都会立即给其他面试官发出电子邮件，说明他对应聘者的赞赏、批评、疑问及评估。评估分为四个等级：强烈赞成聘用、赞成聘用、不能聘用、绝对不能聘用。应聘者在几分钟后走进下一个面试官的办公室时，根本不知道他对应聘者先前的表现已经了如指掌。

在面试过程中如果有两个面试官对应聘者说“No”，那这个应聘者就被淘汰了。一般说来，应聘者见到的面试官越多，应聘者的希望也就越大。

2. 腾讯公司招聘流程

腾讯公司首先在各大高校举办校园招聘会，主要招聘技术类和业务类。技术类主要招聘三类人才：

（1）网站和游戏的开发；

（2）腾讯产品 QQ 的开发，主要是 VC 方面；

（3）腾讯服务器方面：Linux 下的 C/C++程序设计。

技术类的招聘分为一轮笔试和三轮面试。笔试分为两部分：首先是回答几个问题，然后才是技术类的考核。考试内容主要包括：指针、数据结构、UNIX、TCP/UDP、Java 语言和算法。题目难度相对较大。

第一轮面试是一对一的，比较轻松，主要考查两个方面：一是应聘者的技术能力，主要是通过询问应聘者所做过的项目来考查；二是应聘者个人的基本情况及应聘者对腾讯公司的了解和认同。

第二轮面试，面试官是招聘部门的经理，会问一些专业问题，并就应聘者的笔试情况进行讨论。

第三轮面试，面试官是人力资源部的员工，主要是对应聘者进行性格能力的判断和综合能力测评。一般会要求应聘者做自我介绍，考查应聘者的反应能力，了解应聘者的价值观、求职意向及对腾讯文化的认同度。

腾讯公司面试常见问题如下：

①说说你以前做过的项目。

②你们开发项目的流程是怎样的。

③请画出项目的模块架构。

④请说说 Server 端的机制和 API 的调用顺序。

3. 华为公司招聘流程

华为公司的招聘一般分为技术类和营销管理类，总共分为一轮笔试和四轮面试。

①笔试题：35 个单选题，每题 1 分；16 道多选题，每题 2.5 分。主要考查 C/C++、软件工程、操作系统及网络，涉及少量关于 Java 的题目。

②华为公司的面试被应聘者称为“车轮战”，在 1～2 天会被不同的面试官面试 4 次，都可以立即知道结果，很有效率。第一轮面试以技术面试为主，同时会谈及应聘者的笔试；第二轮面试也会涉及技术问题，但主要是问与这个职位相关的技术，以及应聘者拥有的一些技术能力；第三轮面试主要是性格倾向面试，较少提及技术，主要是问应聘者的个人基本情况、应聘者对华为公司文化的认同度、应聘者是否愿意服从公司安排及应聘者的职业规划等；第四轮一般是用人部门的主要负责人面试，面试的问题因人而异，既有一般性问题也有技术问题。

1.1.6 面试前的心理调节

1. 调整心态

面试之前，适度的紧张有助于应聘者保持良好的备战心态，但如果过于紧张可能会导致应聘者手足无措，影响面试时的发挥。因此，要调整好心态，从容应对。

2. 相信自己

对自己进行积极的暗示，积极的自我暗示并不是盲目乐观，脱离现实，以空幻美妙的想象来代替现实，而是客观、理性地看待自己，并对自己有积极的期待。

3. 保证充足的睡眠

面试之前，很多人都睡不好觉，焦虑，但要记着充足的睡眠是面试之前具有良好精神状态的保证。

1.1.7 仪容仪表

应聘者面试的着装是非常重要的，因为通过应聘者的穿着，面试官可以看出应聘者对这次面试的重视程度。如果应聘者的穿着和招聘公司的要求比较一致，可能会拉近应聘者和面试官的心理距离。因此，根据招聘公司和职位的特点来决定应聘者的穿着是很重要的。

1. 男士

男士在夏天和秋天时，主要以短袖或长袖衬衫搭配深色西裤最为合适。衬衫的颜色最好是没有格子或条纹的白色或浅蓝色。衬衫要干净，不能有褶皱，以免给面试官留下邋遢的不好印象。冬天和春天时可以选择西装，西装的颜色应该以深色为主，最好不要穿纯白色和红色的西装，否则给面试官的感觉比较花哨、不稳重。

领带也很重要，领带的颜色与花纹要与西服相搭配。领带结要打结实，下端不要长过腰带，但也不可太短。面试时可以带一个手包或公文包，颜色以深色和黑色为宜。

一般来说，男士的发型不能怪异，普通的短发即可。面试前要把头发梳理整齐，胡子刮干净。不要留长指甲，指甲要保持清洁，口气要清新。

2. 女士

女士在面试时最好穿套装，套装的款式保守一些比较好，颜色不能太过鲜艳。另外，穿裙装的话要过膝，上衣要有领有袖。可以适当地化一个淡妆。不能佩戴过多的饰物，尤其是一动就叮当作响的手链。高跟鞋要与套装相搭配。

对于女士的发型来说，简单的马尾或者干练有型的短发都会显示出不同的气质。

①长发的女士最好把头发扎成马尾，并注意不要过低，否则会显得不够干练。刘海也应该重点修理，以不盖过眉毛为宜，还可以使用合适的发卡把刘海夹起来，或者直接梳到脑后，具体根据个人习惯而定。

②半披肩的头发要注意不要太过凌乱，有长短层次的刘海应该斜梳定型，露出眼睛和眉毛，显得端庄文雅。

③短发的女士最好不要烫发，这样会显得不够稳重。

☆**注意**☆　头发最忌讳的一点是有太多的头饰。在面试的场合，大方自然才是真。所以，不要戴过多颜色鲜艳的发夹或头花，披肩的长发也要适当地加以约束。

1.2　面试中的应对技巧

在面试的过程中难免会遇到一些这样或那样的问题，本节总结了一些在面试过程中要注意的问题，教会应聘者在遇到这些问题时应该如何应对。

1.2.1　自我介绍

自我介绍是面试进行的第一步，本质在于自我推荐，也是面试官对应聘者的第一印象。

应聘者可以按照时间顺序来组织自我介绍的内容，这种结构适合大部分人，步骤总结如下：

1. 大学时期

例如：我是计算机科学与技术专业出身，在郑州大学读的本科，暑假期间在几家创业公司参加实习工作。

2. 目前的工作，一句话概述

例如：我目前是 Java 工程师，在微软公司已经从事软件开发工作两年了。

3. 毕业后

例如：毕业以后就去了腾讯公司做开发工作。那段经历令我受益匪浅，我学到了许多有关项目模块框架的知识，并且推动了网站和游戏的研发。

这实际上表明，应聘者渴望加入一个更具有创业精神的团队。

4. 目前的工作，可以详细描述

例如：之后我进入了微软公司工作，主要负责初始系统架构，它具有较好的可扩展性，能够跟得上公司的快速发展步伐，由于表现优秀之后开始独立领导 Java 开发团队。尽管只管理手下几个人，但我的主要职责是提供技术领导，包括架构、编程等。

5. 兴趣爱好

如果应聘者的兴趣爱好只是比较常见的滑雪、跑步等活动，这会显得比较普通，可以选择一些在技术上的爱好进行说明。这不仅能提升应聘者的实践技能，而且也能展现出应聘者对技术的热爱。例如，在业余时间，我也以博主的身份经常活跃在 Java 开发者的在线论坛上，和他们进行技术的切磋和沟通。

6. 总结

我正在寻找新的工作机会，而贵公司吸引了我的目光，我始终热爱与用户打交道，并且打心底里想在贵公司工作。

1.2.2 面试中的基本礼仪

当不认识一个人的时候，对他的了解并不多，因此只能通过这个人的言行举止来进行判断。应聘者的言行举止占据了整个面试流程中的大部分内容。

1. 肢体语言

通过肢体语言可以让一个人看起来更加自信、强大并且值得信任。肢体语言能够展示什么样的素质，取决于具体的环境和场合的需要。

应聘者也需要意识到他人的肢体语言，这可能意味着应聘者需要通过解读肢体语言来判断面试官是否对你感兴趣或是否因为你的出现而感到了威胁。如果他们确实因为你的出现而感到了威胁，那么你可以通过调整自己肢体语言的方式来让对方感到放松并降低警惕。

2. 眼神交流

人的眼睛是人体中表达力最强的部分，当面试官与应聘者交谈时，如果他们直接注视应聘者的双眼，应聘者也要注视着面试官，表示应聘者在认真聆听他们说话，这也是最基本的尊重。能够保持持续有效的眼神交流才能建立彼此之间的信任。如果面试官与应聘者的眼神交流很少，可能意味着对方并不对应聘者感兴趣。

3. 姿势

姿势展现了应聘者处理问题的态度和方法。正确的姿势是指应聘者的头部和身体的自然调整，不使用身体的张力，也无须锁定某个固定的姿势。每个人都有自己专属的姿势，而且这个姿势是常年累积起来的。

应聘者无论是站立还是坐着，都要保持正直但不僵硬的姿态。身体微微前倾，而不是后倾。注意不要将手臂交叠于胸前，不交叠绕脚。虽然绕脚是可以接受的，但不要隐藏或紧缩自己的脚踝，以显示出自己的紧张。

如果应聘者在与面试官交谈时摆出的姿势是双臂交叠合抱于胸前，双腿交叠跷起且整个身体微微地侧开，给面试官的感觉是应聘者认为交谈的对象很无趣，而且对正在进行的对话心不在焉。

4. 姿态

坐立不安的姿态是最常见的。通常情况下，在与不认识的人相处或周围都是陌生人时会出现坐立不安的状态，而应对这种状态的方法就是进一步美化自己的外表，看起来更加体面，而且还能提升自信。

1.2.3 如何巧妙回答面试官的问题

在面试中，难免会遇到一些比较刁钻的问题，那么如何才能让自己的回答很完美呢？

都说谈话是一门艺术，但回答问题也是一门艺术，同样的问题，使用不同的回答方式，往往会产生不同的效果。本小节总结了一些建议，供读者采纳。

1. 回答问题谦虚谨慎

不能让面试官认为自己很自卑、唯唯诺诺或清高自负，而是应该通过回答问题表现出自己自信从容、不卑不亢的一面。

例如，当面试官问“你认为你在项目中起到了什么作用”时，如果应聘者回答：“我完成了团队中最难的工作”，此时就会给面试官一种居功自傲的感觉，而如果回答：“我完成了文件系统的构建工作，这个工作被认为是整个项目中最具有挑战性的一部分内容，因为它几乎无法重用以前的框架，需要重新设计”，则显得不仅不傲慢，反而有理有据，更能打动面试官。

2. 在回答问题时要适当留有悬念

面试官也有好奇的心理。人们往往对好奇的事情记忆更加深刻。因此，在回答面试官的问题时，记得要说关键点，通过关键点，来吸引面试官的注意力，等待他们继续“刨根问底”。

例如，当面试官对应聘者简历中的一个算法问题感兴趣时，应聘者可以回答：我设计的这种查找算法，可以将大部分的时间复杂度从 $O(n)$降低到 $O(\log n)$，如果您有兴趣，我可以详细给您分析具体的细节。

3. 回答尖锐问题时要展现自己的创造能力。

例如，当面试官问“如果我现在告诉你，你的面试技巧糟糕透顶，你会怎么反应？”

这个问题测试的是应聘者如何应对拒绝，或者是面对批评时不屈不挠的勇气，以及在强压之下保持镇静的能力。关键在于要保持冷静，控制住自己的情绪和思维。如果有可能，了解一下哪些方面应聘者可以进一步提高或改善自己。

推荐回答如下：

我是一个专业的工程师，不是一个专业的面试者。如果你告诉我，我的面试技巧很糟糕，那么我会问您，哪些部分我没有表现好，从而让自己在下一场面试中能够改善和提高。我相信您已经面试了成百上千次，我只是一个业余的面试者。同时，我是一个好学生并且相信您的专业判断和建议。因此，我有兴趣了解您给我提的建议，并且有兴趣知道如何提高自己的展示技巧。

1.2.4 如何回答技术性的问题

在面试中，面试官经常会提问一些技术性的问题，尤其是程序员的面试。那么如何回答技术性的问题呢？

1. 善于提问

面试官提出的问题，有时候可能过于抽象，让应聘者不知所措，因此，对于面试中的疑惑，应聘者要勇敢地提出来，多向面试官提问。善于提问会产生两方面的积极影响：一方面，提问可以让面试官知道应聘者在思考，也可以给面试官一个心思缜密的好印象；另一方面，方便后续自己对问题的解答。

例如，面试官提出一个问题：设计一个高效的排序算法。应聘者可能没有头绪，排序对象是链表还是数组？数据类型是整型、浮点型、字符型还是结构体类型？数据基本有序还是杂乱无序？

2. 高效设计

对于技术性问题，完成基本功能是必须的，但还应该考虑更多的内容，以排序算法为例：时间是否高效？空间是否高效？数据量不大时也许没有问题，如果是海量数据呢？如果是网站设计，是否考虑了大规模数据访问的情况？是否需要考虑分布式系统架构？是否考虑了开源框架的使用？

3. 伪代码

有时候实际代码会比较复杂，上手就写很有可能会漏洞百出、条理混乱，所以，应聘者可以征求面试官同意，在写实际代码前，写一个伪代码。

4. 控制答题时间

回答问题的节奏最好不要太慢，也不要太快，如果实在是完成得比较快，也不要急于提交给面试官，最好能够利用剩余的时间，认真检查边界情况、异常情况及极端情况等，看是否也能满足要求。

5. 规范编码

回答技术性问题时，要严格遵守编码规范：函数变量名、换行缩进、语句嵌套和代码布局等。同时，代码设计应该具有完整性，保证代码能够完成基本功能、输入边界值能够得到正确的输出、对各种不合规范的非法输入能够做出合理的处理。

6. 测试

任何软件都有 Bug，但不能因为如此就纵容自己的代码错误百出。尤其是在面试过程中，实现功能也许并不十分困难，困难的是在有限的时间内设计出的算法，各种异常是否都得到了有效的处理，各种边界值是否都在算法设计的范围内。

测试代码是让代码变得完备的高效方式之一，也是一名优秀程序员必备的素质之一。所以，在编写代码前，应聘者最好能够了解一些基本的测试知识，做一些基本的单元测试、功能测试、边界测试及异常测试。

☆**注意**☆　在回答技术性问题时，千万别一句话都不说，面试官面试的时间是有限的，他们希望在有限的时间内尽可能地多了解应聘者，如果应聘者坐在那里一句话不说，则会让面试官觉得应聘者不仅技术水平不行，而且思考问题能力及沟通能力都存在问题。

1.2.5　如何应对自己不会的问题

俗话说“知之为知之，不知为不知”，在面试过程中，由于处于紧张的环境中，对面试官提出的问题应聘者并不是都能回答出来。当遇到自己不会回答的问题时，错误的做法是保持沉默或者支支吾吾、不懂装懂，硬着头皮胡乱说一通，这样无疑是为自己挖了一个坑。

其实面试遇到不会的问题是一件很正常的事情，即使对自己的专业有相当的研究与认识，也可能会在面试中遇到不知道如何回答的问题。在面试中遇到不懂或不会回答的问题时，正确的做法是本着实事求是的原则，态度诚恳，告诉面试官不知道答案。例如，"对不起，不好意思，这个问题我回答不出来，我能向您请教吗?"

征求面试官的意见时可以说说自己的个人想法，如果面试官同意听了，就将自己的想法说出来，回答时要谦逊有礼，切不可说起来没完。应该虚心地向面试官请教，表现出强烈的学习欲望。

1.2.6　如何回答非技术性的问题

在 IT 企业招聘过程的笔试、面试环节，并非所有的内容都是 C/C++、Java、数据结构与算法及操作系统等专业知识，也包括其他一些非技术类的知识。技术水平测试可以考查一个应聘者的专业素养，而非技术类测试则更强调应聘者的综合素质。

1. 笔试中的答题技巧

①合理有效的时间管理。由于题目的难易不同，答题要分清轻重缓急，最好的做法是不按顺序答题。不同的人擅长的题型是不一样的，因此应聘者应该首先回答自己最擅长的问题。

②做题只有集中精力、全神贯注，才能将自己的水平最大限度地发挥出来。

③学会使用关键字查找，通过关键字查找，能够提高做题效率。

④提高估算能力，很多时候，估算能够极大地提高做题速度，同时保证正确性。

2. 面试中的答题技巧

（1）你一直为自己的成功付出了最大的努力吗？

这是一个简单又刁钻的问题，诚恳回答这个问题，并且向面试官展示，一直以来应聘者是如何坚持不懈地试图提高自己的表现和业绩的。都是正常人，因此偶尔的松懈或拖延是正常的现象。

参考回答如下：

我一直都在尽自己最大的努力，试图做到最好。但是，前提是我也是个正常人，而人不可能时时刻刻都保持 100%付出的状态。我一直努力地去提高自己人生的方方面面，只要我一直坚持努力地去自我提高，我觉得我已经尽力了。

（2）我可以从公司内部提拔一个员工，为什么还要招聘你这样一个外部人员呢？

提问这个问题时，面试官的真正意图是询问应聘者为什么觉得自己能够胜任这份工作。因为如果有可能直接由公司内部员工来担任这份工作，不要怀疑，大多数公司会直接这么做的。很显然，这是一项不可能完成的任务，因为他们公开招聘了。在回答的时候，根据招聘公司的需求，陈述自己的关键技术能力和资格，并推销自己。

参考回答如下：

在很多情况下，一个团队可以通过招聘外来的人员，利用其优势来提高团队的业绩或成就，这让经验丰富的员工能够从一个全新的角度看待项目或工作任务。我有 5 年的企业再造的成功经验可供贵公司利用，我有建立一个强大团队的能力、增加产量的能力及削减成本的能力、这能让贵公司有很好的定位，并迎接新世纪带来的全球性挑战。

1.2.7 当与面试官对某个问题持有不同观点时，应如何应对

在面试的过程中，对于同一个问题，面试官和应聘者的观点不可能完全一致，当与面试官持有不同观点时，应聘者如果直接反驳面试官，可能会显得没有礼貌，也会导致面试官不高兴，最终很可能会是应聘者得不到这份工作。

如果与面试官持有不一样的观点，应聘者应该委婉地表达自己的真实想法，由于应聘者不了解面试官的性情，因此应该先赞同面试官的观点，给对方一个台阶下，然后再说明自己的观点，尽量使用“同时”“而且”这类型的词进行过渡，如果使用“但是”这类型的词就很容易把自己放到面试官的对立面。

如果面试官的心胸比较豁达，他不会和你计较这种事情，万一碰到了“小心眼”的面试官，他和你较真起来，吃亏的还是自己。

1.2.8 如何向面试官提问

提问不仅能显示出应聘者对空缺职位的兴趣，还能增加自己对招聘公司及其所处行业的了解机会，最重要的是，提问能够向面试官强调自己为什么才是最佳的候选人。

因此，应聘者需要仔细选择自己的问题，而且需要根据面试官的不同而对提出的问题进行调整和设计。另外，还有一些问题在面试的初期是应该避免提出的，不管面试你的人是什么身份或来自什么部门，都不要提出关于薪水、假期、退休福利计划或任何其他可能让你看起来对薪资福利待遇的兴趣大过对公司的兴趣的问题。

提问题的原则就是只问那些对应聘者来说真正重要的问题或信息，可以从以下方面来提问。

1. 真实的问题

真实的问题就是应聘者很想知道答案的问题。例如：

①在整个团队中，测试人员、开发人员和项目经理的比例是多少？

②对于这个职位，除了在公司官网上看到的职位描述，还有什么其他信息可以提供？

2. 技术性问题

有见地的技术性问题可以充分反映出自己的知识水平和技术功底，例如：

①我了解到你们正在使用XXX技术，想问一下它是怎么来处理Y问题呢？

②为什么你们的项目选择使用XX技术而不是YY技术？

3. 热爱学习

在面试中，应聘者可以向面试官展示自己对技术的热爱，让面试官了解应聘者比较热衷于学习，将来能为公司的发展做出贡献，例如：

①我对这门技术的延伸性比较感兴趣，请问有没有机会可以学习这方面的知识？

②我对X技术不是特别了解，您能多给我讲讲它的工作原理吗？

1.2.9　明人“暗语”

在面试中，听懂面试官的“暗语”是非常重要的。“暗语”已成为一种测试应聘者心理素质、探索应聘者内心真实想法的有效手段。理解面试中的“暗语”对应聘者来说也是必须掌握的一门学问。

常见“暗语”总结如下：

（1）简历先放在这吧，有消息会通知你的。

当面试官说出这句话时，表示他对应聘者并不感兴趣。因此，作为应聘者不要自作聪明，一厢情愿地等待着消息的通知，这种情况下，一般是不会有任何消息通知的。

（2）你好，请坐。

“你好，请坐”看似简单的一句话，但从面试官口中说出来的含义就不一样了。一般情况下，面试官说出此话，应聘者回答“你好”或“您好”不重要，主要考验应聘者能否“礼貌回应”和“坐不坐”。

通过问候语，可以体现一个人的基本素质和修养，直接影响应聘者在面试官心目中的第一印象。因此，正确的回答方法是“您好，谢谢”，然后坐下来。

（3）你是从哪里了解到我们的招聘信息的。

面试官提出这种问题，一方面是在评估招聘渠道的有效性，另一方面是想知道应聘者是否有熟人介绍。一般而言，熟人介绍总体上会有加分，但是也不全是如此。如果是一个在单位里表现不佳的熟人介绍，则会起到相反的效果，而大多数面试官主要是为了评估自己企业发布招聘广告的有效性。

（4）你有没有去其他什么公司面试？

此问题是在了解应聘者的职业生涯规划，同时来评估应聘者被其他公司录用或淘汰的可能性。当面试官对应聘者提出这种问题时，表明面试官对应聘者是基本肯定的，只是还不能下决定是否最终录用。如果应聘者还应聘过其他公司，请最好选择相关联的岗位或行业回答。一般而言，如果应聘过其他公司，一定要说自己拿到了其他公司的录用通知，如果其他公司的行业影响力高于现在面试的公司，无疑可以加大应聘者自身的筹码，有时甚至可以因此拿到该公司的顶级录用通知，如果其他公司的行业影响力低于现在面试的公司，回答没有拿到录用通知，则会给面试官一种误导：连这家公司都没有给录用通知，如果给录用通知了，岂不是说明实力不如这家公司？

（5）结束面试的暗语。

在面试过程中，一般应聘者进行自我介绍之后，面试官会相应地提出各类问题，然后转向谈工作。面试官通常会把工作的内容和职责大致介绍一遍，接着让应聘者谈谈今后工作的打算，然后再谈及福利待遇问题，谈完之后应聘者就应该主动做出告辞的姿态，不要故意去拖延时间。

面试官认为面试结束时，往往会用暗示的话语来提醒应聘者，例如：

- 我很感谢你对我们公司这项工作的关注。
- 真难为你了，跑了这么多路，多谢了。
- 谢谢你对我们招聘工作的关心，我们一旦做出决定就会立即通知你。
- 你的情况我们已经了解。

此时，应聘者应该主动站起身来，露出微笑，和面试官握手并且表示感谢，然后有礼貌地退出面试室。

（6）面试结束后，面试官说“我们有消息会通知你”。

一般而言，面试官让应聘者等通知，有多种可能：

- 对应聘者不感兴趣。
- 面试官不是负责人，需要请示领导。
- 对应聘者不是特别满意，希望再多面试一些人，如果没有更好的，就录取。
- 公司需要对面试留下的人进行重新选择，安排第二次面试。

（7）你能否接受调岗？

有些公司招收岗位和人员比较多，在面试中，当听到面试官说出此话时，言外之意是该岗位也许已经满员了，但公司对应聘者很有兴趣，还是希望应聘者能成为企业的一员。面对这种提问，应聘者应该迅速做出反应，如果认为对方是个不错的公司，应聘者对新的岗位又有一定的把握，也可以先进单位再选岗位；如果对方公司状况一般，新岗位又不太适合自己，可以当面拒绝。

（8）你什么时候能到岗？

当面试官问及到岗的时间时，表明面试官已经同意录用应聘者了，此时只是为了确定应聘者是否能够及时到岗并开始工作。如果的确有隐情，应聘者也不要遮遮掩掩，适当说明情况即可。

1.3 面 试 结 束

面试结束之后，无论结果如何，都要以平常心来对待。即使没有收到该公司的 offer 也没关系，应聘者需要做的就是好好地准备下一家公司的面试。应聘者多面试几家之后，应聘者自然会明白面试的一些规则和方法，这样也会在无形之中提高应聘者面试的通过率。

1.3.1 面试结束后是否会立即收到回复

一般在面试结束后应聘者不会立即收到回复，原因主要是因为面试公司的招聘流程问题。许多公司，人力资源和相关部门组织招聘，在对人员进行初选后，需要高层进行最终的审批确认，才能向面试成功者发送 offer。

应聘者一般在 3～7 个工作日会收到通知。

（1）公司在结束面试后，会将所有候选人从专业技能、综合素质、稳定性等方面结合起来，进行评估对比，择优选择。

（2）选中候选人之后，还要结合候选人的期望薪资、市场待遇、公司目前薪资水平等因素为候选人定薪，有些公司还会提前制定好试用期考核方案。

（3）薪资确定好之后，公司内部会走签字流程，确定各个相关部门领导的同意。

建议应聘者在等待面试结果的过程中可以继续寻找下一份工作，下一份工作确定也需要几天时间，两者并不影响。如果应聘者在人事部商讨的回复结果时间内没有接到通知，可以主动打电话去咨询，并明确具体没有通过的原因，然后做改善。

1.3.2　面试没有通过是否可以再次申请

如果面试没有通过，是否可以再次申请？当然可以，不过应聘者通常需要等待 6 个月到 1 年的时间才可以再次申请。

目前有很多公司为了能够在一年一度的招聘季节中，提前将优秀的程序员招入自己公司，往往会先下手为强。他们通常采取的措施有两种：一是招聘实习生；二是多轮招聘。很多应聘者可能会担心，万一面试时发挥不好，没被公司选中，会不会被公司写入黑名单，从此再也不能投递这家公司。

一般而言，公司是不会“记仇”的，尤其是知名的大公司，对此都会有明确的表示。如果在公司的实习生招聘或在公司以前的招聘中未被录取，一般是不会被拉入公司的“黑名单”的。在下一次招聘中，和其他应聘者一样，具有相同的竞争机会。上一次面试中的糟糕表现一般不会对应聘者的新面试有很大的影响。例如，有很多人都被谷歌公司或微软公司拒绝过，但他们最后还是拿到了这些公司的录用通知书。

如果被拒绝了，也许是在考验，也许是在等待，也许真的是拒绝。但无论出于什么原因，应聘者此时此刻都不要对自己丧失信心。所以，即使被公司拒绝了也不是什么大事，以后还是有机会的。

1.3.3　怎样处理录用与被拒

面试结束，当收到录取通知时，应聘者是接受该公司的录用还是直接拒绝呢？无论是接受还是拒绝，都要讲究方法。

1. 录用回复

公司发出的录用通知大部分都有回复期限，一般为 1～4 周。如果这是应聘者心仪的工作，应聘者需要及时给公司进行回复，但如果应聘者还想要等其他公司的录用通知，应聘者可以请求该招聘公司延长回复期限，如果条件允许，大部分公司都会予以理解。

2. 如何拒绝录用通知

当应聘者发现对该公司不感兴趣时，应聘者需要礼貌地拒绝该公司的录用通知，并与该公司做好沟通工作。

在拒绝录用通知时，应聘者需要提前准备好一个合乎情理的理由。例如，当应聘者要放弃大公司而选择创业型公司时，应聘者可以说自己认为创业型公司是当下最佳的选择。由于这两种公司大不相同，大公司也不可能突然转变为创业型公司，所以他们也不会说什么。

3. 如何处理被拒

当面试被拒后，应聘者也不要气馁，这并不代表你不是一个好的工程师。有很多公司都明白面试并不都是完美的，因此也丢失了许多优秀的工程师，所以，有些公司会与原来表现不佳的应聘者主动联系。

当应聘者接到被拒的电话时，应聘者要礼貌地感谢招聘人员为此付出的时间和精力，表达自己的遗憾和对他们做出决定的理解，并询问什么时间可以重新申请。同时还可以让招聘人员给出面试反馈。

1.3.4 录用后的薪资谈判

在进行薪水谈判时，应聘者最担心的事情莫过于招聘公司会因为薪水谈判而改变录用自己的决定。在大多数情况下，招聘公司不仅不会更改自己的决定，而且会因为应聘者勇于谈判、坚持自己的价值而对应聘者刮目相看，这表示应聘者十分看重这个职位并认真对待这份工作。如果公司选择了另一个薪水较低的人员，或者重新经过招聘、面试的流程来选择合适的人选，那么他需要花费的成本远远要高出应聘者要求的薪酬水平。

在进行薪资谈判时要注意以下几点：

①在进行薪资谈判之前，要考虑未来自己的职业发展方向。

②在进行薪资谈判之前，要考虑公司的稳定性，毕竟没有人愿意被解雇或下岗。

③在公司没有提出薪水话题之前不要主动进行探讨。

④了解该公司中的员工薪资水平，以及同行业其他公司中员工的薪资水平。

⑤可以适当高估自己的价值，甚至可以把自己当成该公司不可或缺的存在。

⑥在进行薪资谈判时，采取策略，将谈判的重点引向自己的资历和未来的业绩承诺等核心价值的衡量上。

⑦在进行薪资谈判时，将谈判的重点放在福利待遇和补贴上，而不仅仅关注工资的税前总额。

⑧如果可以避免，尽量不要通过电话沟通和协商薪资和福利待遇。

1.3.5 入职准备

入职代表着应聘者的职业生涯的起点，在入职前做好职业规划是非常重要的，它代表着应聘者以后工作的目标。

1. 制定时间表

为了避免出现“温水煮青蛙”的情况，应聘者要提前做好规划并定期进行检查。需要好好想一想 5 年之后想干什么、10 年之后身处哪个职位、如何一步步地达成目标。另外，每年都需要总结过去的一年里自己在职业与技能上取得了哪些进步、明年有什么规划。

2. 人际网络

在工作中，应聘者要与经理、同事建立良好的关系。当有人离职时，也可以继续保持联络，这样不仅可以拉近你们之间的距离，还可以将同事关系升华为朋友关系。

3. 多向经理学习

大部分经理都愿意帮助下属，所以，应聘者应可能地多向经理学习。如果应聘者想以后从事更多的开发工作，应聘者可以直接告诉经理；如果应聘者想往管理层发展，可以与经理探讨自己需要做哪些准备。

4. 保持面试的状态

即使应聘者不是真的想要换工作，也要每年制定一个面试目标。这有助于提高应聘者的面试技能，并让应聘者能胜任各种岗位的工作，获得与自身能力相匹配的薪水。

第 2 章

Python 面试基础

本章导读

从本章开始带领读者学习 Python 的基础知识，以及在面试和笔试中常见的问题。本章前半部分主要讲解 Python 的基础知识，帮助读者巩固基础，厘清知识脉络；后半部分通过解析题目，帮助读者掌握回答问题的技巧；本章的最后总结了一些知名企业的面试及笔试中较深入的真题。

知识清单

本章要点（已掌握的在方框中打钩）：

- ☐ 数据类型和变量。
- ☐ 运算符和流程控制语句。
- ☐ 面向对象的特性。
- ☐ 抽象类和抽象方法。
- ☐ 接口的使用。

2.1 Python 核心知识

本节主要讲解 Python 中的基本数据类型、局部变量、成员变量、运算符、表达式及流程控制语句等基础知识。读者只有牢牢掌握这些基础知识，才能在面试及笔试中应对自如。

2.1.1 数据类型

在 Python 中有 6 种标准的数据类型，这 6 种数据类型可以划分为可变数据类型与不可变数据类型两大类，其中可变数据类型包括 List（列表）、Dictionary（字典）、Set（集合）；不可变数据类型包括 Number（数字型）、String（字符串型）、Tuple（元组）。

基本数据类型如表 2-1 所示。

表 2-1 基本数据类型

分 类	数 据 类 型	类 型	表示及作用
不可变数据类型	Number（数字型）	Int（整型）	对应数学中的整数，分为正整数与负整数，通常没有小数点。在 Python 3 中整数不限制大小，相当于 Python 2 中的 Long（长整型）
		Float（浮点型）	对应数学中的小数，通常由整数部分与小数部分组成
		Complex（复数型）	对应数学中的复数，由实数部分与虚数部分组成，在 Python 中使用 a+bj 或者 complex(a,b)方式表示复数，其中组成复数的实部与虚部都属于浮点型数据
		Bool（布尔型）	布尔值通常用来进行逻辑判断，使用常量 True 和 False 来表示。在 Python 中 Bool 数据类型是 Int 数据类型的子类，在一些情况下可以通过 True==1 或 False==0 的方式进行判断
	String（字符串型）	''（单引号）	在 Python 中字符或者字符串类型的数据需要使用单引号或者双引号括起来。其中单引号与双引号的用法相同，需要根据实际情况进行选择
		""（双引号）	
		''''''（三引号）	对长度较长的字符串或字符串需要进行格式化显示输出时，可使用这种方式
	Tuple（元组）	()（小括号）	在 Python 中，元组一般以小括号的形式表示，它是一种不可修改的列表，一旦创建完成就不能对元组进行修改操作
可变数据类型	List（列表）	[]（方括号）	在 Python 中，列表通常以中括号的形式表示，它是使用最频繁的一种数据类型，在列表中可以存储不同种类的数据类型，如数字、字符串、元组、列表字典、对象等
	Set（集合）	{}或者 set()	在 Python 中，集合通常以花括号或者 set()形式表示，在创建空集合时需要使用 set()方式创建，{}方式创建的是空字典
	Dictionary（字典）	{}或者 dict()	在 Python 中，字典是以花括号的形式表示，字典内元素以键值对的方式存储，而且字典中元素的存储是无序的，需要通过元素的键来对元素值进行操作

在 Python 项目开发过程中，经常面临操作数据的需求，但是有时候数据类型不一致，需要先对数据类型进行转换，然后才能进行数据操作。

常见的数据类型转换方式如表 2-2 所示。

表 2-2 基本数据类型转换

原数据类型	要转换的数据类型	转 换 方 式
Int（整数型）	Float（浮点型）	float（整数），通过该函数可以将整数转换为浮点数
	Complex（复数型）	complex（整数），通过该函数可以将整数转换为复数
	String（字符串型）	str（整数），通过该函数可以将整数转换为字符串型

续表

原数据类型	要转换的数据类型	转 换 方 式
Float（浮点型）	Int（整数型）	int（浮点数），通过该函数可以将浮点数转换为整数。需要注意 int()函数去除小数部分时不会进行四舍五入处理
	Complex（复数型）	complex（浮点数），通过该函数可以将整数转换为复数
	String（字符串型）	str（浮点数），通过该函数可以将整数转换为字符串型
String（字符串型）	Int（整数型）	int（字符串），可以将纯数字类型的字符串转换为整数
	Float（浮点型）	float（字符串），可以讲纯数字类型的字符串转换为浮点数
	Complex（复数型）	complex（字符串），通过该函数将字符串转换为复数时通常只能设置实部部分，若要设置虚部字符串，格式应为'实部数字+虚部数字j'，加号的两侧不能存在空格
	Tuple（元组）	tuple（字符串），该函数可以将字符串转换为元组，例如 tuple('123')，转换后为（1,2,3）
	List（列表）	list（字符串），该函数可以将字符串转换为列表，例如 list('123')，转换后为[1,2,3]
	Set（集合）	set（字符串），该函数可以将字符串转换为集合，但是在转换过程中会去重，相同的字符只保留一个，例如 set('abceadea')，转换后为{'c','a','b','d','e'}
	Dictionary（字典）	因为字典中的元素是以键值对的形式存储的，所以字符串转换为字典的核心是利用 map 建立映射关系。例如 str1='abcd'，str2='1234'通过 dict(zip(str1,str2))转换，转换后为{'a':'1','b':'2','c':'3','d':'4'}
Tuple（元组）	String（字符串型）	在 Python 中，通过 join()函数将元祖转换为字符串，例如 tuple=(1,2,a)，通过''.join(tuple)进行转换，转换后为 12a
	List（列表）	list（元组），该函数可以将元组转换为列表，例如 tuple=(1,2,3)，通过 list(tuple)转换后为[1,2,3]
	Set（集合）	set（元组），该函数可以将元组转换为集合，转换过程中会去除元组中的重复元素，例如 tuple=(1,2,1),经过 set(tuple)转换后为{1,2}
	Dictionary（字典）	元组转换为字典，也是采用 map 建立映射关系。例如 tuple1=(a,b,c)，tuple2=(1,2,3)，通过 dict(zip(tuple1,tuple2))进行转换，转换后的结果为{'a':1,'b':2,'c':3}
List（列表）	String（字符串型）	列表转字符串与元组转字符串基本一致，需要使用 join()函数
	Tuple（元组）	tuple（列表），通过该函数可以将列表转换为元组。例如 list=[1,2,3]，转换后为(1,2,3)
	Set（集合）	set（列表），该函数可以将列表转换为集合，转换过程中会去除列表中的重复元素
	Dictionary（字典）	列表转换为字典，同样采用 map 建立映射关系。例如 list1=[a,b,c]，list2=[1,2,3]，通过 dict(zip(list1,list2))进行转换，转换后的结果为{'a':1,'b':2,'c':3}
Set（集合）	String（字符串型）	集合转换为字符串也需要使用 join()函数
	Tuple（元组）	集合通过 tuple()函数转换为元组，例如 set={1,2,3}，经 tuple(set)转换后为(1,2,3)

续表

原数据类型	要转换的数据类型	转 换 方 式
Set（集合）	List（列表）	集合转换为列表使用 list()函数，例如 set={1,2,3}，经 list（set）转换后为[1,2,3]
Dictionary（字典）	String（字符串型）	str（字典），该函数可以将字典转换为字符串
	Tuple（元组）	字典内的元素是键值对，在转换为元组时都会出现两种情况。例如 dict={'a':1,'b':2,'c':3}，经 tuple(dict)转换后为('a','b','c')，是字典中所有的键；经 tuple(dict.values())转换后为(1,2,3)，是字典中所有的值
	List（列表）	字典转换为列表，分为 list（字典）与 list（字典.values()）两种情况
	Set（集合）	字典转换为列表，分为 set（字典）与 set（字典.values()）两种情况

2.1.2 常量和变量

在 Python 中，数值存储通常分为两类，一类是变量，存放可以更改的数据；另一类是常量，存放不可以更改的数据。

1. 常量

常量在 Python 中只进行一次复制，并且程序运行过程中不会发生变化，一般使用大写字母进行命名，声明常量的语法格式如下：

```
常量名=值
```

2. 变量

变量既可以存储部分程序的运行结果，也可以进行数据计算，在 Python 中变量创建后可以多次赋值，它的值可以随着程序的运行发生改变。变量的语法格式如下：

```
变量名=值
```

在 Python 中变量的命名需要遵循以下规则：

① 变量的命名应当有一定的意义，可以使用英文单词或者缩写来命名，例如，电话号码可以使用 telephone 或者 tel 来命名。

② 在同一个模块、同一类、同一方法中创建变量时变量名不能重复，否则后创建的变量会覆盖先创建的变量。

③ 变量名可以由字母、数字、下画线组成，不能包括特殊字符（#$?<.,*!~等），也不能以数字开头。

④ 较长变量名的书写应当采用驼峰或者下画线的方式，例如，学生学号使用驼峰式书写为 studentNumber，使用下画线式书写为 student_number。

⑤ 进行变量命名时不能使用 Python 中的关键字。

Python 中的关键字如表 2-3 所示。

表 2-3 Python 中的关键字

关 键 字	关 键 字	关 键 字	关 键 字
True	False	None	as
or	and	if	else

续表

关 键 字	关 键 字	关 键 字	关 键 字
elif	While	for	try
except	finally	raise	class
def	del	global	in
is	not	pass	return
continue	lambda	nonlocal	yield

Python 中变量声明的位置不同，其作用范围也不同，一般根据变量的作用将变量划分为局部变量与全局变量。

全局变量一般声明在类或函数之外，文件中所有的函数或者类都能使用该变量。局部变量一般声明在类或函数内部，只有声明该变量的类或函数才能使用该变量。若要在类或函数中声明一个全局变量，需要使用关键字 global 修饰变量。声明全局变量与局部变量的格式如下：

```
num1=0              #全局变量
def func1():
    num2=1          #局部变量
    print(num2+num1)
def func2():
    global num3     #全局变量，需用调用该函数后，才能作为全局变量使用
    num3=2
    print(num3+num1)
```

2.1.3 运算符和表达式

在 Python 中逻辑语句通常由表达式组成，表达式可以分为操作数与运算符，运算符一般是指数学中的运算符号，如“+”“-”“*”“/”“%”等。操作数是运算符两侧的数据，一般是常量、变量或者函数等。

1. 算术运算符

算术运算符是用来完成操作数的运算，Python 中常用的算术运算符及含义如表 2-4 所示。

表 2-4　算术运算符及含义

运 算 符	含 义
+	加法，把运算符两侧的值相加，即 a+b
-	减法，用左边的操作数减去右边的操作数，即 a-b
*	乘法，把操作符两侧的值相乘，即 a*b
/	除法，用左边的操作数除以右边的操作数，即 a/b
%	取余，左边操作数除以右边操作数的余数，即 a%b
**	幂，a 的 b 次方，即 a**b
//	取整，a 除以 b 商的整数，即 a//b
++	自增，自增加 1，即 a++
--	自减，自减减 1，即 a--

2. 关系运算符

关系运算符一般用来比较两个操作数的大小，确定两个操作数之间的关系。Python 中常用的关系运算符及含义如表 2-5 所示。

表 2-5　关系运算符及含义

运 算 符	含　　义
==	检查两个操作数的值是否相等，如果相等即 a=b，则条件为真
!=	检查两个操作数的值是否相等，如果值不相等即 a!=b，则条件为真
<>	检查两个操作数的值是否相等，值不相等，条件为真。Python 3 中移除了该运算符
>	检查左操作数的值是否大于右操作数的值，如果大于即 a>b，则条件为真
<	检查左操作数的值是否小于右操作数的值，如果小于即 a<b，则条件为真
>=	检查左操作数的值是否大于或等于右操作数的值，如果 a>=b，则条件为真
<=	检查左操作数的值是否小于或等于右操作数的值，如果 a<=b，则条件为真

3. 逻辑运算符

逻辑运算符用来连接不同的运算变量或者表达式，从而组成一个逻辑表达式，通过对比逻辑表达式整体是否成立，然后根据结果返回 True 或 False。Python 中常用的逻辑运算符及含义如表 2-6 所示。

表 2-6　逻辑运算符及含义

运 算 符	含　　义
and	逻辑与运算符，当且仅当两个操作数都为真时，条件才为真，即 a and b
or	逻辑或运算符，如果两个操作数中的任何一个为真，则条件为真，即 a or b
not	逻辑非运算符，反转操作数的逻辑状态。如果条件为 True，则逻辑非运算符将得到 False，即 not（a and b）

4. 赋值运算符

赋值运算符最基本的功能就是为变量赋值，此外，赋值运算符也可以在为变量进行赋值的同时对变量进行一些运算操作。Python 中常用的赋值运算符及含义如表 2-7 所示。

表 2-7　赋值运算符及含义

运 算 符	含　　义
=	简单的赋值运算符，将右操作数的值赋给左侧操作数，即 c=1
+=	加法赋值运算符，先将左操作数和右操作数进行相加运算，然后把结果赋值给左操作数，即 c +=a 等价于 c=c+a
-=	减法赋值运算符，先将左操作数和右操作数进行相减操作，然后把结果赋值给左操作数，即 c-=a 等价于 c=c-a
*=	乘法赋值运算符，先将左操作数和右操作数进行相乘操作，然后把结果赋值给左操作数，即 c*=a 等价于 c=c*a
/=	除法赋值操作符，先将左操作数和右操作数进行相除操作，然后把结果赋值给左操作数，即 c/=a 等价于 c=c/a
（%）=	取模赋值操作符，先将左操作数和右操作数进行取模操作，然后把结赋值给左操作数，即 c%=a 等价于 c=c%a

5. 位运算符

位运算符用来对操作数进行二进制运算操作，其操作数的类型是整数类型，运算的结果也是整数类型。Python 中常用的位运算符及含义如表 2-8 所示。

表 2-8　位运算符及含义

运 算 符	含　义
<<	左移位运算符，例如，a<<b 将 a 的各位二进制向左移动 b 位，高位丢失，低位补 0
>>	右移位运算符，例如，a>>b 将 a 的各位二进制向右移动 b 位
&	按位与赋运算符，如果参与运算的两个操作数相同的位都为 1，该位结果为 1，否则为零。例如，0010 与 1011 按位与运算后结果为 0010
^	按位异或运算符，参与运算的两个操作数的位相同时为 0，相异时为 1。例如，0110 与 1011 按位异或运算后结果为 1101
|	按位或运算符，当参与运算的两个操作数相同的位有一个为 1 时，该位结果为 1。例如，0110 与 1011 按位或运算后结果为 1111
~	按位取反运算符，对参与的操作数进行二进制取反，例如，a=8，其四位二进制写法为 1000，进行取反（~a）操作后为 0111，结果为 7

2.1.4　流程控制语句

1. 顺序语句

顺序语句的执行顺序是自上而下，依次执行。

2. 条件语句

（1）if 语句

```
if 条件表达式:
    条件表达式成立时执行该语句
```

如果条件表达式的值为 True，则执行 if 语句中的代码块，否则执行 if 语句块后面的代码。

（2）if…else 语句

```
if 条件表达式:
    条件表达式成立时执行该语句
else:
    条件表达式不成立时执行该语句
```

（3）if 嵌套语句

```
if 条件表达式 1:
   if 条件表达式 2:
       语句 1
   elif 条件表达式 3:
       语句 2
   else:
       语句 3
else:
   语句 4
```

3. 循环语句

（1）while 语句

while 循环语句执行时，先进行表达式的判断，如果表达式结果为 True，则执行循环体内的语句，否则退出循环。while 循环语句中的循环体可以是一条语句或空语句，也可以是复合语句。

```
while 条件表达式:
    循环体
```

（2）for 语句

Python 中 for 循环语句通常用来进行列表、字典、集合、元组等序列的遍历。

```
for 迭代变量 in列表|字典|集合:
    循环体
```

☆**注意**☆ while 循环语句一般应用循环次数较多或者循环次数不确定的情景；for 循环语句一般应用于循环次数较少或者循环次数确定的情景。执行循环时可以通过 continue 和 break 结束循环，其中，continue 是结束本次循环进行下次循环，break 是结束所有循环。

2.2 面向对象

Python 在设计之初就是作为一种面向对象的语言，因为面向对象的编程方式更符合人们的逻辑思维习惯，而且面向对象的编程方式具有多态、封装和继承的特性，可以降低软件复杂性，提高软件的生产效率，使系统更加灵活，便于维护。

2.2.1 封装

面向对象编程语言的核心思想就是封装。封装通常是指将对象的属性与行为进行封装，将具体实现的过程与细节进行隐藏，用户或者外界只能通过特定的接口对数据进行访问，从而保证了数据的安全性。

1. 属性的封装

为了保证数据的安全性，确保属性只能在类的内部访问，需要对属性进行封装。对类属性的封装的过程是把类属性转换为私有属性，Python 语言规定在类中一个以下画线开头的属性为私有属性，如 self.__属性名。对于类中的私有属性，需要提供私有属性相应的获取与设置方法，如 getXxx()与 setXxx()方法，通过这两个方法可以访问私有属性，保证对私有属性操作的安全性。具体实现操作如下：

```
class Apple:
    def __init__(self):
          #私有属性
          self.__color='Cyan'
    #私有属性的获取方法
    def get_color(self):
          return self.__color
    #私有属性的设置方法
    def set_color(self,color):
          self.__color=color
#程序主入口
if __name__=="__main__":
    apple=Apple()             #实例化对象
    print(apple.get_color())
```

```
    apple.set_color('Red')  #设置私有属性
    print(apple.get_color())
```

2. 方法的封装

对于方法的封装，与属性的封装类似，需要将类方法转换为私有方法。Python 语言规定以双下画线开头的方法为私有方法，如__方法名(self)。通过方法封装可以分隔复杂度，提高复用性与安全性。方法的封装如下：

```
#封装方法
class Apple:
    #私有方法
    def __eat(self):
        print('eat a apple')
    def func(self):
        self.__eat()          #调用私有方法
#程序主入口
if __name__=="__main__":
    apple=Apple()
    apple.func()
```

封装是一种很好的保护方式，可以隐藏内部细节与实现过程，只为外部提供一个接口用来访问数据，从而保证了数据的安全性，使程序具有更高的内聚性与较低的耦合性。

2.2.2　继承

继承主要指的是类与类之间的关系。通过继承，可以效率更高地对原有类的功能进行扩展。继承不仅增强了代码的复用性，提高了开发效率，更为程序的修改补充提供了便利。

Python 中进行类继承时可以继承多个类，即一个子类可以继承多个父类。在 Python 中如果继承了多个父类，在查询时分为深度优先与广度优先两种查询方式，其中 Python 2 默认使用经典类采用深度优先方式，Python 3 默认使用新式类采用广度优先查询方式。

Python 中子类继承父类时具有以下特点：

① 子类可以继承父类的属性与方法。

② 子类不能直接使用父类的私有属性与私有方法。

③ 子类可以覆盖父类的属性或方法。

④ 子类使用父类构造函数时需要继承父类的构造函数，继承父类构造函数时有经典类与新式类两种写法。经典类写法是父类名称.__init__(self,参数 1，参数 2，...)，新式类写法是 super (子类，self)__init__(参数 1，参数 2，...)。

Python 语言类继承的具体用法如下：

```
class People:
    def __init__(self):
        self.name='人类'
        self.face='圆'
    def eat(self):
        print('吃食物')
class Man(People):
    def __init__(self):
        #经典类继承父类构造函数写法
        People.__init__(self,)
```

```
        #新式类继承父类构造函数写法
        super(Man,self).__init__()
```

2.2.3 多态

多态是指若干子类继承同一个父类，然后子类对父类中的方法根据不同的需求进行重构，使得同一个方法可以实现不同的功能。

Python 中多态具有以下特点：

① 多态是在继承的基础上实现的。

② 父类不同的子类，具有不同的表现形式。

③ 多态的实现需要使用父类来创建子类。

多态的具体实现效果如下：

```
#父类
class People:
    def __init__(self):
        self.name='人类'
        self.face='圆'
    def eat(self):
        print('吃食物')
#子类
class Man(People):
    def __init__(self,name,face):
        #新式类继承父类构造函数写法
        super(Man,self).__init__()
        self.name=name
        self.face=face
    #重构父类方法
    def eat(self):
        print('男人喜欢喝酒')
#子类
class Woman(People):
    def __init__(self,name,face):
        #新式类继承父类构造函数写法
        super(Woman, self).__init__()
        self.name=name
        self.face=face
    #重构父类方法
    def eat(self):
        print('女人喜欢吃甜食')
def func(people):
    people.eat()
if __name__=="__main__":
    man=Man('男人','长')
    woman=Woman('女人','瓜子')
    func(man)
    func(woman)
```

使用多态后，当后期需求发生变更时，可创建出新的子类。之前所有的父类对象都可以使用新子类的功能，因此，可以提高代码的维护性，方便扩展。

2.3　精选面试笔试解析

根据前面介绍的 Python 基础知识，本节总结了一些在面试或笔试过程中经常遇到的问题。通过本节的学习，读者将掌握在面试或笔试过程中回答问题的方法。

2.3.1　Python 中的数据类型转换

试题题面：Python 中的数据类型是如何转换的？

题面解析：本题主要考查应聘者对基本数据类型之间相互转换的熟练程度。看到此问题，应聘者应该把关于数据类型的所有知识在脑海中回忆一下，其中包括基本数据类型都有哪些、数据类型的作用等，熟悉了数据类型的基础知识后，数据类型之间的转换问题将迎刃而解。

解析过程：

Python 中的数据类型可以分为 6 类，分别是数值型、字符串型、元组、列表、集合、字典。数值型、字符串型、元组属于不可变数据类型；列表、集合、字典属于可变数据类型。数值型可以划分为整数型、浮点型和复数。

数据类型的转换如下。

1. 数值型内部转换

数值型的转换最常用的是整数型与浮点型之间的相互转换，整数型→浮点型，使用 float()函数；浮点型→整数型，使用 int()函数。需要注意浮点型转换为整数型时小数点后面的数值会丢失。

2. 转换为字符串类型

在 Python 中数值型、元组、列表、集合、字典几种数据类型都可以转换为字符串类型。其他数据类型→字符串类型，其中数值型和字典使用 str()函数，元组、列表和集合使用 join()函数。

3. 转换为元组类型

在 Python 中可以将字符串、列表、集合、字典转换为元组类型。其他数据类型→元组类型，使用 tuple()函数。

4. 转换为列表类型

在 Python 中可以将字符串、元组、集合、字典转换为列表类型。其他数据类型→列表类型，使用 list()函数。

5. 转换为集合类型

在 Python 中可以将字符串、元组、列表、字典转换为列表类型。其他数据类型→集合类型，使用 set()函数。

6. 转换为字典类型

在 Python 中可以将字符串、元组、列表转换为字典类型。其他数据类型→字典类型，使用 dict()函数，其中元组和列表转换为字典时都需要使用 map 建立映射关系。

2.3.2　如何在 Python 中使用三元运算符

试题题面：如何在 Python 中使用三元运算符？

题面解析：本题主要考查应聘者对运算符和表达式的掌握程度。看到此问题，应聘者需要把关于运算符和表达式的相关知识在脑海中回忆一下，其中包括运算符有哪些类型、表达式的运用等。熟悉了运算符及表达式的基础知识后，三元运算符之间的转换问题将迎刃而解。

解析过程：

在 Java 中，三元运算符为 b=a>1?"执行表达式 1":"执行表达式 2"，但是在 Python 中没有专用的三元运算符，不过可以使用逻辑运算符和表达式相互结合的方式实现三元运算。

在 Python 中三元运算符的用法如下：

```
1.变量形式的三元运算符
a=6
b=9
c=''
#如果 a>b 表达式成立，则将变量 a 的值赋值给 c；如果表达式不成立，则将变量 b 的值赋值给 c
c=a if a>b b
2.表达式形式的三元运算符
a=6
b=9
c=''
#如果 a>b 表达式成立，则执行表达式 a+b 并将运算结果赋值给 c；如果表达式不成立，则执行表达式 a-b 并将
 运行结果赋值给 c
c=a+b if a>b a-b
```

2.3.3　Python 中标识符的命名规则

试题题面：Python 中标识符的命名规则都有哪些？

题面解析：本题主要考查应聘者对标识符命名的熟练程度。看到此问题，应聘者需要把关于标识符命名的相关知识在脑海中回忆一下，其中包括标识符命名可以使用的字符、标识符的书写规则、Python 关键字等知识点。

解析过程：

Python 中标识符的命名规则具有以下特点：

① 标识符命名具有一定的意义。

② 标识符由字母、下画线、数字组成，不能使用其他特殊符号（如#、￥、*、%等）。

③ 标识符命名不能以数字开头。

④ 标识符书写时应当使用驼峰或者下画线方式。

⑤ 标识符不能使用 Python 关键字（如 if、else、and、or、from、for、while 等）。

2.3.4　有序数据类型如何反转?反转函数 reverse()与 reversed()的区别

试题题面：字符串、列表、元组如何实现反转?反转函数 reverse()与 reversed()有什么区别？

题面解析：本题主要考查应聘者对有序数据类型的反转操作的熟练程度。看到此问题，应聘者需要考虑有序的数据类型有哪些、用于有序数据类型反转的方法或者函数有哪些。

解析过程：

在 Python 中有序的数据类型包括字符串、列表和元组 3 种。

对于字符串的反转有多种方法，如字符串切片法、使用递归函数、使用栈、for 循环、使用

reduce()函数、使用列表的 reverse()方法。字符串的反转方法如下：

```
string='abcd'
#切片方式（这种方式最常用）
r1=string[::-1]
#递归方式
def func(string):
    if len(string) <1:
        return string
    return func(string[1:])+string[0]
r2=func(string)
#for 循环方式
def func(string):
    result=""                              #空字符串
    max_index=len(string)-1
    for index,value in enumerate(string):#enumerate()将字符串转换为列表形式，获取每个字符
                                          的下标与值
        result+=string[max_index-index]   #拼接字符串
    return result
r3=func(string)
#使用栈
def func(string):
    l=list(string)                         #转换为列表
    result=""                              #空字符串
    while len(l)>0:
        result+=l.pop()                    #模拟出栈，pop()弹出列表中的最后一个元素
    return result
r4=func(string)
#reduce()方法
from functools import reduce
r5=reduce(lambda x,y:y+x,string)           #lambda 匿名函数，冒号前为参数，冒号后为表达式
#使用列表的 reverse()方法
l=list(string)
l.reverse()
r6="".join(l)                              #把列表里的值拼接成一个字符串
```

列表反转的方法有 3 种，分别是内置 reversed()方法、reverse()方法和切片方式。

列表的反转方法如下：

```
li=[1,2,3,4]
#reversed()方法
l1=list(reversed(li))  #reversed()方法的本质是一个迭代器，需要使用 list()方法转换
#切片方法
l3=li[::-1]
#reverse()方法
li.reverse()
```

元组反转的方法有两种，分别为 reversed()方法和切片方式。

元组的反转方法如下：

```
tup=(1,2,3)
#reversed()方法
t1=tuple(reversed(tup))
#切片方式
t2=tup[::-1]
```

反转函数 reverse()与 reversed()虽然都是使用反转有序的数据类型，但还是有区别的。

（1）使用方法不同。假设需要反转的数据为 data，reverse()反转函数的用法是 data.reverse()，reversed()反转函数的用法是 reversed(data)。因为 reversed()函数的本质是迭代器，需要使用相应的数据类型转换函数进行转换，例如 list(reversed(data))。

（2）使用范围不同。reverse()反转函数适用于字符串与列表数据类型的转换，reversed()反转函数适用于列表与元组数据类型的转换。

（3）改变对象不同。reverse()反转函数是将原数据进行更改，reversed()反转函数没有更改原数据，而是生成一个新数据。

2.3.5　如何使用 while 循环嵌套打印九九乘法表

试题题面： 如何使用 while 循环嵌套打印九九乘法表？

题面解析： 本题主要考查循环及循环嵌套的应用。看到此问题，应聘者需要知道 while 循环嵌套分为两类，一类是 while 循环嵌套 while 循环，另一类是 while 循环嵌套 for 循环。根据题目需求选择合适的 while 循环嵌套方法。

解析过程：

在 Python 语言中，循环方式分为 for 循环与 while 循环两种，其中 for 循环适用于循环次数确定或者循环次数较少的情景，while 循环适用于循环次数不确定或者循环次数较多的情景。

由于九九乘法表循环次数确定，为了提高循环效率，可以选用 while 循环嵌套 for 循环的方式，具体实现代码如下：

```
i=1
while i<=9:
    for j in range(1,i+1):
        print('{}*{}={}'.format(i,j,i*j),end=" ")       #格式化输出一行的乘法表
    i+=1
    print()                                             #换行
```

2.3.6　变量的作用域是如何决定的

试题题面： 变量的作用域是如何决定的？

题面解析： 本题主要考查变量的使用方法。看到此问题，应聘者需要考虑变量的类型是全局变量还是局部变量，同时还要了解全局变量与局部变量的使用方法。

解析过程：

在 Python 中，全局变量的作用域是全局范围，局部变量的作用域是局部范围，一般函数中变量作用范围仅限函数内部，类中的变量的作用范围仅限类内部。类或函数中的变量可以通过关键词 global 修饰为全局变量。

2.3.7　面向对象的接口如何实现

试题题面： 面向对象的接口是如何实现的？

题面解析： 本题主要考查在 Python 中接口的定义、语法、用法。看到此问题，应聘者需要考虑 Python 中接口的作用及接口的实现方式。

解析过程：

在 Python 中并没有具体的接口类型，其接口的应用只是人为规定的。Python 中的接口是由抽象类与抽象方法实现的，接口本身并不实现具体功能，也不包括功能代码，而是由继承它的子类来实现接口所有的抽象方法，实现具体的功能。接口的实现方法如下：

```
from abc import ABCMeta, abstractmethod
#抽象接口类
class Interface(metaclass=ABCMeta):
    #抽象方法
    @abstractmethod
    def get(self):
        pass
    @abstractmethod
    def set(self):
        pass
#具体接口类
class Item_interface(Interface):
    def get(self):
        print("获取 xx 信息")
        return True
    def set(self):
        print("设置 xx 信息")
        return True
```

2.3.8　继承函数有哪几种书写方式

试题题面：继承函数有哪几种书写方式？

题面解析：本题主要考查 Python 中类继承的用法。看到此问题，应聘者需要考虑在 Python 中继承的特点与作用。

解析过程：

在 Python 继承父类函数时，存在两种方式，一种是新式类写法，另一种是经典类写法。经典类的写法是父类名称.父类函数名(self，参数 1，参数 2，...)；新式类的写法是 super(子类名称，self).父类函数名(参数 1，参数 2，...)；经典类写法的继承顺序采用的是深度优先策略，当子类继承父类中的同名函数时，会一级一级向上查找，直至根节点的父类，然后进行下一级查询。新式类写法的继承顺序采用的是广度优先策略，当子类继承父类中的同名函数时，逐层查询父类，直至根节点的父类。广度优先与深度优先继承方式示意图如图 2-1 所示。

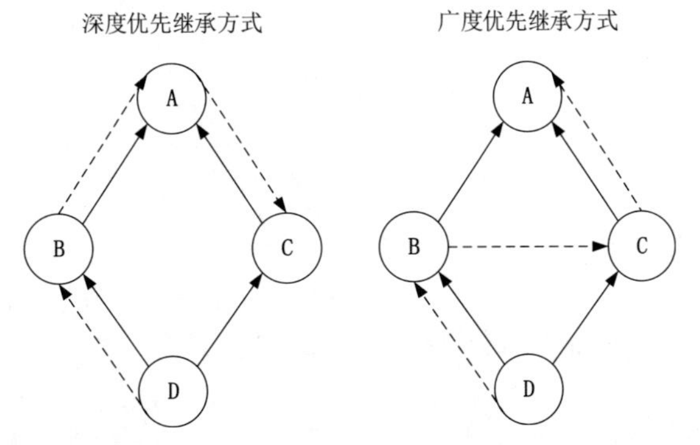

图 2-1　广度优先与深度优先继承方式示意图

经典类写法：深度优先，继承顺序为 D→B→A→C。

新式类写法：广度优先，继承顺序为 D→B→C→A。

2.3.9 可变数据类型和不可变数据类型

试题题面： 如何区分可变数据类型和不可变数据类型？

题面解析： 本题主要考查 Python 中的数据类型。看到此问题，应聘者需要考虑在 Python 中有哪些数据类型，以及数据类型具有的特点等。

解析过程：

在 Python 中数据类型包括数字型、字符串型、元组、列表、集合、字典。这 6 种数据类型可以分为两大类，分别是可变数据类型与不可变数据类型。

不可变数据类型包括数字型、字符串型、元组。

可变数据类型包括列表、集合、字典。

2.3.10 如何判断输入的数是不是素数

试题题面： 如何判断输入的数是不是素数？

题面解析： 本题主要考查 Python 中循环语句、分支语句与运算符的应用。看到此问题，应聘者需要考虑 Python 中循环语句、分支语句的语法，以及运算符的用法。

解析过程：

素数是指大于 1 的自然数除了 1 和它本身以外没有其他的因数。因此，需要使用循环语句对 1 到输入数字所有的自然数进行遍历，使用分支语句和运算符进行不同情景的判断及内容输出。具体的实现过程如下：

```
while True:
    num=int(input('请输入数字>>>'))
    if num>2:
        isTrue=True
        for i in range(2,num):
            if num%i==0:
                print('{}不是素数!!!'.format(num))
                isTrue=False
                break
        if isTrue:
            print('{}是素数!!!'.format(num))
    elif num==2:
        print('2 是素数!!!')
    else:
        print('{}不是素数!!!'.format(num))
```

2.3.11 如何在 Python 中使用多进制数字

试题题面： 如何在 Python 中使用多进制数字？

题面解析：本题主要考查 Python 中不同进制之间数字的转换。看到此问题，应聘者需要考虑 Python 中支持的进制类型的数字都有哪些。Python 中支持二进制、八进制、十进制和十六进制的数字，可以通过内置函数进行不同进制间的数值转换，其中十进制应用最多。

解析过程：

在 Python 中，二进制以 0b 开始，八进制以 0o 开始，十六进制以 0x 开始。

十进制→二进制：使用 bin()函数，例如，bin(10)的结果为 0b1010。

十进制→八进制：使用 hex()函数，例如，hex(10)的结果为 0xa。

十进制→十六进制：使用 oct()函数，例如，oct(10)的结果为 0o12。

其他进制→十进制：使用 int()函数，例如，int(进制数字，进制类型)。

2.3.12　Python 中都有哪些运算符

试题题面：Python 中都有哪些运算符？

题面解析：本题主要考查应聘者对 Python 中的运算符的记忆与理解。看到此问题，应聘者需要知道 Python 中支持算术运算符、逻辑运算符、赋值运算符、位运算符等。

解析过程：

在 Python 中常用的运算符包括算术运算符、逻辑运算符、赋值运算符及位运算符。

算术运算符主要用于数学中的数据计算，包括“+”“-”“*”“/”“%”“//”“**”。

逻辑运算符用来进行变量或者表达之间的关系判断，包括“==”“! =”“<>”“<”“>”“>=”“<=”。

赋值运算符主要是用来进行变量赋值以及赋值时的计算操作，包括“=”“+=”“-=”“*=”“/=”“%=”“**=”“//=”。

位运算符主要用来进行二进制数据的计算与操作，包括“&”“|”“^”“~”“<<”“>>”。

2.3.13　如何声明多个变量并赋值

试题题面：如何声明多个变量并赋值？

题面解析：本题主要考查 Python 中变量的创建与使用。看到此问题，应聘者需要考虑 Python 中对于变量的声明与赋值操作。在 Python 中，通常一次声明一个变量并进行赋值，如果想一次声明多个变量，并进行赋值，Python 提供了 3 种方式，即分别赋值、通过列表赋值及通过元组赋值。

解析过程：

Python 中同时创建多个变量并进行赋值的操作如下：

```
#直接赋值
a,b,c=1,2,3
#通过列表赋值
(a,b,c)=[1,2,3]
#通过元组赋值
(a,b,c)=(1,2,3)
```

2.3.14　三元运算规则及应用场景

试题题面： 三元运算的规则及应用场景有哪些？

题面解析： 本题主要考查 Python 中三元运算的应用。看到此问题，应聘者需要考虑 Python 中如何实现三元运算操作。Python 没有专用的三元运算符，需要使用分支语句逻辑运算符和表达式组合起来实现三元运算。

解析过程：

Python 没有专用的三元运算符，需要使用分支语句逻辑运算符和表达式组合起来实现三元运算。例如，a=变量 1 或表达式 1 if 条件表达式 变量 2 或表达式 2，当条件表达式成立为真时，将变量 1 或表达式 1 赋值给 a；当条件表达式不成立为假时，将变量 2 或者表达式 2 赋值给 a。在 Python 中三元运算相当于 if…else…分支语句，可以适用于只有两种情景下的判断，也可以应用于列表和字典的遍历操作。

2.4　名企真题解析

本节介绍各大企业往年的面试及笔试真题，读者可以根据以下题目看自己是否已经掌握了基本的知识点。

2.4.1　什么是多态

【选自 WR 笔试题】

试题题面： 什么是多态？

题面解析： 本题主要考查面向对象编程的 3 个基本特征。面向对象的编程语言通常具有封装、继承及多态 3 个特征，其中封装、多态的实现都要依赖于继承。本题的重点是多态，接下来详细讲解多态的作用及实现方式。

解析过程：

Python 是一种面向对象的编程语言，具有封装、继承、多态三大特征，其中封装与多态的实现都要依赖继承。

封装的作用是为用户提供一个接口，用户使用该接口操作数据，访问内部功能。用户不需要知道内部的细节与具体的实现步骤。

继承的作用是子类可以继承父类的属性或函数，可以提高代码的使用率，减少重复代码的书写。

多态的作用是不同子类根据自身的具体需求对于父类方法进行重构，这样可以使用相同的函数名实现不同的功能效果。

Python 中实现多态的方式如下：

```
class People:
    def __init__(self):
        self.name='人类'
        self.face='圆'
    def eat(self):
```

```
        print('吃食物')
class Man(People):
    def __init__(self,name,face):
        super(Man,self).__init__()
        self.name=name
        self.face=face
    def eat(self):
        print('男人喜欢喝酒')
class Woman(People):
    def __init__(self,name,face):
        super(Woman,self).__init__()
        self.name=name
        self.face=face
    def eat(self):
        print('女人喜欢吃甜食')
def func(people):
    people.eat()
#主程序入口
if __name__=="__main__":
    man=Man('男人','长')
    woman=Woman('女人','瓜子')
    func(man)
    func(woman)
```

2.4.2 Python 和其他语言相比有什么区别？优势在哪里

【选自 GG 笔试题】

试题题面： Python 和其他语言相比有什么区别?优势在哪里？

题面解析： 本题主要考查面试者对于编程语言的认识。编程语言有哪些类型？不同类型的编程语言具有什么样的性质与作用？本题的重点是 Python 属于什么类型的编程语言，具有什么样的性质。

解析过程：

目前使用的编程语言较多，有 Python、Java、C、C#、PHP、JavaScript、Ruby 等。这些编程语言根据不同的标准可以进行不同的分类。

1. 面向对象与面向过程

编程语言根据功能的实现方式可以分为面向过程编程与面向对象编程，面向过程的编程语言有 C、Fortran 等，面向对象的编程语言有 Java、Python 等。面向过程的编程语言采用自顶向下的方式，逐步实现功能，相对面向对象编程语言来讲，运行效率较高，但是不利于移植。面向对象的编程语言，将功能转换为一个个对象，比较符合人们的思维习惯，便于理解，也具有很强的移植性与扩展性。

2. 解释型语言与编译型语言

编程语言根据运行的方式可以划分为解释型语言与编译型语言，解释型语言有 Java 等，编译型语言有 C 等。解释型语言是指通过解释器将程序代码翻译为计算机可以识别的类型，通常是翻译一行执行一行，可以很方便地对代码进行修改与调整，但是运行效率相对编译型语言来讲较低。编译型语言是指在运行程序之前先对程序进行编译，生成可执行文件，然后运行可执行文件，好处是运行速度快，缺点是每次对程序修改后都要重新进行编译。Python 属于解释型语言。

3. 强语言与弱语言

编程语言根据约束条件和语法规则等内容可以分为强语言与弱语言。强语言有 Java 等，弱语言有 Python 等。强语言的规则较多，使用较为麻烦。例如，Java 声明变量时需要声明变量类型、变量，执行语句的结尾需要使用分号。弱语言规则较少，使用简单方便。例如，Python 声明变量时不需要声明变量类型，也不需要在变量与执行语句的结尾使用分号。

2.4.3 Python 中类方法、类实例方法、静态方法有什么区别

【选自 BD 笔试题】

试题题面：Python 中类方法、类实例方法、静态方法有什么区别？

题面解析：本题主要考查 Python 中不同的函数创建方式及使用场景，本题的重点是要掌握类方法、类实例方法及静态方法的创建，接下来向大家详细讲解这几种函数的创建方式与作用。

解析过程：

在 Python 中，类函数可以分为 3 类，分别是实例方法、类方法及静态方法。

1. 实例方法

实例方法是类中权限最大的方法，第一个参数通常是“self”，该方法只能由实例对象调用。实例方法的创建方式如下：

```
class A():
    #实例方法
    def func(self):
        print("这是实例方法")
#调用方式
a=A()
a.func()#实例对象调用
```

2. 类方法

类方法的创建需要使用装饰器@classmethod 进行修饰，第一个参数通常是“cls”，该方法可以由实例对象调用，也可以由类对象调用。类方法的创建方式如下：

```
class A():
    #类方法
    @classmethod
    def func(cls):
        print("这是类方法")
#调用方式
a=A()
a.func()#实例对象调用
A.func()#类对象调用
```

3. 静态方法

静态方法的创建需要使用装饰器@staticmethod 进行修饰，第一个参数通常是“self”或“cls”，该方法可以由实例对象调用，也可以由类对象调用。静态方法的创建方式如下：

```
class A():
    #静态方法
```

```
    @staticmethod
    def func():
        print("这是静态方法")
#调用方式
a=A()
a.func()#实例对象调用
A.func()#类对象调用
```

2.4.4 什么是面向对象的编程

【选自 TX 笔试题】

试题题面：什么是面向对象的编程？

题面解析：本题主要考查对于面向对象的理解，本题的重点是面向对象的特征、面向对象的作用。

解析过程：

编程语言通常分为两大类，一类是面向过程编程，另一类是面向对象编程。

面向过程的编程语言采用自顶向下的方式，逐步实现功能，相对面向对象编程语言来讲运行效率较高，但是不利于移植。

面向对象的编程语言，将功能转换为一个个对象，比较符合人们的思维习惯，便于理解，也具有很强的移植性与扩展性。面向对象具有封装、继承、多态三大特征，其中封装与多态的实现都要依赖继承。

封装的作用是为用户提供一个接口，用户使用该接口操作数据，访问内部功能。用户不需要知道内部的细节与具体实现步骤。

继承的作用是子类可以继承父类的属性或函数，可以提高代码的使用率，减少重复代码的书写。

多态的作用是不同子类根据自身的具体需求对于父类方法进行重构，这样可以使用相同的函数名实现不同的功能效果。

使用一个现实生活中的问题来区别面向过程与面向对象：中午要吃一顿红烧肉，使用面向过程的方式，就是买红烧肉的材料、处理材料、做红烧肉、吃红烧肉，逐步实现，需要知道具体的实现步骤与细节。采用面向对象的方式，就是定个红烧肉外卖、吃红烧肉，不需要知道具体的实现步骤与细节。

第3章 Python中函数的应用

本章导读

本章主要介绍Python中关于函数的相关知识，其中包括函数是如何定义的、函数中参数的传递方式、函数如何实现递归等基础知识。通过对这些基础知识与面试和笔试中经常出现的问题进行讲解，帮助读者理解与掌握面试和笔试题中与函数相关问题的重点与难点，使读者快速掌握面试和笔试技巧。在本章的最后精选了各大企业的面试笔试真题进行分析与解答。

知识清单

本章要点（已掌握的在方框中打钩）：

- ☐ 函数的声明。
- ☐ 函数参数的类型。
- ☐ 递归函数。
- ☐ Python 中的模块。

3.1 函数与模块

本节主要讲解Python中函数与模块的创建及应用等问题。通过对函数与模块基础知识的讲解，使读者加深对函数与模块等知识的理解。通过在实际应用过程中经常出现的问题，帮助读者进行归纳总结，使读者面对类似问题时能够做到举一反三，以在面试及笔试中应对自如。

3.1.1 函数的定义与使用

在Python中，函数是指一种具有相关联功能，可以实现单一效果，可以重复使用，有组织的代码块。

在Python中函数需要使用“def”进行修饰，“def”后面需要有函数名和形式参数，具体创建方式如下：

```
#函数的创建
```

```
def 函数名(形式参数):
    代码块
    return 返回值
#函数调用
函数名(实际参数)
```

函数的创建的要求有以下几点：

① 函数的创建需要使用“def”关键词进行修饰。

② 函数名后面需要使用小括号，在小括号中设置函数需要的形式参数。

③ 函数的创建需要使用“:”结尾。

④ 代码块的书写需要缩进。

⑤ 使用“return”关键词设置函数返回值。

3.1.2　参数传递

在 Python 中，参数的传递机制有两种，分别是值传递与引用传递。

值传递是指向函数中传递参数的副本，这种方式传递的数值在函数内部发生修改时不会对原有的参数造成影响。

值传递的实例如下：

```
def func(num):
    num+=3
    return num
num=3
#传参前 num 的值
print("传参前 num 的值{}".format(num))
#调用函数
func(num)
#传参后 num 的值
print("传参后 num 的值{}".format(num))
```

运行结果如下：

```
传参前 num 的值 3
传参后 num 的值 3
```

引用传递是指将参数在内存地址中的引用传递给函数，在函数内部对参数进行修改时，会对原有的参数造成影响。

引用传递的实例如下：

```
def func(listNum):
    listNum[0]=13
    listNum[1]=14
    return listNum
listNum=[5,20]
#传参前 listNum 的值
print("传参前 listNum 的值{}".format(listNum))
#调用函数
func(listNum)
#传参后 listNum 的值
print("传参后 listNum 的值{}".format(listNum))
```

运行结果如下：

```
传参前 listNum 的值[5,20]
```

```
传参后 listNum 的值[13,14]
```

在实际使用过程中，Python 不支持程序员人为采用值传递或者引用传递的方式，它采用了一种“对象应用”方式，这种方式相当于“传值”与“传引用”的结合，具体实现方式是根据参数的数据类型，若是不可变数据类型，如 int、float、string、元组，默认是“传值”方式；若是可变数据类型，如列表、集合、字典，默认是“传引用”方式。

Python 对于多参数的传递可以划分为位置参数、默认参数、可变参数、关键字参数、可变关键字参数等。

1. 位置参数

位置参数是指实参的传递要按照函数中形参的位置顺序进行传递。具体使用方法如下：

```
#位置传参（使用时需要注意参数的位置顺序）
def func(name,age):    #形式参数的顺序是“姓名”“年龄”
    print("{}今年{}岁了。".format(name,age))
    return True
#调用函数
func('小明',10)          #实际参数的顺序也要按照“姓名”“年龄”
```

2. 默认参数

默认参数是指在给函数设置形参时，为形参设置一个默认值，当有实际参数时，使用实际参数的值，当没有实际参数时，使用形参的默认值。实际参数传值时也要注意形式参数的位置顺序。具体使用方法如下：

```
#默认传参（使用时需要注意参数的位置顺序）
def func(name='小明',age=10):
    print("{}今年{}岁了。".format(name,age))
    return True
#调用函数
func()                   #省略实参
func('小红')             #使用实参时不能省略前面的参数，只传递后面的参数
func('小红',9)           #使用实参时按照形参的位置顺序
```

3. 可变参数

可变参数是指可以传递多个实参，实参的数目不用事先确定，使用可变参数时，需要使用“*”修饰函数的形参。具体使用方法如下：

```
#可变参数
def func(*args):
    for i in args:
        print(i)
#调用函数
func(1)
func(1,2)
func(1,2,3)
```

可变参数的本质是将传入的位置参数转换为元组形式。

4. 关键字参数

关键字参数是指进行实参传递时，使用形参名字设置实参，使用关键字参数的好处是不用按照形参的位置顺序来传递实参。具体使用方法如下：

```
#关键字参数
def func(name,age):    #形参的位置顺序是“姓名”“年龄”
    print("{}今年{}岁了。".format(name, age))
    return True
```

```
#调用函数
func(age=9,name='小明')      #实参的位置顺序可以为“年龄”“姓名”
```

5. 可变关键字参数

可变关键字参数与可变参数比较相似，实参的数目都不固定，但是可变关键子参数采用关键字的方式传递实参，可变关键字参数的本质是将实参转换字典形式。具体使用方法如下：

```
#可变关键字参数
def func(**kwargs):
    for key in kwargs:
       print(kwargs[key])
    return True
#调用函数
func(name='小明')
func(name='小明',age=10)
func(age=10,name='小明')
```

Python 中的这 5 种参数传值方式可以组合起来使用，进行组合时需要按照一定的顺序。这 5 种参数传值方式的组合顺序如下：位置参数→默认参数→可变参数→关键字参数→可变关键字参数。

3.1.3 函数的递归

在 Python 中，函数的递归是指在函数内部直接或间接调用自身，并且在一定条件下可以停止这种调用，这种函数也被称为递归函数。递归函数具有简洁、逻辑清晰等优点，可以用来进行阶乘等复杂操作的运算，一般来讲，所有的递归函数都可以使用循环的方式来实现。递归函数的用法如下：

```
#递归函数（在函数内部直接或者间接调用自身）
def func(num):
    if num==1:              #设置停止调用函数的条件
       return 1             #停止调用函数
    return num+func(num-1) #调用函数自身
#调用递归函数
print(func(3))
```

上面代码运行的过程如下：

① 将参数 3 传递到 func(num)函数中，3 不等于 1，运行结果为 3+func(2)。

② 进行 func(2)的计算，2 不等于 1，运行结果为 3+2+func(1)。

③ 进行 func(1)的计算，1 等于 1，返回 1，运行结果为 3+2+1=6。

递归函数具有以下特征：

① 在函数内部直接或间接调用函数自身。

② 设置递归结束的条件，递归的次数是有限的。

③ 使用“return”关键字为递归函数设置返回值。

3.1.4 函数模块

在 Python 中为了提高函数的利用率，方便函数的使用，通常将函数功能进行封装处理形成模块。模块本质上是一个 Python 文件，它的内部不仅有函数，还可有属性、类和可执行代码片段。使用模块可以使 Python 代码变得有逻辑、有组织，具有良好的可移植性。

模块的使用有两种方式，第一种是 import 模块名；第二种是 from 模块名 import */类名/函数名。

1. import 模块名

这种导入方式本质上是将模块的全部内容进行导入，包括类、函数、属性，使用的是相对路径。从内存角度看，是将模块中的内容直接加载到内存中，多个程序通过该方式使用同一模块时，会相互影响。使用模块中的函数时，需要通过模块名.函数名()方式。

2. form 模块名 import */类名/函数名

这种导入方法本质上是将模块的部分内容进行导入，例如，模块中的某个类、某个函数或者某个属性，使用的是绝对路径。从内存角度看，是将模块中内容的副本加载到内存中，多个程序通过该方式使用同一模块时，不会相互影响。使用模块中的函数时，直接使用函数名()方式。

3.2 精选面试笔试解析

在日常开发中函数与模块的使用必不可少，通过使用函数和模块，可以使代码变得简洁优雅。因此，与函数和模块相关的问题在面试或笔试中出现的概率较高，本节总结了一些在面试或笔试过程中经常遇到的关于函数与模块的问题。

3.2.1 如何生成随机数

试题题面： 在 Python 中如何生成随机数？

题面解析： 本题是在笔试中出现频率较高的一道题，主要考查应聘者对 Python 内置模块与内置函数的掌握情况。在解答本题之前需要确定 Python 中用于随机数生成的模块是什么，然后选择合适的函数来生成随机数。

解析过程：

在 Python 中进行随机数处理的模块是 random，该模块中包含许多生成随机数的函数，包括生成整数类型的随机数、生成浮点数类型的随机数及生成字符串类型的随机数等。

一般来说，生成随机数是指生成数值型的随机数，可以划分为整数随机数与浮点数随机数。

1. 整数随机数

```
import random
#随机整数
num1=random.randint(1,100)      #既包含 1 也包含 100
num2=random.randrange(1,100)    #只包含 1，不包含 100
print('num1 的值是{}'.format(num1))
print('num2 的值是{}'.format(num2))
```

运行结果如下：

```
num1 的值是 96
num2 的值是 88
```

2. 浮点数随机数

```
import random
```

```
#随机浮点数
num1=random.random()            #范围是 0.0~1.0
num2=random.uniform(0, 100)     #范围是 0~100
print('num1 的值是{}'.format(num1))
print('num2 的值是{}'.format(num2))
```

运行结果如下：

```
num1 的值是 0.009495341161181337
num2 的值是 66.4540912790063
```

3.2.2 Python 函数调用时是传值还是传引用

试题题面：Python 函数调用时，参数的传递方式是值传递还是引用传递？

题面解析：本题是在笔试中经常出现的问题，主要考查应聘者对函数参数传递机制的掌握情况。在解答本题之前需要确定函数中参数传递机制有哪些、Python 通常采用哪种参数传递机制。

解析过程：

函数的传递机制可以分为两种，分别是值传递与引用传递。值传递是指将参数的副本传递给副本，在函数内部对参数进行操作不会对原有参数造成影响；引用传递是指将参数在内存中的地址引用传递给函数，在函数内部对参数进行操作会对原有参数造成影响。

值传递与引用传递示意图如 3-1 所示。

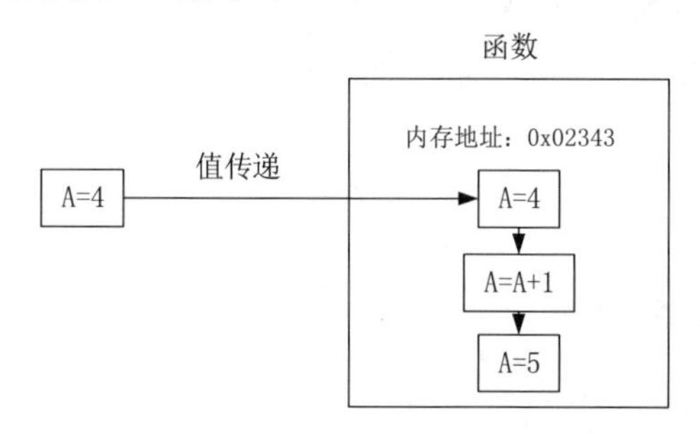

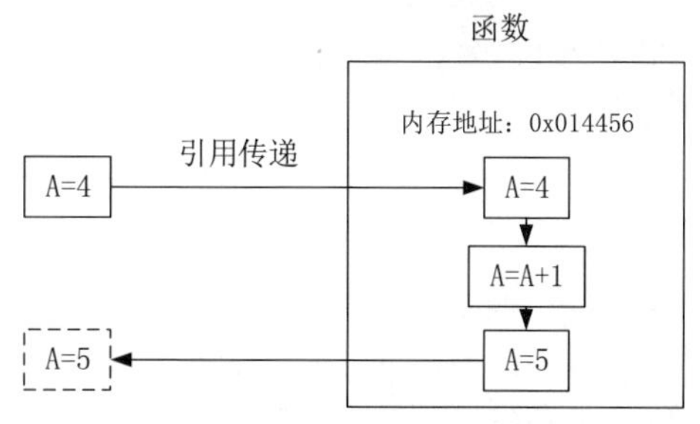

图 3-1 值传递与引用传递

值传递在 Python 中的用法如下：

```
def func(num):
    num+=3
    return num
num=3
#传参前 num 的值
```

```
print("传参前 num 的值{}".format(num))
#调用函数
func(num)
#传参后 num 的值
print("传参后 num 的值{}".format(num))
```

运行结果如下：

```
传参前 num 的值 3
传参后 num 的值 3
```

引用传递在 Python 中的用法如下：

```
def func(listNum):
    listNum[0]=13
    listNum[1]=14
    return listNum
listNum=[5,20]
#传参前 listNum 的值
print("传参前 listNum 的值{}".format(listNum))
#调用函数
func(listNum)
#传参后 listNum 的值
print("传参后 listNum 的值{}".format(listNum))
```

运行结果如下：

```
传参前 listNum 的值[5,20]
传参后 listNum 的值[13,14]
```

Python 不支持程序员人为采用值传递或者引用传递的方式，它采用了一种“对象应用”方式，这种方式相当于“传值”与“传引用”的结合，具体实现方式是根据参数的数据类型，若是不可变数据类型，如 int、float、string、元组，默认的是“传值”方式；若是可变数据类型，如列表、集合、字典，默认的是“传引用”方式。

3.2.3 什么是缺省函数

试题题面：什么是缺省函数？

题面解析：本题主要考查应聘者对函数的认识。在解答本题之前需要知道 Python 中的函数通常可以分为内置函数、匿名函数、缺省函数、冗余参数函数。还要了解缺省函数的作用与用法。

解析过程：

在 Python 中函数通常可以分为内置函数、匿名函数、缺省函数、冗余参数函数。其中缺省函数是指在声明函数时为参数设置默认值，因此缺省函数也被称为默认值函数。

缺省函数根据参数设置默认值的情况可以分为全缺省函数与半缺省函数。全缺省函数是指函数的所有形参都设置默认值；半缺省函数是指函数的形参一部分设置默认值，另一部分不设置默认值，设置默认值的形参被称为默认值参数，未设置默认值的参数被称为必选参数或者位置参数。需要注意的是，默认值参数必须放在位置参数后面。

1. 全缺省函数

全缺省函数的使用如下：

```
#全缺省函数
def func(name='小明',age=11):
```

```
    print('{}今年{}岁了! '.format(name,age))
    return True
#调用函数
func()
```

运行结果如下：

```
小明今年 11 岁了!
```

2. 半缺省函数

半缺省函数的使用如下：

```
#半缺省函数
def func(name,age=11):     #前一个形参是位置参数，后一个形参是默认参数
    print('{}今年{}岁了! '.format(name,age))
    return True
#调用函数
func('小红')
```

运行结果如下：

```
小红今年 11 岁了!
```

3.2.4 判断递归函数停止的条件有哪些

试题题面：判断递归函数停止的条件有哪些？

题面解析：本题主要考查应聘者对递归函数的认识。在解答本题之前需要确定递归函数的使用方式。递归函数的性质是在函数内部调用自身，递归次数有限，使用“return”关键字返回结果。

解析过程：

递归函数是用来解决复杂操作的函数，如阶乘等。递归函数一般是在函数的内部直接或者间接调用函数自身，使用关键字“return”将结果进行返回。需要注意递归函数递归的次数是有限的，不能无限递归下去。

停止递归函数的递归非常重要，结束函数递归的方式有如下两种：

① 根据设计的目的判断运算结果是否满足预定的条件。

② 判断递归函数递归的次数是否达到限定值。

3.2.5 lambda 表达式的格式以及应用场景有哪些

试题题面：lambda 表达式的格式以及应用场景有哪些？

题面解析：本题主要考查应聘者对匿名函数的认识。在解答本题之前需要确定匿名函数的使用方式。在 Python 中匿名函数的实现方式一般是通过 lambda 表达式生成的。

解析过程：

在 Python 中函数有内置函数、缺省函数、匿名函数、冗余参数函数。其中匿名函数是指定义函数时没有定义函数名称的函数。匿名函数只有在调用时，才会创建作用域对象及函数对象，它未调用时不占用空间，调用时才占据空间，执行完毕立即释放，因此可以节约内存。

匿名函数一般是通过 lambda 表达式生成的。匿名函数的具体用法如下：

```
#匿名函数（通常使用 lambda 表达式）
num=lambda x,y:x+y
```

```
#匿名函数调用
print(num(3,5))
```

运行结果如下：

```
8
```

（1）lambda 表达式创建的匿名函数通常具有以下性质：

① lambda 表达式后面跟的不是代码块而是表达式。

② lambda 表达式通常只有一行。

③ lambda 表达式不能使用“return”进行返回值。

④ “if”“for”“print”不能在 lambda 表达式中运行。

（2）lambda 表达式的应用范围如下：

① 无参数的匿名函数。

② 有参数的匿名函数。

③ 参数有默认值的匿名函数。

④ 同列表或者字典的结合使用。

⑤ 作为列表或者字典中的成员。

（3）Lambda 表达式的使用场景如下：

① lambda 表达式可以简洁代码结构，用来替代一些“def”函数，起到了函数速写的作用，并且可以在另一个函数中当作参数使用。

② 需要使用没有函数名称的函数。

③ 使用 lambda 表达式比函数名称更方便他人理解代码。

④ 没有现有的函数能满足需求。

⑤ 特别适合在 map、pcap 等函数内需要函数参数的场景下。

⑥ 大部分编程语言都具有 lambda 表达式功能，而且其用法基本一致。

3.2.6 列举在 Python 中经常使用的 8 个模块

试题题面：列举在 Python 中经常使用的 8 个模块。

题面解析：本题主要考查应聘者对模块的理解，以及 Python 中内置模块的应用。在解答本题之前需要确定模块的定义。在 Python 中为了方便使用一些功能，内置了许多模块，如 time、Json、re 等。

解析过程：

在 Python 中，模块是指有组织的代码片段，它的内部通常包括函数、类、属性等内容，可以重复使用。Python 中的模块可以分为三大类，分别是自定义模块、内置模块、第三方模块（开源模块）。

① 自定义模块是指用户自己创建的类、函数、属性等内容的重复使用。

② 内置模块是指 Python 内部封装好的功能模块，如 time、Json、re 等。

③ 第三方模块是指一些开发人员分享的具有某些特殊功能的模块，用户下载安装后就可以使用相应的功能，如 flask、django、matplotlib 等。

Python 中的常用模块及其用法如下：

1. os 模块

os 模块主要是 Python 用来操作操作系统的模块，它的内部提供了许多操作系统的功能接口函数，常用方法如下：

```
import os
os.name                                   #获取操作系统的名字
os.getcwd()                               #获取当前工作的目录
os.listdir()                              #获取路径下所有的文件与目录名
```

2. time 模块

time 模块是 Python 中用来获取日期时间、操作日期时间的模块，常用方法如下：

```
import time
time.time()                               #获取当前时间的时间戳
time.sleep()                              #程序停止时间
time.strftime()                           #将时间转换为字符串格式
```

3. random 模块

random 模块是 Python 中用来生成随机数的模块，常用方法如下：

```
import random
#整数随机数
random.randint(1,100)                     #包含 100
random.randrange(1,100)                   #不包含 100
#随机浮点数
random.random()                           #范围是 0.0~1.0
random.uniform(0, 100)                    #范围是 0~100
```

4. re 模块

re 模块是 Python 用来使用正则表达式的模块，常用方法如下：

```
import re
#.通配符，一个点代表一个字符
re.findall("a...x", "adsf54xaeyuxslg")
# ^ 这个代表以什么开头
re.findall("^a..x", "adsx4555eyuxslg")
#模式匹配
re.search('a','alvin yuan').group()
```

5. hashlib，md5 模块

Python 中使用该模块进行加密操作，常用方法如下：

```
import hashlib
from hashlib import md5
hashlib.md5('md5_str').hexdigest()  #对指定字符串 md5 加密
md5.md5('md5_str').hexdigest()      #对指定字符串 md5 加密
```

6. math 模块

math 是 Python 中进行数学计算的模块，常用方法如下：

```
import math
math.e                                    #自然常数 e
math.pi                                   #圆周率 pi
math.log10(x)                             #返回 x 的以 10 为底的对数
math.log1p(x)                             #返回 1+x 的自然对数（以 e 为底）
math.pow(x,y)                             #返回 x 的 y 次方
```

7. urllib 模块

Python 中爬虫的应用使用该模块，常用方法如下：

```
import urllib.request
```

```
#发送网络请求
urllib.request.Request(url)
```

8. Json 模块

Json 模块是 Python 中进行序列化和反序列化的模块，常用方法如下：

```
import json
json.dumps()
json.loads()
```

3.2.7　如何区分函数与方法

试题题面：如何区分函数与方法？

题面解析：本题主要考查应聘者对函数、方法的理解，在 Python 中函数与方法都用来解决或者实现某种功能的代码片段，因为函数与方法的结构和作用都比较相似，很多人都不能准确地分辨出函数与方法。通过对函数与方法的不同之处进行讲解，可以帮助读者来区分函数与方法，加深对函数与方法的理解，解决与函数和方法相关的面试及笔试问题。

解析过程：

在 Python 中函数与方法都是用来解决或者实现某种功能的代码片段，虽然它们的结构与作用比较相似，但是它们还是存在一些不同之处。

1. 声明的位置不同

方法是声明在类的内部，函数是声明在类的外部。

2. 调用方式不同

方法的调用一般是通过实例化对象加上方法名的形式调用，如实例化对象.方法名(参数，...)。函数的调用通常是直接使用函数名的方式调用，如函数名(参数，...)。

3. 声明的方式不同

函数的声明方式为 def 函数名(参数，...)，其中形参可以设置也可以省略。方法的声明方式为 def 方法名(self，参数，...)，方法的声明相比函数多了一个默认的“self”参数，除了静态方法，其他方法都需要设置这个默认参数。

3.2.8　Python 中 pass 语句的作用

试题题面：Python 中 pass 语句的作用有哪些？

题面解析：本题主要考查应聘者对 Python 中关键字的理解。在 Python 中有许多内置的关键字，它具有特定的意义，有着不同的作用。例如，pass、break、continue 等关键字都具有不同的作用。本题重点是关键字中 pass 的用法和作用。

解析过程：

pass 是 Python 中的关键字，pass 语句表示一个“空语句”，在程序运行时该语句什么也不执行，pass 的作用有以下几点：

1. 占位作用

在进行框架构建时，类或者方法内部具体逻辑还没实现，可以使用 pass 语句进行占位。

2. 空语句

在 if 语句中对于一些分支不需进行操作，可以使用 pass 语句来实现效果。

3.2.9 Python 中回调函数的应用

试题题面：Python 中回调函数是如何应用的？

题面解析：本题主要考查应聘者对 Python 中回调函数的理解，在 Python 中回调函数是指将一个函数当作参数传递给另一个函数，这个被当作参数传递的函数就是回调函数。

解析过程：

回调函数是 Python 中的一种特殊函数，它被当作参数传递给另一个函数进行使用。Python 中回调函数的应用如下：

```
#回调函数（将一函数当作传递给另一个函数使用）
#测试函数
def func_test(a,b,func):
    return func(a,b)
#回调函数 1(求和)
def sum(a,b):
    return a+b
#回调函数 2(求差)
def diff(a,b):
    return a-b
#回调函数 3(求积)
def quad(a,b):
    return a*b
#回调函数 4(求商)
def seek(a,b):
    if b!=0:
        return a/b
     else:
        return '除数不能为 0'
#程序主入口
if __name__=='__main__':
    a=9
    b=3
    sum_num=func_test(a,b,sum)
    print('两数和为: {}'.format(sum_num))
    diff_num=func_test(a,b,diff)
    print('两数差为: {}'.format(diff_num))
    quad_num=func_test(a, b, quad)
    print('两数积为: {}'.format(quad_num))
    seek_num=func_test(a, b, diff)
    print('两数商为: {}'.format(seek_num))
```

3.2.10 函数名称是否可以当作参数使用

试题题面：函数名称是否可以当作参数使用？

题面解析：本题主要考查应聘者对 Python 中函数参数类型的理解，在 Python 中函数支持的参数类型有很多，如数值型、字符串型、列表型等。

解析过程：

在 Python 中函数的参数支持多种类型，可以分为基本数据类型、函数类型、对象类型。

1. 基本数据类型

基本数据类型是函数常用的参数类型，根据数据是否可变，分为两种情况：不可变数据类型、可变数据类型。不可变数据类型有数值型、字符串型、元组类型，这 3 种数据类型的参数在调用时采用的是值传递方式；可变数据类型有列表型、字典型、集合型，这 3 种数据类型的参数在调用时采用的是引用传递方式。

2. 函数类型

Python 中可以将函数作为参数传递给另一个函数使用。该类型参数在回调函数中应用较多，其用法如下：

```
#回调函数（将一个函数当作传递给另一个函数使用）
#测试函数
def func_test(参数,…,func):
    return func(a,b)
#回调函数
def callback_func(参数,…):
    功能代码
    return 返回值
#调用函数
func_test(参数,…,callback_func)        #使用函数作为参数时，使用的是函数名，不需要“()”
```

3. 对象类型

Python 也可以将一个对象作为参数传递给一个函数使用。需要使用类名作为函数的参数，具体用法如下：

```
#类
class People():
    def __init__(self):
       self.name='people'
#函数
def func(People):
    peopel=People
    print(peopel.name)
#实例化类对象
people=People()
#调用函数
func(people)
```

3.2.11 编写函数的原则有哪些

试题题面：编写函数的原则有哪些？

题面解析：本题主要考查应聘者对 Python 中函数的理解。在 Python 中函数是用来实现或者解决某一功能的代码片段，因此函数应当简洁、明确等。

解析过程：

在 Python 中函数是用来实现或者解决某一功能的代码片段，函数需要具备简洁、明确、功能性一致等特征，在进行函数编写时应当满足以下原则：

1. 一个函数只实现一种功能

为了保证函数的独立性，方便函数的重用，提高函数的可移植性，在一个函数内部应只实现一个功能，做一件事。

2. 参数个数不宜过多

为了使函数的声明简洁、方便、实用，参数的个数不宜过多，对于需要较多参数的情况应当使用"*args"或"**kwargs"方式来实现。

3. 函数的结构应当简单

在函数内部进行功能设计时，代码结构应该简单。例如，"if…else""while""for"等语句进行嵌套时其嵌套层数不应该超过 3 层。

4. 函数参数设计应当向下兼容

在进行函数参数设计时，可以通过默认参数设置对之前版本进行兼容，避免出现兼容问题。

3.2.12　Python 内置模块

试题题面： 什么是 Python 模块？Python 中有哪些常用的内置模块？

题面解析： 本题主要考查应聘者对模块的理解，以及 Python 中内置模块的应用。在解答本题之前需要确定模块的定义。

解析过程：

在 Python 中模块是指有组织的代码片段，它内部包含函数、类、属性等内容，可以重复使用。Python 中的模块可以分为三大类，分别是自定义模块、内置模块、第三方模块（开源模块）。

① 自定义模块是指用户自己创建的可以重复使用的代码模块，其中包含类、函数、属性等内容。

② 内置模块是指 Python 内部封装好的功能模块，如 os、sys、time、Json、re、random 等。

③ 第三方模块是指一些开发人员分享的具有某些特殊功能的模块，用户下载安装后就可以使用相应的功能，如 flask、django、matplotlib 等。

Python 中一些常用的内置模块及其用法如下：

1. os 模块

os 模块主要是 Python 用来操作操作系统的模块，它的内部提供了许多操作系统功能接口函数，常用方法如下：

```
import os
os.name                        #获取操作系统的名字
os.getcwd()                    #获取当前工作的目录
os.listdir()                   #获取路径下所有的文件与目录名
```

2. time 模块

time 模块是 Python 中用来获取日期时间、作日期时间的模块，常用方法如下：

```
import time
time.time()                    #获取当前时间的时间戳
time.sleep()                   #程序停止时间
time.strftime()                #将时间转换为字符串格式
```

3. random 模块

random 模块是 Python 中的时间模块，通常用来获取日期、时间戳等，常用方法如下：

```
import random
#整数随机数
random.randint(1,100)          #包含 100
random.randrange(1,100)        #不包含 100
#随机浮点数
random.random()                #范围是 0.0~1.0
random.uniform(0, 100)         #范围是 0~100
```

4. re 模块

re 模块是 Python 用来使用正则表达式的模块，常用方法如下：

```
import re
#.通配符，一个点代表一个字符
re.findall("a...x", "adsf54xaeyuxslg")
# ^代表以什么开头
```

3.2.13 Python 递归的最大层数如何实现

试题题面：在 Python 中如何实现递归的最大层数？

题面解析：本题主要考查应聘者对递归函数的掌握程度。应聘者需要知道递归函数具有哪些性质，然后才能够更好地回答本题。

解析过程：

递归函数是指在一个函数内部直接或间接调用函数自身。在 Python 中一个合格的递归函数具有以下性质：

① 在函数内部直接或间接调用函数自身。

② 设置递归结束的条件，递归的次数是有限的。

③ 使用“return”关键字为递归函数设置返回值。

递归次数的有限性是一个非常重要的条件，如果没有递归次数限制，理论上递归函数相当于一个“死循环”，会无限执行下去，可能对计算机硬件造成损毁。

在 Python 程序中递归函数的最大层数默认为 1000，也可以通过语句手动设置最大递归层数。具体设置方法如下：

```
import sys
sys.setrecursionlimit(设置上限值)
```

递归的最大层数与计算机硬件有关，计算机硬件越好，理论上最大的递归层数越高。

3.3 名企真题解析

本节收集了一些企业往年与函数和模块相关的面试及笔试真题，通过对它们的讲解与分析，帮助读者对自身知识进行梳理与回顾。

3.3.1 是否使用过 functools 中的函数?其作用是什么

【选自 WR 笔试题】

试题题面：是否使用过 functools 中的函数？其作用是什么？

题面解析：当看到该题目时应聘者要理解题目的含义，知道从哪个方面进行解答。本题主要考查应聘者对 functools 模块的认识，明确 functools 模块的作用与用法，掌握问题的核心，才能很好地解答本题。

解析过程：

functools 模块是 Python 中用于高阶函数的处理模块。高阶函数是指输入的参数是函数，返回的结果也是函数。该模块可将任何对象当作函数进行处理，其可以应用于以下几个方面：

1. 通过封装，重新定义已有的函数

```
from functools import partial
#原函数
def func(name,age):
    print('{}今年{}了'.format(name,age))
#封装后函数
func2=partial(func,age=10)
#调用封装后的函数
func2('小明')
```

运行结果如下：

```
小明今年 10 了
```

通过该方法，可以对原函数进行设置，增减原函数的参数、设置参数默认值、修改返回值等操作。

2. 修饰类

```
#实现多个比较方法
@lru_cache(maxsize=128,typed=False)
```

3. 修饰方法

```
#只存在内存中
@singledispatch(default)
#将函数转换为 single-dispatch generic function
@wraps(wrapped_func,assigned=WRAPPER_ASSIGNMENTS,updated=WRAPPER_UPDATES)
#调用 update_wrapper()方法
update_wrapper(wrapper,wrapped,assigned=WRAPPER_ASSIGNMENTS,updated=WRAPPER_UPDATES)
```

3.3.2　如何利用 Python 计算 *n* 的阶乘

【选自 TX 面试题】

试题题面： 如何利用 Python 计算 *n* 的阶乘？

题面解析： 本题主要考查应聘者对递归函数的理解与应用，对于阶乘的计算，Python 通常使用递归的方式进行解决。

解析过程：

阶乘的本质是把逐一减小的自然数序列相乘，如 4! =4×3×2×1。这种计算的思想与递归的思想比较相似，因此，可以使用递归函数很方便地解决 *n* 的阶乘问题。在 Python 中递归函数理论上可以通过循环的方式实现，所以，在 Python 中有两种方式实现 *n* 的阶乘。

1. 递归函数方式

```
#递归函数方式
def func(num):
    #结束递归条件
    if num==0:
        return 1
    #调用函数自身
    return num*func(num-1)
if __name__=='__main__':
    num=int(input('请输入数字>>>'))
    print(func(num))
```

2. 循环方式

```
#循环方式
#循环方式
num=int(input('请输入数字>>>'))
result=1
for i in range(1,num+1):
    result=result*i
print(result)
```

3.3.3 检查输入的字符串是否是回文（不区分大小写）

【选自 BD 面试题】

试题题面：检查输入的字符串是否是回文（不区分大小写）。

题面解析：在解答本题之前应聘者需要知道什么是回文字符串，了解了回文字符串之后，通过遍历字符串中所有可能的子串，再判断其是否是回文字符串，就能够很好地回答本题。

解析过程：

回文字符串是指一个字符串从左到右与从右到左遍历得到的序列是相同的。通俗来说，回文类似于数学中的轴对称图形，例如，abddba、ABDDBA 是回文的，而 aCdd 不是回文。

下面使用 Python 语言进行实现，代码如下：

```
#反转字符串
def reverse(text):
    return text[::-1]
#判断字符串
def isHuiWen(text):
    text=text.lower() #将输入的字符串转为小写
    return text==reverse(text)
#逻辑方法
def main():
    text=input("请输入字符串>>>\n")
    if isHuiWen(text):
       print("该字符串是回文")
    else:
       print("该字符串不是回文")
#程序主入口
if __name__=='__main__':
    main()
```

3.3.4 怎样区分 map()函数与 reduce()函数

【选自 GG 面试题】

试题题面：怎样区分 map()函数与 reduce()函数？

题面解析：本题主要考查应聘者对 map()函数和 reduce()函数的理解与应用。map()函数与 reduce()函数是 Python 中非常实用、使用频率较高的函数。

解析过程：

map()函数是一个类，其本质是一个迭代器。它的作用是将一个函数映射到序列中的每个元素，从而生成一个新的序列，其中包含所有函数的返回值。它的用法是 map（函数，序列），序列一般是列表或者元组。map()函数中的第一个参数是函数，可以接收一个或者多个。

reduce()函数的用法是 reduce（函数，序列），其第一个参数是函数，第二个参数序列一般是列表或者元组，reduce()函数只能接收两个参数。reduce()函数先将传入的函数作用在序列的第一个元素，得到结果后，将这个结果同下一个元素结合后（累积计算），再同传入的函数进行作用，直至序列中的全部元素计算完毕。map()函数是将传入的函数同序列中的每个元素单独计算。

第 4 章

Python 序列

本章导读

本章带领读者学习 Python 中序列的相关知识。序列是一种数据集合，它并不特指某一种数据类型，Python 中的序列有字符串、列表、字典、集合等。通过对这些集合的特征与使用方法进行讲解，可以帮助读者应对面试、笔试中遇到的序列相关的试题。

知识清单

本章要点（已掌握的在方框中打钩）：

- ☐ 序列操作。
- ☐ 列表中的常用函数。
- ☐ 元组中的常用函数。
- ☐ 集合中的常用函数。
- ☐ 字典中的常用函数。

4.1 序　　列

序列通常是指一组有序的数据集合，其本质是一块存储多个值的连续内存空间，每个值都有对应的位置编号（索引），这些值具有一定的顺序，可以通过索引访问对应的值。

在 Python 中，序列不是一种特定的数据类型，只是一种存储数据的方式，字符串、元组、列表、集合、字典都可以归属于序列。序列一般具有几种通用操作，如索引、切片、相加、相乘操作。因为集合和字典的无序性，因此它不具备这 4 种通用操作。

4.1.1 索引

一般来讲，序列内部的数据都是按照一定的顺序排列的，其中每个元素都有对应的位置编号（索引），如果一个序列中有 n 个元素，其起始元素的下标（索引）为 0，其余元素下标按照顺序依次递增，直至结尾元素的下标为 n-1 为止。序列中元素与索引的下标序列如图 4-1 所示。

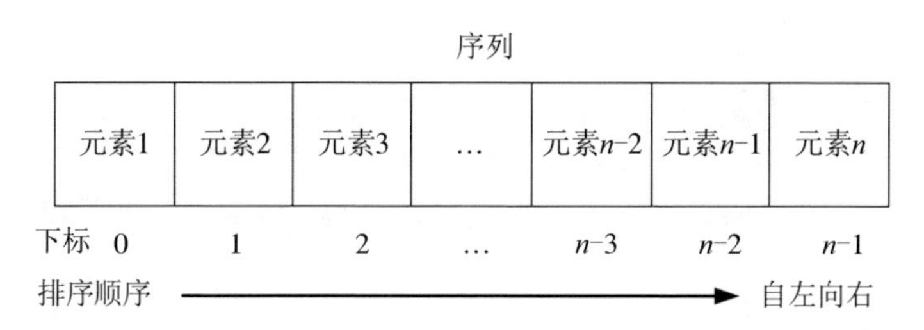

图 4-1　序列中元素与索引的下标序列

在 Python 中序列的下标还可以使用负数的形式，其中结尾元素 n 的下标为−1，向起始元素方向依次递减，直至起始元素的下标为−1−n 为止。序列中元素与下标的负数形式如图 4-2 所示。

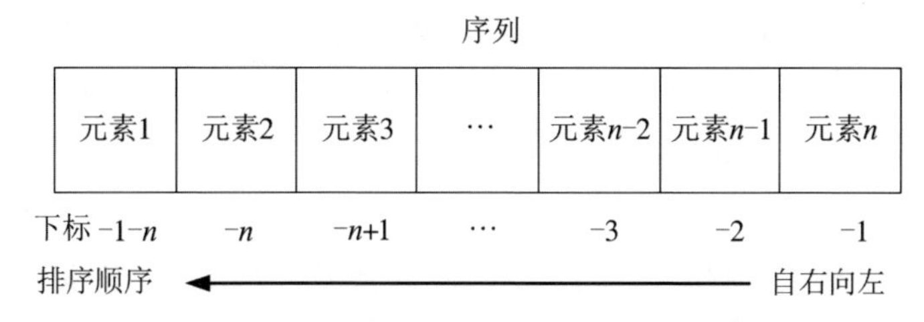

图 4-2　序列中元素与下标的负数形式序列

4.1.2　切片

在序列中，元素一般按照一定的顺序排列，而且每个元素都有相对应的索引，可以通过索引对元素进行访问。对于元素的访问除了索引的方式，还可以使用切片的方式。索引只能获取一个元素，其返回的是访问元素的数据类型。切片方式获取的是多个元素，其返回的是一个新的序列。切片的用法如下：

```
序列名[start:end:step]
```

其中，“start”是切片开始位置的索引值，包含该位置的元素，可以省略，默认值为 0；“end”是切片结束位置的索引值，不包含该位置的元素，可以省略，默认为序列的结尾。“step”是步长，也就是间隔的元素个数，可以省略，默认为 1。

序列切片的常用方法如下（以字符串为例）：

1. 取整个字符串

```
string='Python 程序员面试笔试通关攻略'
#取全部（“[]”中的“:”不能省略）
result=string[:]
print(result)
```

运行结果如下：

```
Python 程序员面试笔试通关攻略
```

2. 省略起始位置

```
string='Python 程序员面试笔试通关攻略'
#省略起始索引（不包含结束索引位置的元素）
result=string[:6]
print(result)
```

运行结果如下：

```
Python
```

3. 使用步长

```
string='Python 程序员面试笔试通关攻略'
#使用步长（间隔元素的个数）
result=string[0:len(string):2]
print(result)
```

运行结果如下：

```
Pto 程员试试关典
```

4. 使用负数进行取值

```
string='Python 程序员面试笔试通关攻略'
#使用负数索引（取最后两个元素）
result=string[-2:]
print(result)
```

运行结果如下：

```
宝典
```

4.1.3 序列相加

序列相加，就是将两个序列进行连接，形成一个新的序列，这个新序列中会保留之前两个序列中重复的元素。需要注意的是，进行序列相加操作的两个序列必须是同种类型，如两个字符串进行相加操作。以字符串为例，序列相加操作如下：

```
#序列 1
str1='Python 程序员面试'
#序列 2
str2='Python 程序员笔试'
#序列相加
str=str1+str2
print(str)
```

运行结果如下：

```
Python 程序员面试 Python 程序员笔试
```

4.1.4 序列相乘

序列相乘是指一个序列与一个非零的正整数 n 相乘，其相乘结果是一个新的序列。新序列是原有序列内元素重复 n 次的结果。以字符串为例，序列相乘操作如下：

```
string='Python 程序员面试笔试通关攻略'
#序列相乘
str=string*2
print(str)
```

运行结果如下：

```
Python 程序员面试笔试通关攻略 Python 程序员面试笔试通关攻略
```

4.2 列　　表

列表是 Python 中经常使用的序列，它可以存储不同数据类型的元素。列表实质上是内存中用来存储数据的一段连续空间，列表中元素的索引从 0 开始。

4.2.1　列表的创建与删除

在 Python 中列表不需要进行声明，可以直接使用，通过“[]”来存储元素。列表属于一种可变序列，创建完成后可以通过内置方法来增加或减少列表中的元素。

1. 列表的创建

```
#通过“[]”创建列表
lt=[]#空列表
lt=['Python','Java','PHP','C#']
#使用 list()函数创建
lt=list()                              #创建空列表
lt=list('123')
```

2. 列表的删除

```
#通过“[]”创建列表
lt=['Python','Java','PHP','C#']        #列表
#删除列表
del lt
```

4.2.2　列表中的常见函数

列表是一种可变的有序的数据集合，为方便开发人员使用列表，Python 内置了许多函数来操作列表。

1. append()函数

```
#通过 append()函数向列表中添加元素
lt=['Python','Java']                   #列表
#添加元素（元素添加在列表的尾部）
lt.append('PHP')
print(lt)
```

运行结果如下：

```
['Python', 'Java', 'PHP']
```

2. insert()函数

```
lt=['Python','Java']                   #列表
#在指定位置添加元素
lt.insert(1,'PHP')
print(lt)
```

运行结果如下：

```
['Python','PHP','Java']
```

3. index()函数

```
lt=['Python','Java','PHP','Java']      #列表
#返回列表中某个元素对应的索引（列表中有重复元素时，只返回首次匹配元素的索引）
ind=lt.index('Java')
print(ind)
```

运行结果如下：

```
1
```

4. pop()函数

```
lt=['Python','Java','PHP']             #列表
#根据列表中元素的索引删除对应元素
lt.pop(1)
print(lt)
```

运行结果如下：

```
['Python','PHP']
```

5. remove()函数

```
lt=['Python','Java','PHP']          #列表
#根据列表中元素值删除对应元素
lt.remove('PHP')
print(lt)
```

运行结果如下：

```
['Python','Java']
```

6. clear()函数

```
lt=['Python','Java','PHP']          #列表
#删除列表中的所有元素（不删除列表本身）
lt.clear()
print(lt)
```

运行结果如下：

```
['Python','Java']
```

7. del 函数

```
lt=['Python','Java','PHP']          #列表
#删除列表中的所有元素（删除列表本身）
lt.clear()
```

4.3 元　　组

元组的用法与列表类似，只是元组是一种不可变的序列，一旦创建成功，元组的长度与元组内的元素都不可修改。

4.3.1 元组的创建

在 Python 中元组需要使用“()”来修饰，元组内也可以存储不同数据类型的元素，元组的创建方式如下：

1. 创建元组

```
tup=('Python','Java','PHP','C#')
```

2. 删除元组

```
tup=('Python','Java','PHP','C#')
del tup
```

元组具有创建后不能修改的特性，元组中的元素不能进行添加、删除操作，只能通过“del”删除整个元组。

4.3.2 修改元组变量

元组是一种不可变的序列，创建序列后不可直接对元组中的元素进行修改，可以通过切片和序列相加等操作，间接实现对元组中元素的修改。

1. 修改元组内元素

对于元组内元素的修改操作，不能进行单个元素的修改，需要对元组中的全部元素进行修改，相当于重新赋值。具体修改方式如下：

```
#初始元组
tup=('Python','Java','PHP')
#修改元组元素（采用赋值方式）
tup=('C','C#','Go')
```

运行结果如下：

```
('C','C#','Go')
```

2. 添加元组内元素

向元组中添加元素，通过切片将原来的元组进行分割，然后通过序列相加，将分割的元组与需要添加的元素信息进行拼接，形成一个新的元组。具体添加方式如下：

```
#初始元组
tup=('Python','Java','PHP')
#添加元素（切片+序列相加）
tup=tup[:1]+('Go',)+tup[1:]
print(tup)
```

运行结果如下：

```
('Python','Go','Java','PHP')
```

3. 删除元组内的元素

具体删除方式如下：

```
#初始元组
tup=('Python','Java','PHP')
#删除元素（切片+序列相加）
tup=tup[:1] +tup[2:]
print(tup)
```

运行结果如下：

```
('Python','PHP')
```

4.4 集　　合

集合是一种可变的序列，创建完成后，可以对集合的长度及集合内的元素进行修改，但是集合中的元素不能重复。

4.4.1 集合的创建

在 Python 中集合需要使用“{}”来修饰，集合内也可以存储不同数据类型的元素，集合的创建与删除方式如下：

1. 创建集合

```
#创建空集合
st=set()
#创建带有元素的集合
st={'Java','PHP','Python'}
```

2. 删除集合

```
st=('Python','Java','PHP','C#')
del st
```

在创建空集合时，只能通过 set()函数创建，使用“{}”创建的集合不是一个空集合，而是一个空字典。

4.4.2 集合中的常见函数

集合是一种可变的序列，可以通过内置的函数添加或删除集合中的元素。因为集合是一种无序的序列，所以，集合中进行元素添加、删除操作的函数与列表中使用的函数有所不同，集合中的常见函数如表 4-1 所示。

表 4-1 集合中的常见函数

函　数	用　法	说　明
add()	集合.add(元素)	向集合中添加新元素
clear()	集合.clear()	清空集合中的所有元素
pop()	集合.pop()	删除集合中的一个元素，随机删除
remove()	集合.remove(元素)	删除集合中的一个指定元素，当需要删除的元素不存在时会报错
discard()	集合.discard(元素)	删除集合中的一个指定元素，当需要删除的元素不存在时不会报错
intersection()	集合 1.intersection(集合 2)	求两个集合的交集，并将结果以新集合的形式返回
union()	集合 1.union(集合 2)	求两个集合的并集，并将结果以新集合的形式返回
difference()	集合 1.difference(集合 2)	求两个集合的差集，并将结果以新集合的形式返回
symmetric_difference()	集合 1.symmetric_difference(集合 2)	求两个集合的交叉补集，并将结果以新集合的形式返回
update()	集合 1.update(集合 2)	将集合 2 中的元素更新到集合 1 中

4.5 字　典

字典是 Python 中的一种特殊序列，它是一种无序的、可变的序列，它内部的元素是成对出现的，由“键值对”组成，其中“键”是字典中元素的索引，“值”是字典中元素的值。

4.5.1 字典的创建

在 Python 中字典需要使用“{}”来修饰，字典内也可以存储不同数据类型的元素，字典中的元素是以键值对的形式成对存在的，字典的创建和删除方式如下：

1. 创建字典

```
#创建空字典
#使用“{}”方式创建空字典
dt={}
#使用 dict()函数创建空字典
dt=dict()
#创建带有元素的字典
dt={'name':'小明','age':18,'sex':'男'}
dt=dict(name='小明',age=18,sex='男')
```

2. 删除字典

```
dt={'name':'小明','age':18,'sex':'男'}
del dt
```

4.5.2　字典中常用的函数

字典是一种无序的可变的序列，可以通过内置的函数添加、删除字典中的元素。字典中的常见函数如表 4-2 所示。

表 4-2　字典中的常见函数

函　　数	用　　法	说　　明
clear()	字典.clear()	清空字典中的所有元素
pop()	字典.pop(键)	删除字典中键对应的值，并返回该值
popitem()	字典.popitem()	随机删除字典中的一个元素，并返回该元素的键值对
get()	字典.get(键)	返回字典中指定键对应的值，如值不存在，则返回 None
update()	字典 1.update(字典 2)	将字典 2 中的元素更新到字典 1 中
keys()	字典.keys()	将字典中的所有键以列表格式返回
values()	字典.values()	将字典中的所有值以列表格式返回
items()	字典.items()	将字典中的键与值分别以列表格式返回
fromkey()	字典.fromkeys(序列,默认值)	通过序列设置字典的键，字典的值为统一的默认值

4.6　精选面试笔试解析

前面对 Python 序列进行了简单的介绍与讲解，接下来结合一些在面试或笔试过程中经常遇到的与序列相关的问题进行讲解，加深读者对不同序列作用的理解与使用方法的掌握，从而使读者能够更为轻松地应对面试与笔试。

4.6.1　Python 中列表和元组有什么不同

试题题面：Python 中列表和元组有什么不同？

题面解析：本题主要考查应聘者对 Python 中数据类型和序列等基础知识的掌握情况。看到这类问题，应聘者需要考虑 Python 中的序列是什么、Python 中有什么数据类型，通过对基础知识的梳理，发现列表与元组之间的相同点与不同点。

解析过程：

列表和元组都是 Python 中的基本数据类型，也是常用的序列，它们内部的元素都包含不同数据类型的元素，都是有序序列，可以使用切片获取元素。它们之间的不同点如下：

① 格式不同，列表使用“[]”表示，元组使用“()”表示。

② 修改方式不同，列表创建后，可以通过函数添加、删除列表中的元素，也可以通过索引修改元素值；元组创建后，不能添加、删除元组中的元素，也不能通过索引修改元素值。

4.6.2 NumPy 中有哪些操作 Python 列表的函数

试题题面：NumPy 中有哪些操作 Python 列表的函数？

题面解析：本题主要考查应聘者对 NumPy 模块和列表的掌握情况。看到这类问题需要考虑 NumPy 是什么、NumPy 模块有什么作用、列表是什么数据类型，通过对 NumPy 模块和列表的分析与梳理，从而解决问题。

解析过程：

NumPy 模块是 Python 中的第三方库，它支持 *n* 维数组对象，是一个进行高级的数值编程工具，具有线性代数、傅里叶变换等功能，也可以对数组结构的数据进行矩阵运算。列表是 Python 中的一种基本数据类型，也是一种可变的、有序的序列。通过 NumPy 模块的函数可以将列表转换为数组或者矩阵。

1. 将列表转换为数组

将列表转换为数组，要使用 NumPy 模块中的 array()函数，具体使用方法如下：

```
import numpy as np
#列表
lt=[1,2,3]
#将列表转换为数组
na=np.array(lt)
print(lt)
print(type(lt))
print(na)
print(type(na))
```

运行结果如下：

```
[1,2,3]                      #列表
<class 'list'>               #列表数据类型
[123]#数组
<class 'numpy.ndarray'>      #数组数据类型
```

2. 将列表转换为矩阵

将列表转换为矩阵，要使用 NumPy 模块中的 mat()函数，具体使用方法如下：

```
import numpy as np
#列表
lt=[1,2,3]
#将列表转换为数组
nm=np.mat(lt)
print(lt)
```

```
print(type(lt))
print(nm)
print(type(nm))
```

运行结果如下：

```
[1,2,3]                   #列表
<class 'list'>            #列表数据类型
[[123]]                   #矩阵
<class 'numpy.matrix'>    #矩阵数据类型
```

4.6.3　如何在字典中删除键以及合并两个字典

试题题面：如何在字典中删除键以及合并两个字典？

题面解析：本题主要考查应聘者对 Python 中字典操作的掌握情况。看到这类问题，需要考虑字典是什么类型的数据、字典具有哪些性质，通过对字典基础知识梳理和性质的分析，解决问题。

解析过程：

字典是 Python 中基本数据类型的一种，它是一种可变的、无序的序列。它内部的元素由键值对组成，可以通过键获取相应元素的值。

字典中“键”与“值”是成对存在的，删除键的同时也删除了相应的值。删除字典中键的方式有以下几种：

1. del()方式

```
dt=dict(name='小明',age=18,sex='男')
del dt['name']              #删除字典中的键
```

2. pop()方式

```
dt=dict(name='小明',age=18,sex='男')
dt.pop('name')              #删除字典中的键
```

3. clear()方式

```
dt=dict(name='小明',age=18,sex='男')
dt.clear()                  #删除字典中的所有键
```

4. popitem()方式

```
dt=dict(name='小明',age=18,sex='男')
dt.popitem()                #随机删除字典中的一个键，返回删除的键值对信息
```

在字典中不仅可以通过内置的函数进行字典元素的添加、删除操作，也可以将两个字典进行合并，具体用法如下：

```
dt1=dict(name='小明',age=18,sex='男')
dt2=dict(sex='男',tel='123456')
dt1.update(dt2)
```

需要注意，两个字典进行合并时，如果两个字典中的键一样，会将后一个字典的值更新给前一个字典；如果两个字典中的键不同，会将两个字典中的元素进行合并。

4.6.4　如何使用 sort 进行排序，从最后一个元素判断

试题题面：如何使用 sort 进行排序，从最后一个元素开始判断并去掉重复元素？

题面解析：排序问题是面试时经常会遇到的题目，本题主要考查应聘者对使用 sort()函数进

行列表排序的掌握情况。

解析过程：

sort()函数在 Python 中用于列表排序操作。列表是一个有序的、可变的序列，但是列表使用时其内部存放的元素不一定是有序的，为方便观察或使用列表，可以使用 sort()函数对列表中的元素进行排序，排序分为升序和降序两种方式，具体用法如下：

```
#列表
lt=[1,4,3,1,2,3,5,9,6,8,7,4,6]
lt.sort()                    #默认为升序（reverse=False）
print('升序：{}'.format(lt))
lt.sort(reverse=True)        #降序
print('降序：{}'.format(lt))
```

运行结果如下：

```
升序：[1,1,2,3,3,4,4,5,6,6,7,8,9]
降序：[9,8,7,6,6,5,4,4,3,3,2,1,1]
```

sort()函数只能将列表中的元素进行排序，不能去除列表中的重复元素。从列表的最后一位开始去除重复元素如下：

```
lt=[1,4,3,1,2,3,5,9,6,8,7,4,6]
lt.sort()                    #默认为升序（reverse=False）
print('去重前：{}'.format(lt))
num=lt[-1]                   #获取最后一位
#从列表最后一个元素开始去重
for i in range(len(lt)-2,-1,-1):
    if num==lt[i]:
        del lt[i]
    else:
        num=lt[i]
print('去重后：{}'.format(lt))
```

运行结果如下：

```
去重前：[1,1,2,3,3,4,4,5,6,6,7,8,9]
去重后：[1,2,3,4,5,6,7,8,9]
```

4.6.5 列表合并的常用方法有哪些

试题题面：列表合并的常用方法有哪些？

题面解析：本题主要考查应聘者对列表基础知识的掌握情况。列表是一种有序可变的序列，可以通过序列相加的方式合并两个列表。也可以通过一些内置的方法将两个列表进行合并。

解析过程：

在 Python 中进行列表合并通常使用以下方法：

1. 通过序列相加的方式

```
list1=[1,2,3]
list2=[4,5,6]
list_new=list1+list2
print(list_new)
```

运行结果如下：

```
[1,2,3,4,5,6]
```

2. 通过切片的插入方式

```
list1=[1,2,3]
list2=[4,5,6]
list1[3:3]=list2
print(list1)
```

运行结果如下：

```
[1,2,3,4,5,6]
```

3. 通过 extend()方法

```
list1=[1,2,3]
list2=[4,5,6]
list1.extend(list2)
print(list1)
```

运行结果如下：

```
[1,2,3,4,5,6]
```

4. 通过“*”

```
list1=[1,2,3]
list2=[4,5,6]
list_new=[*list1,*list2]
```

运行结果如下：

```
[1,2,3,4,5,6]
```

4.6.6　列表中如何去除重复的元素

试题题面：列表中如何去除重复的元素？

题面解析：本题主要考查应聘者对列表基础知识的掌握情况。列表是一种有序可变的序列，其内部可以存储不同数据类型的元素，也可以存储重复的元素。

解析过程：

去除列表中重复的元素通常有以下几种方式：

1. 通过集合去重

集合中不能出现重复元素，可以将列表转换为集合，去除列表中重复的元素。

```
lt=[1,2,1,4,2,3,2,3]
st=set(lt)
lt_new=list(st)
```

2. 通过字典去重

字典中的键是唯一的，通过将列表元素转换为字典的键，可以实现去除列表中重复元素的目的。

```
lt=[1,2,1,4,2,3,2,3]
dt={}.fromkeys(lt)
lt_new=list(dt.keys())
```

3. 通过遍历去重

通过遍历将原列表中的元素添加到新列表中，重复的元素只能添加一次。

```
lt=[1,2,1,4,2,3,2,3]
lt_new=[]
for l in lt:
    if l not in lt_new:
        lt_new.append(l)
```

4.6.7 字典中的元素如何排序

试题题面：字典中的元素如何排序？

题面解析：本题主要考查应聘者对字典基础知识的掌握情况。字典是一种无序可变的序列，其内部可以存储不同数据类型的元素，由键和值组成。

解析过程：

在 Python 中字典的本质是无序的，但是为了方便观察与使用，可以通过“键”或“值”来进行排序。

1. 按“键”排序

```
dt={'a':3,'c':1,'b':2}
dt_new=sorted(dt.items(),key=lambda d:d[0]) #默认为升序，降序为 reverse=True
print(dt_new)
```

运行结果如下：

```
[('a',3),('b',2),('c',1)]
```

2. 按“值”排序

```
dt={'a':3,'c':1,'b':2}
dt_new=sorted(dt.items(),key=lambda d:d[1]) #默认为升序
print(dt_new)
```

运行结果如下：

```
[('c',1),('b',2),('a',3)]
```

4.6.8 如何使用映射函数 map()按规律生成列表或集合

试题题面：如何使用映射函数 map()按规律生成列表或集合？

题面解析：本题主要考查应聘者对映射函数 map()的掌握情况。map()函数的格式为 map（func,seq），其中 func 是处理函数，seq 是序列，序列可以是列表、集合、字符串等，序列可以传入一个或者多个。

解析过程：

map()是 Python 的一个内置函数，它可以借助一个处理函数对指定的序列进行处理。

1. 使用 map()函数有规律地生成列表

```
#指定列表
list_old=[1,2,3,4]
print('映射前：{}'.format(list_old))
#使用 map()函数映射生成的新列表
list_new=list(map(lambda x:x+1,list_old))
print('映射后：{}'.format(list_new))
```

运行结果如下：

```
映射前：[1,2,3,4]
映射后：[2,3,4,5]
```

2. 使用 map()函数有规律地生成集合

```
#指定集合
set_old={1,2,3,4}
print('映射前：{}'.format(set_old))
set_new=set(map(lambda x:x*x,set_old))
print('映射后：{}'.format(set_new))
```

运行结果如下：

```
映射前：{1,2,3,4}
映射后：{16,1,4,9}
```

使用 map()映射函数时，如果传入多个序列，每个序列的长度与序列中每个位置元素的数据类型都要保持一致，不然会出错。

4.6.9　如何求集合的并集和交集

试题题面：如何求集合的并集和交集，集合之间是否还支持其他操作？

题面解析：本题主要考查应聘者对集合基础知识的掌握情况。集合是 Python 中的基本数据类型之一，也是一种无序的可变序列。

解析过程：

集合是 Python 中的一种常用序列，它内置了一些函数，除了对单个集合进行元素添加、删除等操作，还可以对多个集合进行操作，例如，求两个集合间的交集、并集、差集、交叉补集等。

1. 求两个集合的交集

```
set1={1,2,3,4}
set2={3,4,5,6}
#求交集
set_new=set1.intersection(set2)
print(set_new)
```

运行结果如下：

```
{3,4}
```

2. 求两个集合的并集

```
set1={1,2,3,4}
set2={3,4,5,6}
#求并集
set_new=set1.union(set2)
print(set_new)
```

运行结果如下：

```
{1,2,3,4,5,6}
```

3. 求两个集合的差集

```
set1={1,2,3,4}
set2={3,4,5,6}
#求差集
set_new=set1.difference(set2)
print(set_new)
```

运行结果如下：

```
{1,2}
```

4. 求两个集合的交叉补集

```
set1={1,2,3,4}
set2={3,4,5,6}
#求交叉补集
set_new=set1.symmetric_difference(set2)
print(set_new)
```

运行结果如下：

```
{1,2,5,6}
```

4.6.10 如何将两个列表或元组合并成一个字典

试题题面：如何将两个列表或元组合并成一个字典？

题面解析：本题主要考查应聘者对字典基础知识的掌握情况。字典是 Python 中的基本数据类型之一，也是一种无序的可变序列，其他序列转换为字典需要使用 dict()函数。

解析过程：

字典是 Python 中的一种常用序列，它内部的元素是以键值对的形式成对存在的，所以，列表或者元组转换为字典时都需要两个，并且长度要保持一致。字典中的键是唯一的，不能重复，转换为字典键的列表或元组中不能出现重复元素。

1. 两个列表合并为一个字典

```
#列表合并为字典
list_key=['name','age','sex']
list_value=['小明',18,'男']
dict_new=dict(zip(list_key,list_value))
print(dict_new)
```

运行结果如下：

```
{'name':'小明','age':18,'sex':'男'}
```

2. 两个元组合并为一个字典

```
#元组合并为字典
tuple_key=('name','age','sex')
tuple_value=('小明',18,'男')
dict_new=dict(zip(tuple_key,tuple_value))
print(dict_new)
```

运行结果如下：

```
{'name':'小明','age':18,'sex':'男'}
```

4.6.11 如何进行倒序排序

试题题面：如果列表元素是对象，进行倒序排序的方法有哪些？

题面解析：本题主要考查应聘者对列表排序的掌握情况。列表是 Python 中的基本数据类型之一，也是一种有序的可变序列，对于列表的排序通常有 sort()和 sorted()两种方式。

解析过程：

当列表中的元素是对象时，对列表进行排序，可以根据对象中的某属性的值来进行排序。当列表元素是对象时，进行倒序排序的方法有以下几种：

1. 使用 sort()方式

```
class People():
    def __init__(self,name,age):
        self.name=name
        self.age=age
#创建对象
people1=People('小明',18)
people2=People('小米',8)
```

```
people3=People('小红',28)
list_old=[people1,people2,people3]
print('排序前...')
for p in list_old:
    print(p.age)
import operator
list_old.sort(key=operator.attrgetter('age'),reverse=True)
print('排序后...')
for p in list_old:
    print(p.age)
```

运行结果如下：

```
排序前...
18
8
28
排序后...
28
18
8
```

2. 使用 sorted()方式

```
class People():
    def __init__(self,name,age):
        self.name=name
        self.age=age
#创建对象
people1=People('小明',18)
people2=People('小米',8)
people3=People('小红',28)
list_old=[people1,people2,people3]
print('排序前......')
for p in list_old:
    print(p.age)
import operator
list_new=sorted(list_old, key=operator.attrgetter('age'),reverse=True)
for p in list_new:
    print(p.age)
```

运行结果如下：

```
排序前...
18
8
28
排序后...
28
18
8
```

4.6.12　哪些类型的数据不能作为字典的键值

试题题面：哪些类型的数据不能作为字典的键值？

题面解析：本题主要考查应聘者对字典基础知识的掌握情况。字典是 Python 中的基本数据类型之一，也是一种无序的可变序列，字典中的元素是以键值对的形式成对出现的，其中键具有唯一性，不能重复。

解析过程：

字典中的键具有唯一性，不能重复，使用访问值的唯一索引。Python 中的基本数据类型分为可变数据类型与不可数据类型，其中字典的键只能使用不可变的数据类型，不能使用可变的数据类型，代码如下：

```
#空字典
dt={}
#向字典添加数据
dt['name']='小明'
dt[6]=10
dt[(4,5,6)]=(1,2,3)
class Apple():
    pass
apple1=Apple()
dt[apple1]='apple1'
dt[False]=True
for key,value in dt.items():
    print(key,'~~~',value)
```

运行结果如下：

```
name~~~小明
6~~~10
(4,5,6)~~~(1,2,3)
<__main__.Apple object at 0x0000025E71A36438>~~~apple1
False~~~True
```

从上述运行结果可以看出，字符串、整数、布尔值、元组、对象都可以作为字典的键，而列表、集合、字典等可变数据类型都不可以作为字典的键。

4.6.13 列表如何进行升序或降序排列

试题题面：如果列表元素是字典类型，如何利用 lambda 表达式对列表进行升序或降序排列？

题面解析：本题主要考查应聘者对列表排序的掌握情况。列表是 Python 中的基本数据类型之一，也是一种有序的可变序列，对于列表的排序通常有 sort()和 sorted()两种方式。

解析过程：

当列表中的元素是字典类型时，对列表进行排序，是根据字典中某个键对应的内容进行排序的。当列表元素是字典类型时，进行升序和降序排序有以下两种：

1. 使用 sort()方式

```
list_old=[
    {'name':'小明','age':18},
    {'name':'小红','age':8},
    {'name':'小米','age':28},]
list_old.sort(key=lambda dt:dt['age'])                #升序
print(list_old)
list_old.sort(key=lambda dt:dt['age'],reverse=True)  #降序
print(list_old)
```

运行结果如下：

```
[{'name':'小红','age':8},{'name':'小明','age':18},{'name':'小米','age':28}]
[{'name':'小米','age':28},{'name':'小明','age':18},{'name':'小红','age':8}]
```

2. 使用 sorted()方式

```
list_old=[
    {'name':'小明','age':18},
    {'name':'小红','age':8},
    {'name':'小米','age':28},]
list_new=sorted(list_old,key=lambda dt:dt['age'])                #升序
print(list_new)
list_new=sorted(list_old,key=lambda dt:dt['age'],reverse=True)   #降序
print(list_new)
```

运行结果如下：

```
[{'name':'小红','age':8},{'name':'小明','age':18},{'name':'小米','age':28}]
[{'name':'小米','age':28},{'name':'小明','age':18},{'name':'小红','age':8}]
```

4.6.14　Python 字典与 Json 字符串如何互换

试题题面：Python 字典与 Json 字符串如何互换？

题面解析：本题主要考查应聘者对字典与 Json 字符串的理解。字典是 Python 中的基本数据类型之一，也是一种无序的可变序列，字典中的元素是以键值对的形式成对出现的，其格式一般为“{'键': 值}”。Json 字符串是 Web 应用中一种进行数据交互的数据格式，其结构与字典的结构比较相似，其格式一般为“{"键": 值}”。

解析过程：

字典与 Json 字符都是经常使用的数据类型，通过一些函数可以做到字典与 Json 字符串之间的相互转换，具体转换方法如下：

1. 字典转换为 Json 字符串

```
dt={'name':'小明','age':18,'sex':'男'}
import json
json_str=json.dumps(dt,ensure_ascii=False)
print(json_str)
print(type(json_str))
```

运行结果如下：

```
{"name":"小明","age":18,"sex":"男"}
<class 'str'>
```

2. Json 字符串转换为字典

```
import json
json_str='{"name":"小明","age":18,"sex":"男"}'
dt=json.loads(json_str)
print(dt)
print(type(dt))
```

运行结果如下：

```
{'name':'小明','age':18,'sex':'男'}
<class 'dict'>
```

4.7　名企真题解析

本节收集了各大企业往年的一些面试及笔试真题，读者可以把自己当成正在接受面试或笔

试的应聘者，当你面对以下这些题目时，你会怎么解答呢？快来一起尝试吧！

4.7.1 在 Python 中如何定义集合，集合和列表有什么区别

【选自 XM 笔试题】

试题题面： 在 Python 中如何定义集合，集合和列表有什么区别？

题面解析： 本题中主要考查应聘者对 Python 基本数据类型和序列的理解。基本数据分为两大类，分别是可变数据类型和不可变数据类型；序列分为有序序列和无序序列两种。

解析过程：

在 Python 中集合是一种可变的数据类型，属于一种无序序列。集合与列表有一些共同之处——创建完成后都可以通过内置函数添加或者删除元素。集合与列表还有许多不同之处，如下所示：

1. 创建方式不同

集合通过“{}”或 set()创建，列表通过“[]”或 list()创建。

2. 排序方式不同

集合中的元素是无序排列，列表中的元素是有序排列。

3. 元素是否重复

集合中的元素不能重复，列表中的元素可以重复。

4.7.2 如何对列表元素进行随机排序

【选自 GG 笔试题】

试题题面： 如何对列表元素进行随机排序？

试题题面： 本题主要考查应聘者对列表内置函数的使用方法的掌握程度。列表是一种有序列表，经常会面临排序的问题，reverse()、sort()、sorted()等都是排序最常用的方法。

题面解析：

reverse()函数是列表反转方法，用法为列表.reverser()，可以将列表元素由从左到右的排序变更为从右向左的排序。

sort()函数是列表排序方法，用法为列表.sort()，默认为升序排序，可以通过 reverse=True 参数进行降序排序。

sorted()函数是列表排序方法，用法为新列表=sorted（列表），默认为升序排序，可以通过 reverse=True 参数进行降序排序。

上面的排序方法都有一定的规律，如果要对列表进行随机排序，需要使用 Random 模块中的 shuffle()函数实现，具体实现方式如下：

```
import random
list_old=[1,2,3,4,5,6]
random.shuffle(list_old)
print(list_old)
```

运行结果如下：

```
[6,5,4,1,2,3]
```

4.7.3　如何快速调换字典中的 key 和 value

【选自 GG 笔试题】

试题题面： 如何快速调换字典中的 key 和 value？

试题题面： 本题考查应聘者对字典的使用。字典是一种无序列表，元素以键值对的形式成对出现，其中键不能重复。

题面解析：

首先，获取字典中的 key 与 value；然后调换 key 与 value，生成新字典，具体操作如下：

```
dict_old={'a':3,'b':2,'c':1}
dict_new={value:key for key,value in dict_old.items()}
print(dict_new)
```

运行结果如下：

```
{3:'a',2:'b',1:'c'}
```

需要注意，value 中不能有重复的值，因为字典的 key 不能重复。

4.7.4　列表的 sort()函数与 sorted()函数有什么区别

【选自 GG 笔试题】

试题题面： 列表的 sort()函数与 sorted()函数都可以对列表进行排序，两者之间有什么区别？

试题题面： 本题考查应聘者对列表内置函数的使用。集合是一种有序列表，最常用的排序方法是 sort()和 sorted()。

题面解析：

sort()函数与 sorted()函数都是列表排序方法，sort()函数的用法为列表.sort()，sorted()函数的用法为新列表=sorted（列表）。它们默认的排序方式都默认为升序排序，都可以通过 reverse=True 参数进行降序排序。

它们的不同之处如下：

1. 用法不同

sort()函数的用法为列表.sort()，sorted()函数的用法为新列表=sorted（列表）。

2. 排序对象不同

sort()函数是对原列表进行排序，sorted()函数是将原列表的排序结果生成一个新列表，对原列表不造成影响。

第5章

字符串和正则表达式

本章导读

本章介绍Python中字符串和正则表达式的相关知识,其中包括字符串相关的字符串格式化、字符串拼接、字符串分割等常用方法，以及正则表达式的应用。通过对这些知识的讲解，可以帮助读者轻松应对面试、笔试中与字符串操作和正则表达式应用相关的问题。

知识清单

本章要点（已掌握的在方框中打钩）：

- ☐ 字符串的格式化。
- ☐ 字符串的常用方法。
- ☐ 正则表达式中的基本元字符。
- ☐ Re 模块中的常用函数。
- ☐ 正则表达式中的分组匹配与匹配对象。

5.1 字 符 串

字符串是 Python 中不可变的数据类型，是一种有序序列。在 Python 中字符串使用' '或" "进行标识，字符串也可使用索引进行取值，索引值是从 0 开始的，可以进行切片、序列相加、序列相乘等操作。

5.1.1 字符串格式化

字符串格式化，是指将字符串以一定的规范、格式进行输出。Python 中字符串格式化有 3 种方式，分别是使用''' '''符号、%、format()函数。

1. 使用''' '''符号

''' '''符号是应用于多行字符串的格式化输出，可以让输出的字符串保留原本的格式，字符串多行显示。具体使用方法如下：

```
#使用''' '''符号进行字符串格式化
str='''
     春晓
  [唐] 孟浩然
春眠不觉晓,处处闻啼鸟.
夜来风雨声,花落知多少.'''
print(str)
```

运行结果如下：

```
     春晓
  [唐] 孟浩然
春眠不觉晓,处处闻啼鸟.
夜来风雨声,花落知多少.
```

2. 使用%方式

%也是字符串格式化输出的一种方式，“%”本质上相当于一个占位符，可以在不改变原字符串顺序与结构的情况下，更改需要修改的信息内容。例如，在“小明每天吃 1 个鸡蛋”这个字符串中，将“一个鸡蛋”修改为“两个鸡蛋”，如果不使用这种占位符的方式，就需要将整个字符串进行修改替换。具体使用方法如下：

```
#使用%进行字符串格式化
str='小明每天吃%d 个鸡蛋'
print(str %2)
```

运行结果如下：

```
小明每天吃 2 个鸡蛋
```

使用“%”进行占位替换字符串内容时，根据替换数据的数据类型要有所修改与调整，例如，替换整数数据时使用“%d”。“%”占位符的替换用法如表 5-1 所示。

表 5-1　占位符的替换用法

占　位　符	说　　明
%d	对整数格式化
%s	对字符进行格式化（字母、中文等）
%c	对字符和 ASCII 码进行格式化
%o	对无符号的八进制数进行格式化
%u	对无符号的整型格式化
%x，%X	对无符号的十六进制数进行格式化
%f	对浮点数进行格式化，可以指定小数点后精确的位数
%e，%E	对浮点数以科学记数法的方式格式化

3. 使用 format()函数

format()函数的用法与“%”的用法相似，都是使用一个占位符在要替换的内容处占位。不同的是，“%”方式使用“%”符号占位，而其根据替换数据类型的不同在“%”后面跟的修饰字母也不同。format()函数使用“{}”符号占位，不用对不同的数据类型进行区别设置。format()函数格式化字符串的用法如下：

```
#使用 format()函数进行字符串格式化
str='{}每天吃{}个鸡蛋'
print(str.format('小明',3))
```

运行结果如下：

```
小明每天吃 3 个鸡蛋
```

5.1.2 字符串的常用方法

在 Python 中，字符串是一种经常使用的数据类型，有时根据需求的不同要对字符串进行不同的处理。Python 中内置了许多函数帮助处理字符串，字符串的常用方法如下：

1. 字符串拼接

字符串拼接是指将几个字符串进行合并，形成一个新的字符串。在 Python 中字符串的拼接一般使用“+”实现。字符串拼接的应用较多，如文件路径、网页地址等。具体使用方法如下：

```
#字符串拼接
str1='Python 程序员'
str2='面试笔试通关攻略'
str_new=str1+str2
print(str_new)
```

运行结果如下：

```
Python 程序员面试笔试通关攻略
```

2. 字符串截取

字符串截取是指在整个字符中根据需求选取出部分字符串，进行字符串截取时采用切片方式，使用“[]”和索引进行截取。当字符串索引为正整数时，从 0 开始，方向为从左向右；当字符串索引为负整数时，从-1 开始，方向为从右向左。具体使用方法如下：

```
#字符串截取
str='Python 程序员面试笔试通关攻略'
print(str[0:6])         #截取字符串中的“Python”字段，索引从 0 到 6
```

运行结果如下：

```
Python
```

3. 分割字符串

分割字符串是指以字符串中的某种字符（字符可是多个）为分割界限，将原字符串分割为若干子串。具体使用方法如下：

```
#分割字符串
str='Python?Java?C?C#?PHP'
print(str.split('?')) #将原字符串以“?”为界限进行分割
```

运行结果如下：

```
['Python','Java','C','C#','PHP']
```

4. join()拼接字符串

join()函数是一个内置的字符串拼接方法，与“+”拼接方式有所不同，join()函数是将列表或者元组类型的数据拼接成一个字符串。具体使用方法如下：

```
#join()函数拼接字符串
list_str=['今','天','天','气','真','好','!!!']
str=''.join(list_str)
print(str)
```

运行结果如下：

```
今天天气真好!!!
```

5. find()函数检查目标字符串是否存在

find()函数用来判断原字符串中是否包含目标字符串，如果包含目标字符串，则返回在原字符串中首次出现位置的索引；如果不包含，则返回-1。具体使用方法如下：

```
#find()检查目标字符串是否存在
str='Python 程序员面试笔试通关攻略'
result=str.find('面')
print(result)
```

运行结果如下：

```
9
```

6. len()函数统计字符串的长度

len()函数用来统计字符串中字符的个数。具体使用方法如下：

```
#len()统计字符串长度
str='Python 程序员面试笔试通关攻略'
print(len(str))
```

运行结果如下：

```
17
```

7. count()函数统计目标字符串出现的次数

count()函数用来统计目标字符串在原字符串中出现的次数。具体使用方法如下：

```
#count()统计字符串出现的次数
str='Python 程序员面试笔试通关攻略'
result=str.count('试')
print(result)
```

运行结果如下：

```
2
```

8. lower()函数与 upper()函数更改字符串中字母的大小写

更改字符串中字母的大小写需要使用 lower()函数与 upper()函数。lower()函数是将大写字母转换为小写字母，upper()函数是将小写字母转换为大写字母。具体使用方法如下：

```
#更改字符串大小写
str='Apple'
#转换为小写
str_lower=str.lower()
#转换为大写
str_upper=str_lower.upper()
print('转换为小写>>>',str_lower)
print('转换为大写>>>',str_upper)
```

运行结果如下：

```
转换为小写>>>apple
转换为大写>>>APPLE
```

9. 字符串的“编码”与“解码”

在使用字符串时经常会遇见编码不一致的问题，字符串的编码格式不一致就会导致字符串显示出现错乱。使用 encode()函数可以将字符串转换为 bytes 字节类型，也被称为“编码”；使用 decode()函数可以将 bytes 字节类型转换为字符串类型，也被称为“解码”。encode()函数和 decode()函数在使用时可以指定编码格式，如 UTF-8、GBK 等。具体使用方法如下：

```
#字符串的“编码”与“解码”
str='Python 程序员面试笔试通关攻略'
#转换为 bytes 字节类型
```

```
str_bytes=str.encode('UTF-8')        #以 UTF-8 格式编码
#转换为字符串类型
str_utf=str_bytes.decode('UTF-8')   #以 UTF-8 格式解码
print('编码后>>>',str_bytes)
print('解码后>>>',str_utf)
```

运行结果如下：

```
编码后>>>b'Python\xe7\xa8\x8b\xe5\xba\x8f\xe5\x91\x98\xe9\x9d\xa2\xe8\xaf\x95\xe7\xac\x94\xe8\xaf\x95\xe9\x80\x9a\xe5\x85\xb3\xe5\xae\x9d\xe5\x85\xb8'
解码后>>>Python 程序员面试笔试通关攻略
```

5.2 正则表达式

在 Python 中正则表达式是一种特殊的字符串序列，它匹配指定类型或格式的字符串，也可以对数据进行处理，获取清晰、简洁的数据。

5.2.1 基本元字符

正则表达式一般情况下可以匹配任何形式、格式的字符串。例如，字符串“Python”在正则表达式中可以通过“Python”进行完全匹配，匹配时会区分字母的大小写。但是 Python 中有一些特殊字符具有特定的含义，这些特殊字符无法以这种方式直接匹配它们自身，这种特殊字符被称为元字符。Python 中的基本元字符如表 5-2 所示。

表 5-2 Python 中的基本元字符

元 字 符	用 法	作 用
^	^…	从字符串开始位置匹配指定字符内容
$	…$	从字符串结尾位置匹配指定字符内容
\	\n、\^等	反义字符，它的作用有两种：一种是后面跟字母，例如\n，增加特殊作用，匹配字符串中的换行符；另一种是后面跟元字符，取消元字符的特殊作用，匹配字符串中对应的符号
.	.	匹配字符串中除了换行符（“\n”）以外的所有字符
*	a*	在字符串中对指定的前一个字符匹配零次或者多次
?	a?	在字符串中对指定的前一个字符匹配零次或一次
+	a+	在字符串中对指定的前一个字符匹配一次或多次
{}	{m,n}	在字符串中对指定的前一个字符匹配指定的次数，{0,}作用与“*”相同，匹配零次或多次；{1,}作用与“+”相同，匹配一次或多次；{0,1}作用与“?”相同，匹配零次或一次，在设置参数时要保证匹配次数小于 n
[]	[a]、[abc]、[a-z]	设置需要匹配的字符集合，集合中可以是单个字符、多个字符或者使用“-”符号设置一个范围集合
()	(…)	匹配封闭的正则表达式，然后另存为子组
|	abc|def	在字符串中匹配“|”符号两边指定的任意一种字符串

5.2.2 Re 模块中的常用函数

Re 模块是 Python 中的一个内置模块，它内部的很多函数与功能都是在正则表达式的基础上实现的，是 Python 独有的一个模块。

Re 模块提供了许多用于匹配字符串的函数，其中常用函数如下：

1. match()函数

match()函数从字符串开始位置进行匹配，匹配到指定字符，返回匹配的字符内容和指定字符在原字符串中的位置索引。若在字符串开始位置没有匹配到指定字符，则返回“None”。具体使用方法如下：

```
#match()函数
str='abcdefabcacdefabc'
import re
res1=re.match('abc',str)
res2=re.match('def',str)
print("第一种>>>{}\n 第二种>>>{}".format(res1,res2))
```

运行结果如下：

```
第一种>>><_sre.SRE_Match object;span=(0,3),match='abc'>#可以使用 group()函数获取匹配的字符
第二种>>>None
```

2. search()函数

search()函数从字符串中的任意位置开始匹配，匹配到指定字符，返回匹配的字符内容和指定字符在原字符串中的位置索引。具体使用方法如下：

```
#search()函数
str='abcdefabcacdefabc'
import re
res1=re.search('abc',str)
res2=re.search('def',str)
print("第一种>>>{}\n 第二种>>>{}".format(res1,res2))
```

运行结果如下：

```
第一种>>><_sre.SRE_Match object;span=(0,3),match='abc'>#可以使用 group()函数获取匹配的字符
第二种>>><_sre.SRE_Match object;span=(3,6),match='def'>
```

3. findall()函数

findall()函数通过正则表达式来匹配字符串，进行字符串处理操作。其格式为 findall（正则表达式,字符串），将匹配的内容以列表格式进行返回。具体使用方法如下：

```
#findall()函数
str='abc123def456'
import re
res=re.findall(r'\d+',str)      #匹配字符中的所有数字
print(res)
```

运行结果如下：

```
['123','456']
```

4. finditer()函数

finditer()函数与 findall()函数的用法相同，只是 finditer()函数的返回值不是列表，而是一个迭代器，可以通过 next()函数进行查看。具体使用方法如下：

```
#finditer()函数
str='abc123def456'
import re
```

```
res=re.finditer(r'\d+',str)          #匹配结果以迭代器格式返回
print(next(res))                     #通过 next()函数进行查看
print(next(res).group())             #使用 group()函数获取匹配的内容
```

运行结果如下：

```
<_sre.SRE_Match object;span=(3,6),match='123'>
456
```

5. split()函数

split()函数可以按照指定字符进行分割，当指定字符是一个时，只进行一次分割操作；当指定字符是多个时，进行多次分割操作。其分割后的字符以列表形式返回。具体使用方法如下：

```
#split()函数
str='a$b|c$d|e$f'
import re
res=re.split('[|,$]',str)
#先以“|”符号进行分割，分割后的字符串为“a$b” “c$d” “e$f”
#在以“$”符号对前次分割结果进行分割，分割后为“a” “b” “c” “d” “e” “f”
print(res)
```

运行结果如下：

```
['a','b','c','d','e','f']
```

6. sub()与 subn()函数

sub()与 subn()函数都是用指定字符替换字符串中符合要求的字符，其中 sub()函数可以指定替换的次数；subn()函数是将字符串中所有符合要求的字符进行替换，返回结果是一个元组，包含替换后的字符串与替换次数。具体使用方法如下：

```
#替换函数
import re
str='B1n2n3'
#sub()函数
res1=re.sub(r'\d','a',str,3)
#subn()函数
res2=re.subn(r'\d','a',str)
print('sub()函数结果>>>{}'.format(res1))
print('subn()函数结果>>>{}'.format(res2))
```

运行结果如下：

```
sub()函数结果>>>Banana
subn()函数结果>>>('Banana',3)
```

5.2.3 分组匹配和匹配对象

在 Python 中使用正则表达式进行字符串处理时，经常会用到分组匹配与匹配对象。其中分组匹配是指正则表达式中由多个“()”符号组合，每个“()”符号中都有特定的表达式，它们可以匹配特定类型的字符串，如邮箱、电话号、网址等。匹配对象是指使用正则表达式在字符串找到匹配项时返回的 MathObject 对象，在该对象中包含匹配到字符信息、位置索引等内容，匹配对象可以通过 group()函数获取匹配字符的内容。

1. 分组匹配

```
#分组匹配
import re
str='河南省郑州市金水区********'
```

```
res=re.search(r"(?P<province>\w{3})(?P<city>\w{3})(?P<area>\w{3})",str)
print(res.groupdict())
```

运行结果如下：

```
{'province':'河南省','city':'郑州市','area':'金水区'}
```

2. 匹配对象

```
str='abcdefabcacdefabc'
import re
res=re.match('abc',str)     #匹配对象
print(res)
print(res.group())          #使用 group()函数获取匹配字符内容
```

运行结果如下：

```
<_sre.SRE_Match object;span=(0,3),match='abc'>#匹配对象
abc#匹配字符值
```

5.3 精选面试笔试解析

字符串是一种经常使用的数据类型，往往需要对字符串进行分割、拼接等操作。一些简单的操作可以通过字符串的内置函数来实现，但是一些复杂的操作需要使用正则表达式来进行处理。下面选取了一些与字符串和正则表达式相关的经典面试、笔试题进行讲解与分析。

5.3.1 正则表达式中（.*）匹配和（.*?）匹配有什么区别

试题题面：正则表达式中（.*）匹配和（.*?）匹配有什么区别？

题面解析：本题属于比较基础的面试题，主要考查应聘者对字符串中元字节的理解和掌握情况。

解析过程：

在 Python 中基本的元字符有.、*、^、$、？、\、+、|、()、[]、{}，其中.、*、+、？都是用来匹配字符串中的字符，只是它们的作用不同

① “.”是匹配字符串中的所有字符。

② “*”是在字符串中匹配指定字符的零次或多次。

③ “+”是在字符串中匹配指定字符的一次或多次。

④ “？”是在字符串中匹配指定字符的零次或一次。

在 Python 的正则表达中，（.*）的作用与“*”作用一致，是一种贪婪匹配，会尽可能多地在字符串中匹配指定字符；（.*?）的作用与“？”作用一致，是一种非贪婪匹配，会尽可能少地在字符串中匹配指定字符，最多匹配一次，即首次匹配到指定字符。

5.3.2 如何使用正则表达式检查变量名是否合法

试题题面：如何使用正则表达式检查 Python 中使用的变量名是否合法？

题面解析：本题是一道偏向基础知识的面试题，主要考查应聘者对 Python 中变量命名规则及对正则表达式的理解。

解析过程：

Python 中变量的命名规则主要有以下几点：

① 变量名不能以数字开头。

② 变量名中不能使用除下画线以外的其他特殊符号，如#、^、&、@等。

③ 不能使用 Python 关键字。

其中①、②可以使用正则表达式进行检验，在不考虑 Python 关键字的情况下，使用正则表达式检验 Python 变量名是否合法的方法如下：

```
import re
#检验变量名是否合法
def main(str):
    res=re.match(r'[a-z_]\w+',str)#\w 匹配所有的字母、数字、下画线，与[a-za-Z0-9_]作用相同
    if res:
        if len(str)>len(res.group()):
            print('变量名含有特殊字符不合法！！！')
        else:
            print('变量名合法！！！')
    else:
        print('变量名以数字开头，不合法！！！')
#程序主入口
if __name__=='__main__':
    str=input('请输入函数名>>>\n')
    main(str)
```

运行结果如下：

```
请输入函数名>>>
1jkajka
变量名以数字开头，不合法！！！
```

5.3.3 英文字符串的大小写转换问题

试题题面：关于英文字符串的大小写转换问题，可以通过哪几个函数来实现？

题面解析：本题主要考查应聘者对 Python 中字符串相关的内置函数的掌握情况。

解析过程：

字符串是 Python 中经常使用的基本数据类型，为了方便字符串的使用，内置了许多函数，如 split()函数、join()函数、lower()函数、upper()函数等。其中，lower()函数和 upper()函数用来进行字符串中字母大小写转换的操作。

1. 大写字母转换为小写字母

```
str='HELLO WORLD'
lower_str=str.lower()
print(lower_str)
```

运行结果如下：

```
hello world
```

2. 小写字母转换为大写字母

```
#小写转大写
str='hello world'
upper_str=str.upper()
print(upper_str)
```

运行结果如下：

```
HELLO WORLD
```

5.3.4 如何只匹配中文字符

试题题面：如何只匹配中文字符？

题面解析：本题考查使用正则表达式匹配中文字符的方法，应聘者首先需要注意英文字符及中文字符的区别，然后编写相应的正则表达式，完成中文字符的匹配操作。

解析过程：

在 Python 中，中文字符和英文字符的编码格式存在差异，它们的长度与格式都不相同，要在字符串中匹配到中文字符，需要做到以下几点：

① 统一字符编码，将字符串设置为 UFT-8 编码。

② 确定中文字符的范围，中文字符范围为\u4e00-\u9fa5。

③ 编写正则表达式匹配字符串中的中文字符。

正则表达式匹配中文字符的具体方式如下：

```
import re
str='Python 程序员面试笔试通关攻略'
str_bytes=str.encode('utf-8')            #以 UTF-8 格式编码
#转换为字符串类型
str_utf=str_bytes.decode('utf-8')        #以 UTF-8 格式解码
#使用正则表达式匹配中文字符
result=re.findall(r'[\u4e00-\u9fa5]+',str_utf)
print(result)
```

运行结果如下：

```
['程序员面试笔试通关攻略']
```

5.3.5 Python 中的反斜杠“\”如何使用正则表达式匹配

试题题面：Python 中的反斜杠“\”如何使用正则表达进行匹配？

题面解析：本题主要考查应聘者对 Python 正则表达式元字符中“\”符号的理解与掌握情况。

解析过程：

“\”符号是一个元字符，它有两个作用，一个是将元字符转换为特殊字符，去除元字符的特殊作用；另一个作用是将普通字符转换为特殊字符，添加特殊作用。要想匹配字符串中的“\”符号，需要将“\”符号转换为普通字符，具体实现方法如下：

```
import re
str='Python\Java\C#\C++\PHP'
#将“\”转换为普通字符，进行匹配
result=re.findall(r'[\\]+',str)
print(result)
```

运行结果如下：

```
['\\','\\','\\','\\']
```

5.3.6 如何检测字符串中是否只含有数字

试题题面：如何检测字符串中是否只含有数字？

题面解析：本题主要考查应聘者对 Python 中字符串内置函数的掌握情况。Python 为了方便字符串的使用，提供了许多函数，如 isdecimal()函数、isdigit()函数和 isnumeric()函数等。

解析过程：

在 Python 中检测字符串是否只含有数字，有许多方式，其中有 3 个字符串内置函数可以很方便地判断字符串中是否含有数字。

1. isdecimal()函数

isdecumal()函数可以检测字符串中是否只包含数字（阿拉伯数字）。若只包含数字，则返回 True；否则返回 False。具体使用方法如下：

```
#isdecimal()函数
str='12kk3456'
result=str.isdecimal()
print(result)
```

运行结果如下：

```
False
```

2. isdigit()函数

isdigit()函数可以检测字符串中是否只包含数字（阿拉伯数字类型、Unicode 编码数字类型），若只包含数字返回 True，否则返回 False。具体使用方法如下：

```
#isdigit()函数
#阿拉伯数字类型
str1='123'
#unicode 编码的数字类型
str2='⑴'
str3='①'
str4='\u00b3'
res1=str1.isdigit()
res2=str2.isdigit()
res3=str3.isdigit()
res4=str4.isdigit()
print('字符串 1>>>{}\n 字符串 2>>>{}\n 字符串 3>>>{}\n 字符串 4>>>{}'.format(res1,res2,
res3,res4))
```

运行结果如下：

```
字符串 1>>>True
字符串 2>>>True
字符串 3>>>True
字符串 4>>>True
```

3. isnumeric()函数

isnumeric()函数也可以检测字符串中是否只包含数字（阿拉伯数字类型、Unicode 编码数字类型、中文数字类型），若只包含数字返回 True，否则返回 False。具体使用方法如下：

```
#isnumeric()
#阿拉伯数字类型
str1='123'
#unicode 编码的数字类型
str2='\u00b3'
#中文数字类型
str3='一千零一'
res1=str1.isnumeric()
res2=str2.isnumeric()
res3=str3.isnumeric()
```

```
print('字符串 1>>>{}\n 字符串 2>>>{}\n 字符串 3>>>{}'.format(res1,res2,res3))
```

运行结果如下：

```
字符串 1>>>True
字符串 2>>>True
字符串 3>>>True
```

5.3.7　match、search 和 findall 有什么区别

试题题面： match()函数、search()函数和 findall()函数有什么区别？

题面解析： 本题是一道比较基础的面试题，主要考查应聘者对 Python 中 Re 模块的掌握情况。match()、search()和 findall()这 3 个函数都是用来匹配字符串的函数，应聘者需要从函数用法和作用效果方面进行分析。

解析过程：

Re 模块是 Python 中的内置模块，该模块是在正则表达的基础上实现的，其内部有许多函数，如 match()、search()、findall()函数。这 3 个函数都可以用来匹配字符串中的字符。

1. match()函数

match()函数的用法为 re.match（'目标字符',指定字符串），该函数进行匹配时是从指定字符串的开始位置进行匹配，如果没有匹配到，则返回 None；如果匹配到，则返回一个 MathObject 类型的匹配对象，其中包含匹配到字符串的内容、位置索引等信息，可以使用 group()函数获取匹配对象中匹配字符串的内容。具体实现过程如下：

```
import re
str='abcdefabcacdefabc'
res1=re.match('abc',str)
res2=re.match('def',str)
print("第一种>>>{}\n 第二种>>>{}".format(res1,res2))
```

运行结果如下：

```
第一种>>><_sre.SRE_Match object;span=(0,3),match='abc'>    #起始位置匹配到目标字符
第二种>>>None                                               #起始位置未匹配到目标字符
```

2. search()函数

search()函数的用法为 re.search（'目标字符',指定字符串），该函数进行匹配时可以从指定字符串的任意位置进行匹配，如果没有匹配到，则返回 None；如果匹配到，则返回一个 MathObject 类型的匹配对象，其中包含匹配到字符串的内容、位置索引等信息，可以使用 group()函数获取匹配对象中匹配字符串的内容。具体实现过程如下：

```
import re
str='abcdefabcacdefabc'
res1=re.search('abc',str)
res2=re.search('def',str)
print("第一种>>>{}\n 第二种>>>{}".format(res1,res2))
```

运行结果如下：

```
第一种>>><_sre.SRE_Match object;span=(0,3),match='abc'>
第二种>>><_sre.SRE_Match object;span=(3,6),match='def'>
```

3. findall()函数

findall()函数的用法为 re.search（正则表达式,指定字符串），该函数进行匹配时，会将所有符合要求的字符进行截取，以列表的形式返回。如匹配不到符合要求的字符，则会返回一个空

列表。具体实现过程如下：

```
import re
str='abc123def456'
res=re.findall(r'\d',str)
print(res)
```

运行结果如下：

```
['123','456']
```

5.3.8 输入一个字符串，求出该字符串包含的字符集合

试题题面：输入一个字符串，如何求出该字符串包含的字符集合？

题面解析：本题主要考查应聘者对字符串遍历、集合、数据类型的掌握情况。

解析过程：

求输入字符串中包含的字符集合时，需要先对字符串进行遍历，获取字符串中的每个字符，然后借助集合对字符串中的字符进行去重操作，保证集合中同样的字符只存在一个。具体实现方法如下：

```
str=input('请输入字符串>>>\n')
set_list=set()
for s in str:
    set_list.add(s)
print(set_list)
```

运行结果如下：

```
请输入字符串>>>
454546jdagygeb
{'4','g','6','a','y','5','b','j','e','d'}
```

5.3.9 字符串的格式化方法

试题题面：Python 中的字符串格式化的方法有哪些？

题面解析：本题主要考查应聘者对于字符串知识点的掌握情况。Python 中的字符串格式化是指将字符串按照规定的格式进行输出。

解析过程：

Python 中进行字符串格式化的方法有 3 种，分别是使用''' '''符号、%、format()函数。

1. 使用''' '''符号

''' '''符号是应用于多行字符串的格式化输出，可以让输出的字符串保留原本的格式，字符串多行显示。

2. 使用%方式

%是字符串格式化输出的一种方式，“%”本质上相当于一个占位符，可以在不改变原字符串顺序与结构的情况下，更改需要更改的信息内容。

使用“%”符号进行占位替换字符串内容时，根据替换数据的数据类型要有所修改与调整，例如，替换整数数据时使用“%d”。

3. 使用 format()函数

format()函数的用法和“%”的用法比较相似，都是使用一个占位符在要替换的内容处占位。

不同的是，“%”方式使用“%”符号占位，而其根据替换数据类型的不同在“%”后面跟的修饰字母也不同。format()函数使用“{}”符号占位，不需要对不同的数据类型进行区别设置。

5.3.10　将编码为 GBK 的字符串 s 转换成 UTF-8 编码的字符串

试题题面： 要将一个编码为 GBK 的字符串 s 转换成 UTF-8 编码的字符串，应如何操作？

题面解析： 本题主要考查应聘者对于字符串编码之间的相互转换知识点的掌握情况。应聘者要知道 Python 中的字符串的编码格式有 GBK、UTF-8 等。

解析过程：

在 Python 中字符串有多种编码格式，可以使用 encode()函数与 decode()函数设置字符串的编码，其中 encode()函数是将字符串类型的数据转换为字节类型的数据，这个过程称为编码。decode()函数是将字节类型的数据转换为字符串类型的数据，这个过程称为解码。在编码与解码过程中都可以指定编码类型。将 GBK 编码字符转换为 UTF-8 编码字符串的具体操作如下：

```
import chardet
#指定 GBK 编码的字符串
str_gbk='Python 程序员面试笔试通关攻略'.encode('GBK')
print(chardet.detect(str_gbk))
#将 GBK 编码转换为 UTF-8 编码字符串，需要先解码再编码
str_utf=str_gbk.decode('GBK').encode('UTF-8')
print(chardet.detect(str_utf))
```

运行结果如下：

```
{'encoding': 'GB2312', 'confidence': 0.9259259259259258, 'language': 'Chinese'}
{'encoding': 'utf-8', 'confidence': 0.99, 'language': ''}
```

5.3.11　单引号、双引号、三引号有什么区别

试题题面： 单引号、双引号、三引号有什么区别？

题面解析： 本题面向基础知识，主要考查应聘者对于字符串中符号的应用。Python 中字符串使用的符号通常有 3 种，分别是单引号、双引号、三引号。

解析过程：

单引号、双引号、三引号都是 Python 中经常使用的符号，但是它们的作用有所不同。单引号与双引号都可以用来声明字符串、标识字符串。例如，str1='abc'与 str2="abc"的作用与意义都一样，但是当字符串中包含单引号时，需要使用双引号来声明标识这个字符串；当字符串中包含双引号时，需要使用单引号进行声明标识。

单引号与双引号通常应用于单行字符串，三引号应用于多行的字符串，可以保留原字符串的格式。

5.3.12　如何使用 Python 查询和替换一个文本字符串

试题题面： 如何使用 Python 查询和替换一个文本字符串？

题面解析： 本题主要考查应聘者对于 Re 模块中内置函数的掌握情况。Re 模块中用于字符串替换的函数有 sub()和 subn()。

解析过程：

sub()函数与 subn()函数都是用指定字符替换字符串中符合要求的字符，其中 sub()函数可以指定替换的次数；subn()函数是将字符串中所有符合要求的字符进行替换，返回结果是一个元组，包含替换后的字符串与替换次数。

1. sub()函数

```
#替换函数
import re
str='B1n2n3'
#sub()函数
res1=re.sub(r'\d','a',str,3)
print('sub()函数结果>>>{}'.format(res1))
```

运行结果如下：

```
sub()函数结果>>>Banana
```

2. subn()函数

```
#替换函数
import re
str='B1n2n3'
#subn()函数
res2=re.subn(r'\d','a',str)
print('subn()函数结果>>>{}'.format(res2))
```

运行结果如下：

```
subn()函数结果>>>('Banana',3)
```

5.3.13 group 和 groups 的区别

试题题面：在 Python 中，group 和 groups 有什么区别？

题面解析：本题主要考查应聘者对于 Re 模块及正则表达的掌握情况。Re 模块中的 match()函数与 search()函数匹配到内容后都会返回一个 MathObject 类型的匹配对象，这个对象可以通过 group()函数与 groups()函数来获取匹配的内容。

解析过程：

group()函数与 groups()函数都是用来获取匹配对象中匹配的内容，但是 group()函数获取分段匹配的字符串，使用 group()获取的是对象整体，作用与 group(0)相同。groups()函数返回的是匹配的所有的字符，返回值是元组形式。

1. group()函数

```
#group()函数
import re
str='abc123def456'
res=re.search('([a-z]*)([0-9]*)([a-z]*)([0-9]*)',str)
print('group()>>>{}'.format(res.group()))
print('group(0)>>>{}'.format(res.group(0)))
print('group(1)>>>{}'.format(res.group(1)))
```

运行结果如下：

```
group()>>>abc123def456
group(0)>>>abc123def456
group(1)>>>abc
```

2. groups()函数

```
#groups()函数
import re
str='abc123def456'
res=re.search('([a-z]*)([0-9]*)([a-z]*)([0-9]*)',str)
print('groups()>>>{}'.format(res.groups()))
```

运行结果如下：

```
groups()>>>('abc', '123', 'def', '456')
```

5.4 名企真题解析

本节主要收集了各大企业往年关于字符串和正则表达式的面试及笔试真题，读者可以借助这些题目对自身的知识进行梳理，加深对字符串和正则表达式相关知识的理解与记忆。

5.4.1 字符串的删除

【选自 WR 笔试题】

试题题面：输入两个字符串，从第一个字符串中删除第二个字符串中所有的字符。

题面解析：当看到题目时应聘者要理解题目的含义，还要知道从哪个方面进行解答。本题主要考查 Python 中对字符串的灵活运用，首先获取第二个字符串中的所有字符，然后进行字符比对操作，最后根据第二个字符串中的字符删除第一个字符串中的字符。

解析过程：

从第一个字符串中删除第二个字符串中所有的字符，有两种解法，一种是使用字符串的内置函数 replace()，另一种是使用 Re 模块的 sub()函数。

1. 使用 replace()函数

第一步：遍历第一个字符串与第二个字符串。

第二步：将第一个字符串中的字符与第二个字符串中的字符逐个进行比对。

第三步：当第二步中字符比对结果相同时，使用 replace()函数删除第一个字符串中与第二个字符串中相同的字符。

具体实现方法如下：

```
#删除第一个字符具有相同字符的方法
def remove(str1,str2):
    for s1 in str1:
        for s2 in str2:
            if s1==s2:
              str1=str1.replace(s1,'')
    return str1
#程序主入口
if __name__=='__main__':
    #接收第一个字符串
    str1=input('请输入第一个字符串>>>\n')
    #接收第二个字符串
    str2=input('请输入第二个字符串>>>\n')
    print('删除后的 str1>>>')
```

```
    print(remove(str1,str2))
```

运行结果如下：

```
请输入第一个字符串>>>
123456
请输入第二个字符串>>>
123
删除后的 str1>>>
456
```

2. 使用 sub()函数

第一步：获取第二个字符串中的全部字符，进行去重处理。

第二步：遍历去重后的第二个字符串的字符集合。

第三步：使用 sub()函数，将第一个字符串中与第二个字符串中相同的字符替换为空字符。

具体实现方法如下：

```
def remove(str1,str2):
    #获取第二个字符串的字符，并进行去重处理
    set_str=set(str2)
    #遍历去重后字符
    for s in set_str:
       str1=re.sub(s, '', str1)
    return str1
#程序主入口
if __name__=='__main__':
    #接收第一个字符串
    str1=input('请输入第一个字符串>>>\n')
    #接收第二个字符串
    str2=input('请输入第二个字符串>>>\n')
    print('删除后的 str1>>>')
    print(remove(str1,str2))
```

运行结果如下：

```
请输入第一个字符串>>>
123456
请输入第二个字符串>>>
123
删除后的 str1>>>
456
```

5.4.2 使用 sub 方法，将标签替换为空字符串

【选自 TX 笔试题】

试题题面： 如何利用 Python 正则表达式 Re 模块中的 sub 方法将标签替换为空字符串？

题面解析： 本题主要考查应聘者对于 Python 中 Re 模块的 sub 方法的掌握情况。

解析过程：

在 Python 中，Re 模块的正则表达式用于字符串替换的函数有两个，分别是 sub()函数与 subn()函数。其中，sub()函数的用法为 re.sub（匹配字符,替换字符,目标字符串,替换次数），替换次数不设置时，默认为全部替换，函数返回值是将执行结果以字符串的形式返回。subn()函数的用法为 re.subn（匹配字符，替换字符，目标字符串），该函数不能设置替换次数，是进行全部替换，函数返回值是一个元组，元组中包含替换后的字符串和替换次数。

使用 sub()函数替换字符串中的标签时，若要全部替换，则不设置默认次数，若要指定替换次数，需要进行设置。具体实现方法如下：

```
import re
str='<h1>Python 程序员面试笔试通关攻略<h1>'
#使用 sub()函数去除字符串中的<h1>标签
#全部替换
str1=re.sub('<h1>','',str)
print('替换全部标签>>>\n'+str1)
#部分替换
str2=re.sub('<h1>','',str,1)
print('替换部分标签>>>\n'+str2)
```

运行结果如下：

```
替换全部标签>>>
Python 程序员面试笔试通关攻略
替换部分标签>>>
Python 程序员面试笔试通关攻略<h1>
```

5.4.3　判断字符串是否可以由子串重复多次构成

【选自 AL 笔试题】

试题题面：给定一个非空的字符串，判断它是否可以由它的一个子串重复多次构成。

题面解析：本题主要考查应聘者如何对字符进行切片从而获得子串，然后判断原字符串能否由子串重复多次构成。

解析过程：

判断一个非空字符串是否可以由它的一个子串重复多次构成的解题思路如下：

第一步：将原字符串进行子串划分，划分子串时需要考虑子串的长度，在不考虑子串为原字符串本身的情况，子串的最大长度应为原字符串长度的一半，而且字符长度应该是原字符串长度的约数。

第二步：按照第一步获取的子串长度截取子串，验证子串是否可以重复多次构成原字符串。

具体实现方法如下：

```
#验证字符串能否由子串重复多次构成
def func(str):
    len_str=len(str)#原字符串长度
    for i in range(1,len_str//2+1):
        if len_str%i==0:
            #获取子串
            child_str=str[:i]
            ind=i#字符串索引
            #滑动子串进行检验
            while ind<len_str and str[ind:ind+i]==child_str:
                ind+=i
            if ind==len_str:
                print('该字符串可以由子串重复构成！！！')
                return True
    print('该字符串不可以由子串重复构成！！！')
    return False
#程序主入口
if __name__=='__main__':
```

```
    str=input('请输入字符串>>>\n')
    func(str)
```

运行结果如下：

```
请输入字符串>>>
abababab
该字符串可以由子串重复构成！！！
```

也可以通过 Re 模块中的 sub()方法对上面的解法进行简化，获取子串后，使用 sub()函数将原字符串中的子串替换为空字符。如果替换后原字符串长度为 0，说明原字符串可以由子串多次重复构成。具体实现方式如下：

```
import re
def func(str):
    len_str=len(str)#原字符串长度
    for i in range(1,len_str//2+1):
        if len_str%i==0:
            #获取子串
            child_str=str[:i]
            #sub()函数替换后的字符串
            str_new=re.sub(child_str,'',str)
            if len(str_new)==0:
                print('该字符串可以由子串重复构成！！！')
                return True
    print('该字符串不可以由子串重复构成！！！')
    return False
#程序主入口
if __name__=='__main__':
    str=input('请输入字符串>>>\n')
    func(str)
```

运行结果如下：

```
请输入字符串>>>
abababab
该字符串可以由子串重复构成！！！
```

第6章

文件和文件系统

本章导读

文件与文件系统属于Python中一个进阶的功能，可以通过file对象来对文件进行管理，实现写入文件与读取文件的功能。文件操作主要分为读写操作，根据权限不同可以细分为只读、只写、可读可写。本章前半部分主要针对文件及文件系统操作的基础知识进行讲解，后半部分搜集了关于文件与文件系统常见的面试及笔试题，在本章的最后精选了各大企业的面试及笔试真题，帮助读者应对在面试及笔试过程遇到的与文件和文件系统相关的问题。

知识清单

本章要点（已掌握的在方框中打钩）：

- ☐ 文件的打开和关闭。
- ☐ 文件打开的模式。
- ☐ 文件对象常用方法。
- ☐ 序列化与反序列化。

6.1 文件的打开和关闭

Python中的文件是一个file对象，每打开一个文件就会生成一个file对象，可以通过这个对象对文件进行操作。Python中打开文件需要借助内置函数open()，open()函数的具体用法如下：

```
#打开文件
file=open('file.txt','r',encoding='UTF-8')
```

open()函数中一般要设置如下3个参数：

① 第一个参数是设置文件名称，格式为文件名+文件格式。

② 第二个参数是设置打开文件的模式，如只读模式、写模式、追加模式等。

③ 第三个参数是设置打开文件时使用的编码格式，如GBK、UTF-8等。

Python中打开文件时可设置的模式有许多，常用的文件打开模式及说明如表6-1所示。

表 6-1　常用的文件打开模式及说明

模　式	说　明
r	只读模式，只能读取文件对象中的数据，指针默认在文件的起始位置
w	只写模式，只能向文件对象中写入数据，默认从文件的起始位置进行写入操作，会对原文件中的内容进行覆盖，只能保存新写入文件的内容。当文件不存在时，会创建一个新文件
+	更新模式，打开一个文件的可读可写需要与读、写模式结合使用，如 r+、w+
r+	以读写模式打开文件，文件必须存在，指针默认在文件的起始位置
rb	以二进制格式打开文件，模式为只读，指针默认在文件的起始位置，一般应用于非文本文件的读取操作，如图片、视频等
rb+	以二进制格式打开文件，模式为读写，指针默认在文件的起始位置
wb	以二进制格式打开文件，模式为只写，指针默认在文件的起始位置，一般应用于非文本文件的存储操作，如果文件存在且有内容，写入数据时，会覆盖原文件的内容。文件不存在时自动创建一个文件
wb+	以二进制格式打开文件，模式为读写，指针默认在文件的起始位置
a	追加模式，如果文件存在，指针默认在原文件的结尾位置。如果文件不存在，则会创建一个新文件。不能进行读操作
a+	追加模式，可读可写，写操作与 a 模式的写操作一致，读操作可以读取文件内容，指针也默认在文件的结尾位置
ab+	以二进制格式打开文件进行追加操作，作用与 a+一致

Python 中文件的关闭需要借助 close()函数，一般打开文件后，无论是读取文件，还是写入文件，对 file 对象操作完毕后都需将文件关闭，否则会占用计算机内存，造成计算机资源的浪费。文件关闭的用法如下：

```
#关闭文件
file.close()
```

6.2　文件对象的常用方法和属性

在 Python 中打开一个文件，会生成一个文件对象，可以通过这个文件对象的方法与属性对文件进行修改。本节对文件对象中的一些常用方法和属性进行介绍。

文件对象的常用方法如表 6-2 所示。

表 6-2　文件对象的常用方法

方　法	用　法	说　明
close()	file.close()	关闭文件
flush()	file.flush()	将缓冲区的数据写入文件中，并不关闭文件，主动刷新缓冲区。一般情况下，文件关闭后才会刷新缓冲区
read()	file.read()	读取文件中的内容，可以指定读取字节数，默认全部读取
readline()	file.readline()	读取文件中的内容，整行读取

续表

方　法	用　法	说　明
readlines()	file.readlines()	读取文件中的所有行，以列表的形式返回，可以指定读取的字节数
write()	file.write()	向文件中写入文件
writelines()	file.writelines()	以列表的形式向文件中写入数据
next()	file.next()	返回文件的下一行内容
tell()	file.tell()	返回当前指针在文件中的位置
truncate()	file.truncate()	删除文件中当前指针位置到文件结尾的内容。如果指定了字节数，则不管指针在什么位置，只保留文件开始位置起指定字节数的内容，其余部分内容都删除
seek()	file.seek(offset[,whence])	设置指针在文件中的位置，offset 表示相对于 whence 的位置。whence 为 0 表示指针在文件开始位置，1 表示指针在当前位置，2 表示指针在文件结尾位置，whence 默认为 0

文件对象的属性如表 6-3 所示。

表 6-3　文件对象的属性

属　性	用　法	说　明
name	file.name	获取文件的文件名
closed	file.closed	判断文件是否关闭，如果文件关闭，则返回 True
mode	file.mode	获取文件打开的模式

6.3　文件和目录操作模块

读者对于文件对象的属性及文件对象中的常用方法有了一定的了解，下面学习 Python 中的 OS 内置模块。OS 模块中提供了丰富的方法，用来对文件对象和文件目录进行处理。

OS 模块中用来进行文件和目录操作的常用方法如表 6-4 所示。

表 6-4　文件和目录操作的常用方法

函　数	作　用
os.access(path,mode)	检验文件路径是否有被访问的权限，mode 有 4 种模式，os.F_OK 测试文件路径是否存在；os.R_OK 测试文件路径是否可读，os.W_OK 测试文件路径是否可写；os.X_OK 测试文件路径是否可执行
os.chdir(path)	修改当前文件的文件路径
os.chmod(path,mode)	修改当前文件的权限
os.environ()	获取当前操作系统的环境变量
os.getcwd()	获取当前文件的工作路径
os.listdir()	获取指定目录下的所有文件或目录结构，并以列表的形式返回
os.linesep()	获取当前操作系统默认的换行符

续表

函　数	作　用
os.makedirs(path[,mode])	可以生成多层递归目录
os.mkdir(path[,mode])	创建单个目录
os.name	获取当前系统使用的平台，Windows 返回‘nt’；Linux 返回‘posix’
os.open(file,flags[,mode])	打开一个文件
os.path.abspath(filename)	获取文件在 Python 程序中的绝对路径
os.path.basename()	返回文件路径中的部分文件
os.path.dirname()	返回文件路径的部分目录
os.path.exists()	检测文件路径是否存在，存在则返回 True，不存在则返回 False
os.path.getatime()	获取当前文件的上次访问时间，返回一个时间戳
os.path.getctime()	获取当前文件属性上次被修改的时间，返回一个时间戳
os.path.getmtime()	获取当前文件内容上次被修改的时间，返回一个时间戳
os.path.getsize()	获取当前文件的大小，返回单位是字节
os.path.isabs()	检测当前文件路径是否是绝对路径
os.path.isdir()	检测一个文件是否存在
os.path.islink()	检测一个文件是否是链接文件
os.path.ismount()	检测一个文件是否为挂载点
os.path.join()	将多个路径拼接为一个路径
os.path.split()	将文件路径分为目录与文件，以元组形式返回
os.popen(command[,mode[,bufsize]])	用于运行系统命令，可以将命令运行结果保存到 Python 变量中
os.removedirs(path)	删除文件目录，如果目录为空，则删除该目录，并递归到上级目录
os.rmdir()	删除多个目录，如果目录为空，则删除，不为空，则不能删除
os.remove()	删除一个文件
os.rename('oldname','newname')	将文件或者目录进行重命名
os.stat()	获取文件或目录的详细信息，如文件大小、修改时间等
os.sep	获取当前操作系统使用的目录分隔符

6.4　精选面试笔试解析

本节总结了在面试或笔试过程中经常遇到的文件及与文件系统相关的问题。通过本节的学习，可使读者对知识进行全面梳理，加深对知识的理解与掌握，从而能够更好地应对面试与笔试。

6.4.1　如何使用 with 方法打开处理文件

试题题面：如何使用 with 方法打开处理文件？

题面解析：本题是在面试题中偏向基础的笔试题，主要考查应聘者对文件打开方式的理解和掌握情况。

解析过程：

在 Python 中打开文件需要借助 open()函数，open()函数的使用方法有两种，第一种是通过“=”进行文件对象的赋值操作，第二种是通过“with…as…”进行文件对象的命名。

1. “=”方式

```
file=open('file.txt','a+',encoding='UTF-8')
file.close()
```

2. “with…as…”方式

```
with open('file.txt','a+',encoding='UTF-8') as file:
    file.write('123456')
```

“with…as…”方式与“=”方式的作用基本一致。使用“with…as…”方式在“as”后面指定文件对象的名称，该方式对文件对象进行操作后，会默认关闭文件，不需要手动使用 close()函数关闭文件，推荐使用该种方式打开文件。

6.4.2 Python 中打开文件的模式都有哪些

试题题面：Python 中打开文件的模式都有哪些？

题面解析：本题主要考查应聘者对文件打开方式的理解和掌握情况，在 Python 中打开一个文件需要使用 open()函数。

解析过程：

使用 open()函数打开文件时需要设置一些参数，如文件名、打开模式、编码格式。其中根据对文件对象的操作可以分为读模式（r）和写模式（w）。根据文件类型可以分为文本型和非文本型（b），其中非文本型是以二进制形式打开的，一般用于图片、音频、视频等文件。一些模式之间可以组合使用，Python 中常用的打开文件模式如表 6-5 所示。

表 6-5　打开文件模式

模　式	说　明
r	只读模式，只能读取文件对象中的数据，指针默认在文件的起始位置
w	只写模式，只能向文件对象中写入数据，默认从文件的起始位置进行写入操作，会对原文件中内容进行覆盖，只能保存新写入文件中的内容。当文件不存在时，会创建一个新文件
+	更新模式，打开一个文件的可读可写需要与读、写模式结合使用，如 r+、w+
r+	以读写模式打开文件，文件必须存在，指针默认在文件的起始位置
rb	以二进制格式打开文件，模式为只读，指针默认在文件的起始位置，一般应用于非文本文件的读取操作，如图片、视频等
rb+	以二进制格式打开文件，模式为读写，指针默认在文件的起始位置
wb	以二进制格式打开文件，模式为只写，指针默认在文件的起始位置，一般应用于非文本文件的存储操作，如果文件存在且有内容，写入数据时，会覆盖原文件的内容。文件不存在时自动创建一个文件
wb+	以二进制格式打开文件，模式为读写，指针默认在文件的起始位置

续表

模　式	说　明
a	追加模式，如果文件存在，指针默认在原文的结尾位置。文件不存在则会创建一个新文件。不能进行读操作
a+	追加模式，可读可写，写操作与 a 模式的写操作一致，读操作可以读取文件内容，指针也默认在文件的结尾位置
ab+	以二进制格式打开文件进行追加操作，作用与 a+一致

6.4.3 read()、readline()及 readlines()有什么区别

试题题面：Python 中 read()函数、readline()函数和 readlines()函数有什么区别？

题面解析：本题是在面试题中偏向基础的面试题，主要考查文件的读取操作，在 Python 中进行文件读取可以使用 read()函数、readline()函数及 readlines()函数。

解析过程：

read()函数、readline()函数及 readlines()函数都可以用来对文件对象进行读取操作，但是它们在使用时存在一些差异。

1. read()函数

read()函数读取文件时，可以设置一个参数，用来指定读取文件的长度，其单位是字节。如果 read()函数不设置参数，默认为读取文件中的全部内容。具体使用方法如下：

```
#read()方式
with open('file.txt','r',encoding='UTF-8') as file:
    #读取文件全部内容
    str=file.read()
    #输出返回值类型
    print(type(str))
    print(str)
```

运行结果如下：

```
<class 'str'>
890456456789
hjadjajhjah
python890890890890890890123456
```

2. readline()函数

readline()函数读取文件时，是整行读取，返回结果是一个字符串，每次执行完毕指针会移动该行的结束位置。具体使用方法如下：

```
#readline()方式
with open('file.txt','r',encoding='UTF-8') as file:
    #读取文件一行内容
    line1=file.readline()
    line2=file.readline()
    #输出返回值类型
    print(type(line1))
    print(line1)
    print(line2)
```

运行结果如下：

```
<class 'str'>
890456456789

hjadjajhjah
```

使用 readline()方式输出时，因为每行的结尾处都有默认的“\n”符号，因此，会多输出一行空白行。

3. readlines()函数

readlines()函数读取文件时，是读取文件中的所有行，返回一个列表，列表中的每个元素是文件中的一行。具体使用方法如下：

```
#readlines()方式
with open('file.txt','r',encoding='UTF-8') as file:
    #读取文件全部内容
    file_list=file.readlines()
    #输出返回值类型
    print(type(file_list))
    print(file_list)
```

运行结果如下：

```
<class 'list'>
['890456456789\n', 'hjadjajhjah\n', 'python890890890890890890123456']
```

6.4.4　序列化和反序列化

试题题面：什么是序列化和反序列化？Json 序列化时常用的 4 个函数是什么？

题面解析：本题是在面试题中出现频率较高的一题，主要考查应聘者对于序列化与反序列化定义的理解程度。读者应明白序列化与反序列化的意义及作用，掌握进行序列化或者反序列化的方法。

解析过程：

在 Python 中序列化是指对象（字典、列表、集合等各种对象）以一种特殊的数据格式保存到文件中，或者通过网络传输发送给其他主机使用，这个转换过程就是序列化。转换的特殊数据格式通常是 XML 或者 Json 类型。

反序列化是将 XML 或者 Json 数据类型的数据转换为 Python 中常用的数据类型对象（字典、列表、集合等）。

Python 中进行序列化与反序列化有 3 种方式，分别是 pickle 模块、Json 模块、shelve 模块。

1. pickle 模块

pickle 模块是用来进行 Python 数据类型与特定的二进制格式之间的转换，其中将 Python 对象转换为二进制字节型数据的过程称为 pickling，将二进制字节型数据转换为 Python 对象的过程称为 unpickling。

pickle 模块的序列化与反序列化操作如下：

```
import pickle
#domps()函数序列化
data={'k1':Python,'k2':Java}
b_str=pickle.dumps(data)
#pickle.dumps()函数是将 Python 数据转换为 Python 语言认识的二进制格式的字节型字符串
```

```
#domp()函数序列化
with open('file.txt','rb') as file:
    dict_data=pickle.dump(file)
#pickle.dump()函数是将 Python 数据转换为 Python 语言认识的二进制格式的字节型字符串，并写入文件

#loads()函数反序列化
dict_data=pickle.loads(b_str)
#pickle.loads()函数是将二进制字节型数据转换为 Python 对象

#load()函数反序列化
with open('file.txt','wb') as file:
    pickle.dump(data,file)
#pickle.load()函数从文件中读取二进制字节型数据，并转换为 Python 对象
```

2. Json 模块

Json 模块用来进行 Python 数据类型同 Json 字符串之间的转换，其中将 Python 对象转换为 Json 字符串的过程称为 encoding，将 Json 字符串转换为 Python 对象的过程称为 decoding。Json 模块也具有与 pickle 模块中功能相似的 4 个函数：domps()、domp()、loads()、load()。

Json 模块的序列化与反序列化操作如下：

```
import json
#domps()函数序列化
data={'k1':Python,'k2':Java}
j_str=json.dumps(data)
#json.dumps()函数是将 Python 数据转换为 json 字符串

#domp()函数序列化
with open('file.txt','rb') as file:
    dict_data=json.load(file)
#json.load()函数是将 Python 数据转换为 json 字符串，并写入文件

#loads()函数反序列化
dict_data=json.loads(b_str)
#json.loads()函数是将 json 字符串转换为 Python 对象

#load()函数反序列化
with open('file.txt','wb') as file:
    json.dump(data,file)
#json.load()函数从文件中读取 json 字符串，并转换为 Python 对象
```

在使用 Json 模块进行序列化与反序列化操作时，需要注意 Python 字典对象进行序列化所有非字符串类型的 key 都会被转换为小写。Python 中的列表、元组序列化后都转换为数组，但是反序列化时数组只能转换为 Python 的列表对象。

3. shelve 模块

shelve 模块是将 Python 对象转换为类似于字典类型的数据对象，并写入到文件中。shelve 模块中的使用方法如下：

```
open(filename, flag='c', protocol=None, writeback=False)
```

其中 flag 是打开文件的模式，protocol 是序列化数据使用的协议，默认为 pickle v3，writeback 表示是否开启会写功能。shelve 模块打开文件的模式如表 6-6 所示。

表 6-6　shelve 模块打开文件的模式

模　式	说　明
r	以只读模式打开一个已经存在的数据存储文件
w	以读写模式打开一个已经存在的数据存储文件
c	以读写模式打开一个数据存储文件，如果不存在，则创建
n	总是创建一个新的、空数据存储文件，并以读写模式打开

6.4.5　Python 中如何进行内存管理

试题题面：Python 中如何进行内存管理？

题面解析：本题主要考查应聘者对 Python 中内存管理机制和垃圾回收机制的理解，进行内存管理，需要考虑内存的开辟、内存分配、垃圾回收等内容。

解析过程：

Python 中的内存管理通过引用计数机制、垃圾回收机制、内存池机制三个方面来实现。

1. 引用计数机制

引用计数是 Python 用来追踪记录内存中的对象，每个对象都会拥有一个相对应的引用计数。一般创建一个变量、生成一个对象、容器（字典、列表等）中元素的增加、作为参数传递给函数等操作都会导致引用计数增加。重新赋值、删除、超出作用域等操作都会导致引用计数减少。

2. 垃圾回收机制

计算机中的内存不是无限制的，而是越用越少，当一些对象执行完毕后需要回收，释放它占用的内存，否则会影响计算机的性能。

一个对象被创建时也创建相应的引用计数，引用计数为 1，当这个对象使用后，没用时，引用计数减少为 0，Python 中的垃圾收集器会查找引用计数为 0 的对象，释放它们占用的内存。但是引用计数回收方式存在一些问题。

例如下面的代码：

```
list1=[1,2,3]            #创建变量，引用计数为 1
list2=[4,5,6]            #创建变量，引用计数为 1
list1.append(list2)      #相当于 list1[3]=list2，引用 list2,list2 的引用计数变为 2
list2.append(list1)      #相当于 list2[3]=list1，引用 list1,list1 的引用计数变为 2
del list1                #删除变量，list1 的引用计数减 1，变为 1
del list2                #删除变量，list2 的引用计数减 1，变为 1
```

上述代码执行的最终结果是，list1 与 list2 这两个变量均被删除，但是它们的引用计数都为 1，不为 0，不会被垃圾收集器回收，导致内存一直被占用，这种情形称为循环引用。

Python 中可能造成循环应用的数据类型有字典、列表、集合、对象。为了解决循环引用，可以采用标记-清除与分代回收两种方式。其中，标记-清除方式是在原有的双向存储链表以外再新增一个双向循环列表。这个循环列表用来存储可能发生循环引用的对象，如图 6-1 所示。

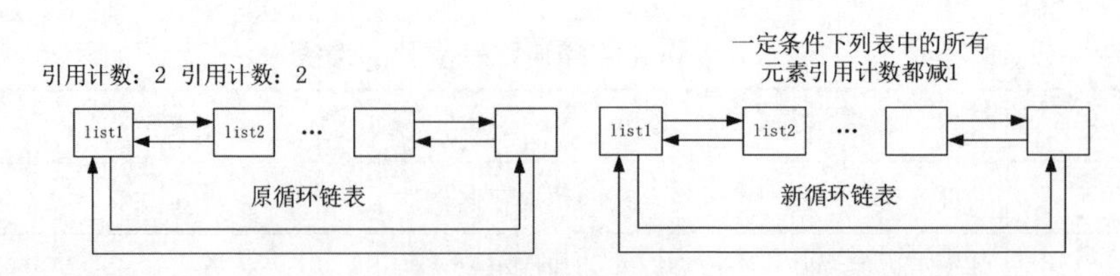

图 6-1　标记-清除方式

在标记-清除方式中，除了原始的循环链表，又创建了一个新的双向循环链表，这个新循环链表中只存放可能造成循环引用的对象（字典、列表等）。以上述代码为例，list1 和 list2 相互引用它们的引用计数为 2，执行删除操作后，list1 与 list2 的引用计数都减小为 1，引用计数不为 0，垃圾收集器无法释放这两个对象。在新循环链表中，list1 与 list2 与原循环链表中的 list1 与 list2 指向的内存地址一致，所以，它们的引用计数当前也为 1，但是新循环链表在一定的条件下会循环遍历链表中的所有元素，并将它们的引用计数都减小 1。当元素的引用计数减小为 0 时，垃圾收集器就会清除这个对象，释放占用的内存。标记-清除方式解决了循环引用的问题，但是触发条件不确定，较为耗时，而且一次链表比较麻烦，效率较低。

分代回收是在标记-清除的基础上改进的，它解决了标记-清除触发条件不确定、效率较低的问题。分代回收是在原有双向循环链表的基础上新增 3 个循环链表，这 3 个新循环链表分别被称为 0 代、1 代和 2 代。一般，当 0 代链表中的对象达到 700 时，会对 0 代链表进行遍历，其中所有对象的引用计数减 1，然后将引用计数为 0 的对象删除回收，不为 0 的对象转移到 1 代链表中，此时 0 代链表为空，0 代链表的遍历次数增加 1 个对象，0 代链表需要重新存入对象，直至再次达到 700 个对象。每当 0 代链表遍历 10 次，1 代链表遍历 1 次时，将 1 代链表中引用计数为 0 的对象删除回收，不为 0 的对象转移到 2 代链表中。1 代链表遍历 10 代，2 代链表遍历 1 次。分代回收可以避免过早删除某个可能使用的对象。分代回收示意图如图 6-2 所示。

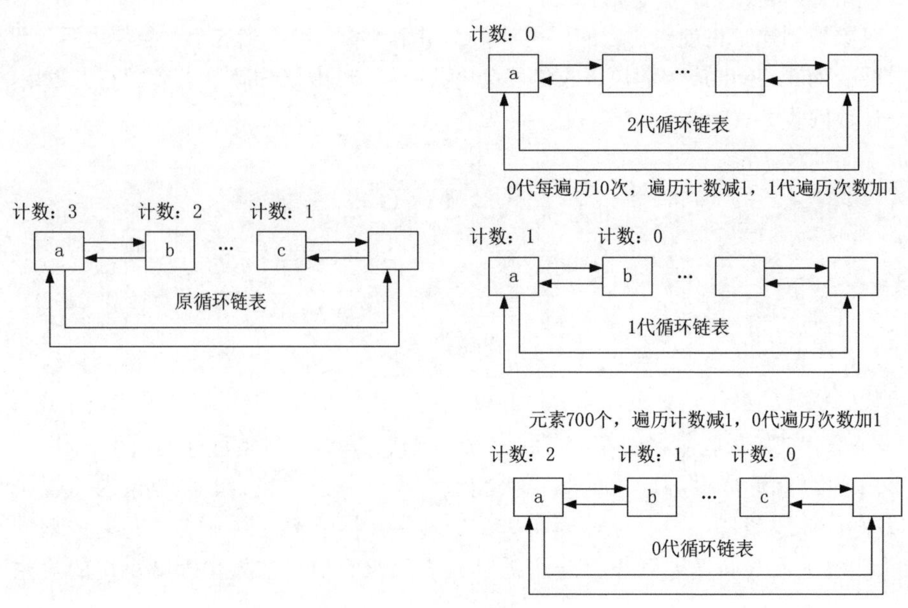

图 6-2　分代回收示意图

3. 内存池机制

创建一个对象时，先申请内存中的一块区域，然后在这块区域中存储对象的数据。回收对象时，首先删除这个对象名称，然后释放对象占用的内存。当重复进行小内存对象的删除操作时，大量的时间会花费在开辟内存与销毁内存上，为了提高执行效率，引入了进程池，Python 解释器在运行时会直接开辟一块内存，用于小内存对象的使用。在内存池中默认会创建一些常用的数值或数据类型。当创建一个变量 a=1 时，不会直接在内存中开辟空间进行存储，而是在内存池中进行分配，当这个对象删除时，它占用的内存不会被释放，而是归还给内存池，当再创建一个变量 b=2 时，会从内存池中分配创建。内存池的好处是尽量少开辟内存、销毁内存，以内存块的形式进行管理，优先使用内存池中的空间，内存池不够用时再申请新的内存空间，这样可以减少内存资源的浪费，减少内存碎块的产生。

6.4.6　Json 序列化时，把中文转换成 Unicode

试题题面： Json 序列化时，默认遇到中文会转换成 Unicode，如果想要保留中文怎么办？

题面解析： 本题主要考查应聘者对 Python 中使用 Json 模块进行序列化操作，以及字符编码的设置问题，Json 模块序列化操作有 dumps()与 dump()两个函数，需要根据题目要求选用合适的函数进行操作。

解析过程：

Json 序列化是指将 Python 对象转换为 Json 字符串的过程，Python 中的 Json 模块提供了 4 种函数进行序列化和反序列化操作，即 dumps()函数、dump()函数、loads()函数及 load()函数。其中 loads()函数和 load()函数用于反序列化操作，dumps()函数和 dump()函数用于序列化操作。dumps()函数不会将序列化生成的 Json 字符串保存为文件形式，dump()函数会将序列化生成的 Json 字符串保存为文件形式。根据题目需求应采用 dumps()方式。在 Python 中，中文显示一般要使用 UTF-8 编码，使用 dumps()函数时会默认将中文编码转换为 Unicode 编码，要保留中文编码，需要将 dumps()函数中的参数 ensure_ascii 设置为 False，取消中文编码的转换，具体使用方式如下：

```
import json
str='Python 程序员面试笔试通关攻略'
print(type(str))
#json 序列化操作
json_str=json.dumps(str,ensure_ascii=False) #ensure_ascii=False 保留中文编码
print(type(json_str))
print(json_str)
```

运行结果如下：

```
<class 'str'>
<class 'str'>
"Python 程序员面试笔试通关攻略"
```

6.4.7　文件对象的常用方法主要有哪几种

试题题面： 文件对象的常用方法主要有哪几种？

题面解析： 本题主要考查应聘者对 Python 中文件对象的常用方法的掌握情况。在 Python

中每打开一个文件会生成一个文件对象，可以通过这个对象关闭文件、读取文件内容及向文件写入内容等。

解析过程：

在 Python 中文件对象需要通过 open()函数打开一个文件，根据文件打开的模式不同，文件对象可以执行的方法也不同，例如，使用 r、r+、rb、rb+、a+、ab+模式打开文件，可以执行文件对象的读取方法。使用 w、w+、r+、wb+、wb+、a+、ab+模式打开文件，可以执行文件对象的写入方法。

Python 中的文件对象的常用方法可以分为以下几类。

1. 关闭文件

close()函数用于关闭文件。

2. 读取文件

（1）read()函数：读取全部文件内容，可以指定读取的字节数。

（2）readline()函数：整行读取，以字符串形式返回。

（3）readlines()函数：读取全部文件内容，以列表形式返回。

（4）next()函数：返回下一行内容。

3. 写入内容

（1）write()函数：将内容写入文件。

（2）writeline()函数：以列表形式将内容写入文件。

4. 操作指针

（1）tell()函数：返回当前指针在文件中的位置。

（2）seek()函数：设置指针在文件中的位置。

（3）close()函数：关闭文件。

（4）truncate()函数：删除指针到文件结尾位置的内容。

6.4.8 什么类型的数据可以进行序列化或反序列化

试题题面：什么类型的数据可以进行序列化或反序列化？

题面解析：本题主要考查应聘者对 Python 中序列化与反序列化的掌握情况，在 Python 中将 Python 对象转换为特定类型数据的过程称为序列化，将特定类型数据转换为 Python 对象的过程称为反序列。

解析过程：

在 Python 中进行序列化与反序列化操作可以通过 pickle、Json、shelve 这 3 个模块实现，其中 Json 模块使用得最多。下面以 Json 模块为例进行 Python 对象与 Json 对象的对照。

序列化数据的对照如表 6-7 所示。

表 6-7 序列化数据对照表

Python 对象	Json 类型
int、float	number
str、unicode	string

续表

Python 对象	Json 类型
list、tuple	Array
dict	object
True	True
False	false
None	null

反序列化数据的对照如表 6-8 所示。

表 6-8　反序列化数据对照表

Json 对象	Python 类型
number(int)	int
number(real)	float
string	unicode
object	dict
array	list
True	True
false	False
null	None

6.4.9　在 Python 中编译和链接的过程是什么

试题题面： 在 Python 中编译和链接的过程是什么？

题面解析： 本题主要考查应聘者对 Python 执行原理的理解。Python 是一种解释型语言，解释型语言不需要编译，只有在程序运行时才进行翻译，解释型语言是逐行翻译的，执行一行翻译一行。

解析过程：

Python 虽然是一种解释型语言，但是在实际使用时，为提高程序的运行效率，提供了一种全新的编译方式，自动将文件编译成 pyc 文件，其内部是字节码，可以节省加载模块的时间，提高执行效率。

编译型的开发语言（如 C 语言）需要将源文件转换成计算机可以识别的机器语言，然后通过链接器链接形成可执行的二进制文件。

Python 语言在运行时，通过解释器将源代码转换为字节码，然后使用 Python 解释器执行这些字节码。Python 的运行不需要考虑程序的编译与库的加载问题。

Python 语言不会每次执行都先将源代码编译成 pyc 字节码文件，而是在执行前判断代码文件的修改时间与转换后的 pyc 字节码文件的修改时间是否一致，时间不一致时才重新编译 pyc 字节码文件。

6.4.10　什么是 pickling 和 unpickling

试题题面： 什么是 pickling 和 unpickling？

题面解析： 本题主要考查应聘者对 Python 中 pickle 模块的理解和掌握情况。pickle 模块是 Python 中进行序列化与反序列化操作的模块。

解析过程：

pickle 模块可以将 Python 中的数据类型与二进制格式进行转换，其中将 Python 对象转换为二进制字节型数据的过程称为 pickling，相当于 Json 模块序列化的 encode；将二进制字节型数据转换为 Python 对象的过程称为 unpickling，相当于 Json 模块反序列化的 decode。pickle 模块中提供了 4 个函数进行序列化与反序列化操作，其中 dumps()函数和 dump()函数用来进行序列化操作，loads()函数和 load()函数用来进行反序列化操作。

pickle 模块的序列化与反序列化操作如下：

```
import pickle
#domps()函数序列化
data={'k1':Python,'k2':Java}
b_str=pickle.dumps(data)
#pickle.dumps()函数是将 Python 数据转换为 Python 语言认识的二进制格式的字节型字符串

#domp()函数序列化
with open('file.txt','rb') as file:
    dict_data=pickle.dump(file)
#pickle.dump()函数是将 Python 数据转换为 Python 语言认识的二进制格式的字节型字符串，并写入文件

#loads()函数反序列化
dict_data=pickle.loads(b_str)
#pickle.loads()函数是将二进制字节型数据转换为 Python 对象

#load()函数反序列化
with open('file.txt','wb') as file:
    pickle.dump(data,file)
#pickle.load()函数从文件中读取二进制字节型数据，并转换为 Python 对象
```

6.4.11　如何使用代码实现查看举例目录下的所有文件

试题题面： 如何使用代码实现查看举例目录下的所有文件？

题面解析： 本题偏向基础知识，主要考查应聘者对文件及文件系统的操作的理解。Python 中查看文件及文件目录的操作需要使用 os 模块。

解析过程：

首先在计算机中创建相应的文件目录与文件，例如，在 D 盘根目录下创建 test 文件，在 test 文件夹中创建一个 test1 文件夹和一个 test1.txt 文件，在 test1 文件夹中创建一个 test2 文件和 test2.txt 文件，最后在 test2 文件夹中创建 test3.txt 文件。创建文件及目录的结构如图 6-3 所示。

```
— test
   — test1
       — test2
           — test3. txt
       — test2. txt
   — test1. txt
```

图 6-3　目录结构

查看某一个目录下的全部文件可以使用 os.walk()函

数获取，该函数返回一个三元元组，其中第一个参数存储目录路径，第二个参数存储每个目录中的子目录，第三个参数存储每个目录中的文件。具体使用方法如下：

```
import os
def get_file(file_path):
    for path, dirs, files in os.walk(file_path):
        print('当前目录路径:',path)        #当前目录路径
        print('当前目录的子目录:',dirs)    #当前路径下所有子目录
        print('当前目录的文件:',files)     #当前路径下所有非目录子文件
if __name__=='__main__':
    get_file("d:\\test")
```

运行结果如下：

```
当前目录路径: d:\test
当前目录的子目录: ['test1']
当前目录的文件: ['test1.txt']
当前目录路径: d:\test\test1
当前目录的子目录: ['test2']
当前目录的文件: ['test2.txt']
当前目录路径: d:\test\test1\test2
当前目录的子目录: []
当前目录的文件: ['test3.txt']
```

6.4.12　如何实现 Json

试题题面：Python 是最适合服务器端的编程语言，那么如何实现 Json？

题面解析：本题主要考查应聘者对 Json 模块实现序列化与反序列操作的掌握情况。

解析过程：

Json 模块用来进行 Python 数据类型与 Json 字符串之间的转换，其中将 Python 对象转换为 Json 字符串的过程称为 encoding，将 Json 字符串转换为 Python 对象的过程称为 decoding。Json 模块使用 domps()、domp()、loads()、load()函数进行序列化与反序列化操作，其中 loads()函数和 load()函数用于反序列化操作，dumps()函数和 dump()函数用于序列化操作，dumps()函数不会将序列化生成的 Json 字符串保存为文件形式，dump()函数会将序列化生成的 Json 字符串保存为文件形式。

Json 模块的序列化实现 Json 的具体操作如下：

```
import json
#domps()函数序列化
data={'k1':Python,'k2':Java}
j_str=json.dumps(data)
#json.dumps()函数是将 Python 数据转换为 json 字符串

#domp()函数序列化
with open('file.txt','rb') as file:
    dict_data=json.load(file)
#json.load()函数是将 Python 数据转换为 json 字符串，并写入文件
```

在使用 Json 模块进行序列化操作时，需要注意，Python 字典对象进行序列化时，所有非字符串类型的 key 都会被转换为小写。

6.5 名企真题解析

本节主要收集了各大企业往年关于文件及文件系统的面试及笔试真题，读者可以通过这些题目对自己掌握的知识进行检验，从而查漏补缺，有针对性地对自己的薄弱环节进行提升。

6.5.1 r、r+、rb、rb+文件打开模式的区别

【选自 WR 笔试题】

试题题面：r、r+、rb、rb+文件打开模式有什么区别？

题面解析：当看到题目时要理解该题目的含义，还要找到回答该问题的突破口。本题主要考查在 Python 中如何打开文件。

解析过程：

在 Python 中打开一个文件需要使用 open()函数，并且在打开文件时需要设置打开文件的模式。打开模式可以分为两大类，分别是读模式与写模式，其中读模式可以细分为 r、r+、rb、rb+几种模式。

1. r

r 模式是只读模式，以该模式打开文件，只能从文件中读取内容，不能向文件中写入内容，文件的指针默认在文件的开始位置，一般用于文本类型的文件。

2. r+

r+模式是追加模式，以该模式打开文件，既可以从文件中读取内容，也可以向文件中写入内容，文件的指针默认在文件的结束位置，一般用于文本类型的文件。

3. rb

rb 模式是二进制形式的只读模式，以该模式打开文件，只能从文件中读取内容，不能向文件中写入内容。文件的指针默认在文件的开始位置，一般用于非文本类型的文件，如图片、视频、音频等。

4. rb+

rb+模式是二进制形式的追加模式，以该模式打开文件，既可以从文件中读取内容，也可以向文件中写入内容，文件的指针默认在文件的结束位置，一般用于非文本类型的文件。

6.5.2 Python 中的垃圾回收机制

【选自 TX 笔试题】

试题题面：Python 中的垃圾回收机制是如何实现的？

题面解析：本题主要考查 Python 中的垃圾回收机制的实现方法，本题属于面试题中的重点与难点类型，应聘者需要对这一方面深入理解。

解析过程：

计算机中的内存不是无限制的，是越用越少的，当一些对象执行完毕，需要回收，释放它占用的内存，否则会影响计算机的性能。Python 中的垃圾回收机制是以引用计数为主，标记-清除和分代回收为辅。

1. 引用计数

引用计数是指在创建一个对象时为这个对象设置一个计数，默认为 1。当引用计数减小为 0 时，Python 中的垃圾收集器会获取这个对象释放这个对象占用的内存。

可以增加引用计数的操作如下：

```
#引用
A=1                     #引用计数为 1
B=A                     #B 的引用计数为 1，A 的引用计数为 2

#作为参数
A=1                     #引用计数为 1
func(A)                 #A 的引用计数变为 2

#容器中元素的增加
A=1                     #引用计数为 1
list=[1,2,3]            #引用计数为 1
list.append(A)          #A 的引用计数变为 2
```

可以减少引用计数的操作如下：

```
#del
A=1                     #引用计数为 1
B=A                     #B 的引用计数为 1，A 的引用计数为 2
del B                   #B 变为 0，A 变为 1
```

引用计数回收机制的过程如下：

```
A=1                     #引用计数为 1
B=A                     #B 的引用计数为 1，A 的引用计数为 2
del B                   #B 变为 0，A 变为 1
del A                   #A 变为 0
```

首先创建变量 A，其引用计数为默认值 1，创建变量 B，其引用计数为 1，B 引用 A，A 的引用计数增加为 2；删除变量 B，B 的引用计数变为 0，A 的引用计数变为 1，垃圾收集器回收变量 B 占用的内存，删除变量 A，A 的引用计数变为 0，垃圾收集器进行回收，释放内存。

2. 标记-清除

标记-清除方式是用来解决引用计数方式可能出现的循环引用问题，Python 中可能造成循环应用的数据类型有字典、列表、集合、对象。标记-清除方式是在原有的双向存储链表以外再新增一个双向循环列表。这个循环列表用来存储可能发生循环引用的对象。

例如下面代码：

```
list1=[1,2,3]           #创建变量，引用计数为 1
list2=[4,5,6]           #创建变量，引用计数为 1
list1.append(list2)     #相当于 list1[3]=list2，引用 list2，list2 的引用计数变为 2
list2.append(list1)     #相当于 list2[3]=list1，引用 list1，list1 的引用计数变为 2
```

list1 与 list2 发生了相互引用，进行存储时 list1 与 list2 不仅加入到原有的双向循环列表中，还会添加到新创建的双向循环列表中。此时两个链表中 list1 与 list2 的引用计数都为 1。然后执行下面代码：

```
del list1               #删除变量，list1 的引用计数减 1，变为 1
del list2               #删除变量，list2 的引用计数减 1，变为 1
```

执行完删除 list1 与 list2 的操作后，list1 与 list2 在两个链表中的引用计数都为 1，按照引用计数回收机制，引用计数不为零，垃圾收集器无法回收，会常驻在内存中，影响计算机的性能。标记-清除方式，会在一定条件下遍历新链表，将新链表中所有对象的引用计数减 1，这样 list1

与list2的引用计数就变为0，可以被垃圾收集器回收，释放占用的内存。

3. 分代回收

标记-清除方法已经解决了循环引用的问题，但是触发条件不固定，遍历难度大，回收的效率较低。分代回收就是在标记-清除的基础改进的，解决了触发条件不固定、遍历难度大的问题。

分代回收是在原有1个双向循环链表的基础新增3个循环链表，这3个新循环链表分别被称为0代、1代、和2代。当循环引用的对象存入原循环列表时，也会存入0代列表中。

例如下面的代码：

```
list1=[1,2,3]           #创建变量，引用计数为1
list2=[4,5,6]           #创建变量，引用计数为1
list3=[]                #创建变量，引用计数为1
list4=[]                #创建变量，引用计数为1
list1.append(list2)     #相当于list1[3]=list2,引用list2，list2的引用计数变为2
list2.append(list1)     #相当于list2[3]=list1,引用list1，list1的引用计数变为2
list3.append(list1)     #引用list1，list1的引用计数变为3
list3.append(list2)     #引用list2，list2的引用计数变为3
list4.append(list1)     #引用list1，list1的引用计数变为4
list4.append(list3)     #引用list2，list2的引用计数变为2
```

list1、list2、list3、list4的引用计数分别为4、3、2、1。然后进行删除操作。

```
del list1               #删除变量，list1的引用计数减1，变为3
del list2               #删除变量，list1的引用计数减1，变为2
del list3               #删除变量，list2的引用计数减1，变为1
del list4               #删除变量，list2的引用计数减1，变为0
```

执行删除操作后原链表和0代链表中存在list1、list2、list3，它们的引用计数分别为3、2、1。0代链表中每当对象个数达到700时，会遍历0代链表，将每个对象的引用计数减1，并将引用技术不为0的转移到1代链表中，引用计数0的对象回收。

0代链表遍历后原链表和1代链表中存在list1、list2，它们的引计数为2、1。每当0代链表遍历10次，1代链表会遍历1次，所有对象引用计数减，等于0的回收，不为0的转移到2代链表中。

1代链表遍历后，原链表与2代链表存在list1，引用计数为1，每当1代链表遍历10次，2代链表遍历1次，所有对象引用计数减1。等于0的回收，不为0的保留。

2代链表遍历后，原链表和2代链表中都不存在list1对象。分代回收指定了遍历的条件，而且可以避免过早删除某个可能使用的对象。

第7章 异常处理

本章导读

在开发过程中难免会遇到程序异常的情况，当遇到程序异常时该怎么处理呢？本章带领读者学习 Python 中异常处理的相关知识，结合在面试笔试过程中经常出现的问题进行讲解，例如，如何捕捉异常、如何进行异常处理。本章的前半部分主要针对 Python 中的异常类型和异常处理方式的基础知识进行详解，后半部分搜集了关于异常处理常见的面试及笔试题进行讲解，在本章的最后精选了各大企业的面试笔试真题进行分析与解答。

知识清单

本章要点（已掌握的在方框中打钩）：

- ☐ 异常捕获与处理。
- ☐ 抛出异常。
- ☐ 代码测试。
- ☐ 代码调试。

7.1 异常处理结构

本节主要介绍什么是异常，以及在 Python 中出现异常应当怎样处理。通过对这些基础知识的学习，帮助读者在面试及笔试中更好地解决异常处理的相关问题。

7.1.1 什么是异常

异常通常是指在程序的运行过程中出现的错误，这个错误会中断程序的运行。在 Python 中，错误通常有两种形式，一种是语法错误，另一种是程序运行过程中出现的错误。语法错误通过检查可以避免，程序运行中产生的错误一般无法避免，需要对异常进行捕获处理。

Python 中常见的异常类型及说明如表 7-1 所示。

表 7-1　异常类型及说明

类　型	说　明
BaseException	所有异常的基类
Exception	常规错误异常的基类
StandardError	所有内建标准异常的基类
ArithmeticError	所有数值计算错误异常的基类
Warning	警告的基类
IOError	输入/输出异常，一般是文件无法打开出现的错误
ImportError	无法导入模块或者包的异常，通常由路径或名称错误引发
IndentationError	代码缩进错误异常
IndexError	下标索引越界异常
KeyError	键值错误，访问字典中不存在 key
NameError	命名错误，使用未声明的变量名或对象
SyntaxError	语法错误异常
TypeError	对象类型错误异常
UnboundLocalError	访问未初始化的本地变量
ValueError	无效的参数

7.1.2　异常的捕获与处理

异常的捕获与处理是指对可能出现异常的代码进行处理，当程序运行到出现异常的代码处，使程序跳过引发异常的代码，保证程序可以继续执行。在 Python 中进行异常捕获需要使用“try…except…”语句。例如有下列语句：

```
list=[1,2,3]
print(list[4])
```

list 是一个列表，其中包含 3 个元素，索引值分别是 1、2、3。list[4]访问的是 list 列表中的第 5 个元素，此时访问元素的索引已经超出了列表索引的区域，程序运行时会报出索引越界异常（IndexError），如图 7-1 所示。

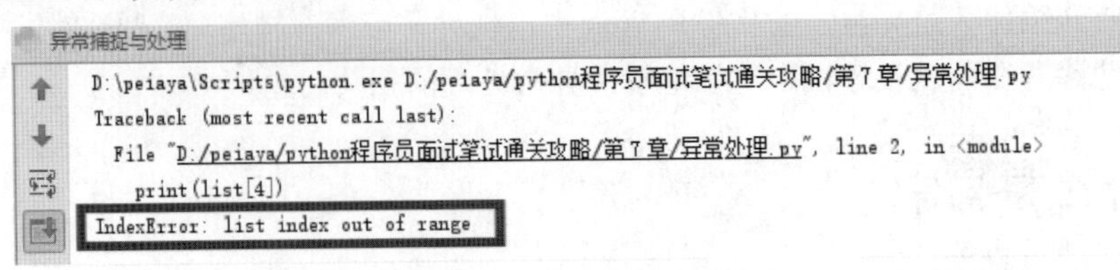

图 7-1　异常错误显示

使用“try…except…”语句进行异常捕获，具体实现方式如下：

```
list=[1,2,3]
try:
    print(list[4])
```

```
    except IndexError:
        print('访问元素的下标越界了')
```

进行异常捕获处理后的运行结果如图 7-2 所示。

```
异常捕捉与处理
D:\peiaya\Scripts\python.exe D:/peiaya/python程序员面试笔试通关攻略/第 7 章/异常处理.py
访问元素的下标越界了

Process finished with exit code 0
```

图 7-2　异常捕获处理后的运行结果

在 Python 中进行异常处理时，一般使用“try…except…”语句结构，其中可能触发异常的代码放在 try 语句后面，进行异常处理的代码放在 except 语句后面。但是处理异常方式的不同，“try…except…”语句的结构有所区别。

1. 捕获所有异常

```
try:
    异常语句
except:
    处理语句
```

2. 捕获指定异常

```
try:
    异常语句
except 异常名:
    处理语句
```

3. 捕获多种异常类型

```
try:
    异常语句
except (异常名 1,异常名 2,...):
    处理语句
```

这种方式获取的多个异常类型之间不区分优先级，属于同一等级。

```
try:
    异常语句
except 异常名 1:
    处理语句 1
except 异常名 2:
    处理语句 2
except 异常名 3:
    处理语句 3
```

这种方式捕获的多个异常类型之中区分优先级，当代码触发异常时，首先与第一个异常类型进行匹配，匹配不到的情况下才会与下一个异常类型进行匹配。

4. 带有 else 语句

```
try:
    异常语句
except 异常名:
    处理语句
else:
    执行语句
```

这种方式异常触发后不会执行 else 语句中的代码，当异常未触发时，会执行 else 语句中的代码。

5. 带有 finally 语句

```
try:
    异常语句
except 异常名:
    处理语句
finally:
    执行语句
```

这种方式无论异常是否触发，finally 语句中的代码语句都会执行。

7.1.3 抛出异常

Python 中处理异常的方式有两种，一种是异常捕获，另一种是异常抛出。

异常捕获需要使用“try…except…”语句，将可能出错或者引发异常的代码放到“try”语句后面。当异常触发时，执行“except”语句后面的异常处理语句，异常捕获通常是发现异常并进行异常处理。

异常抛出是指在一个方法或者程序代码片段中出现了异常，只在方法中声明异常的类型，并不在方法的内部进行异常处理，只有方法被调用时才进行异常处理。Python 使用关键字 raise 进行异常抛出，其用法为

```
raise 异常类型
```

例如，一个函数中进行两个数的除法运算，除数是不能为 0 的，当除数为 0 时需要抛出一个异常，具体代码如下：

```
def func(num1,num2):
    if num2==0:
        #抛出异常
        raise ValueError('除数为 0')
    else:
        return num1/num2
#调用函数时进行异常捕获处理
try:
    num=func(6,0)
    print(num)
except Exception as e:
    #输出捕获的异常
    print(type(e),e)
```

运行结果如图 7-3 所示。

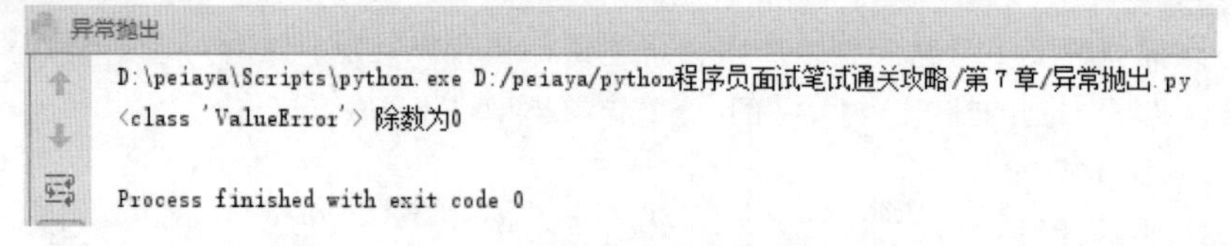

图 7-3 异常抛出的运行结果

☆**注意**☆ 使用 raise 关键字抛出异常时，应选用具体的异常类型，避免使用通用的异常类型（Exception），否则在异常捕获后无法准确分辨是哪种异常引发的问题。

Python 中的异常分为两类：一类是内建异常（Python 内部创建的异常类型），例如，ValueError、IOError、IndexError 等；另一类是用户自定义异常，可以根据需求创建一个自己命名的异常类。自定义异常类的格式如下：

```
class 异常类(继承异常类)
   #异常类初始化方法
   def __init__(self)
      self.msg='异常类错误信息'
   #返回异常类错误信息方法
   def __str__(self)
      return self.msg
```

☆**注意**☆　创建自定义异常类时，应当继承 Exception 类或者它的子类。而且抛出自定义异常类的异常时只能使用 raise 关键字进行抛出。

例如，创建一个名为 MyError 的异常类，并抛出它的异常，具体代码如下：

```
#自定义异常类
class MyError(Exception):
    def __init__(self):
       self.msg='[MyError]:自定义异常'
    def __str__(self):
       return self.msg
#抛出异常方法
def main():
    raise MyError
#捕获异常
try:
    main()
except Exception as e:
    print(type(e),e)
```

运行结果如图 7-4 所示。

```
自定义异常类
D:\peiaya\Scripts\python.exe D:/peiaya/python程序员面试笔试通关攻略/第7章/自定义异常类.py
<class '__main__.MyError'> [MyError]:自定义异常

Process finished with exit code 0
```

图 7-4　自定义异常类运行结果

7.2　代码测试

在软件开发环节，代码测试是不可或缺的一环，通过代码测试，可以保证软件开发的有序进行，提高产品质量。进行代码测试时可以采用人工测试的方式，也可以使用专业的测试模块或者测试工具进行测试。

7.2.1　doctest

doctest 模块是 Python 中的一个测试模块，它一般用来进行文档测试。在创建一个类或一个函数时，通常会写一些标注，用来告诉使用者这个类或函数的作用、使用方式等信息。这些说明文档不仅可以用来提示说明，还可以进行类或函数的功能测试。

在 Python 中，说明性文档的书写需要使用“''' '''”符号进行标识。具体使用方法如下：

```
def sum(num1,num2):
    '''
```

```
    这是一个求和函数
    :param num1:
    :param num2:
    :return num1+num2:
    '''
    return num1+num2
#使用 help()函数查看函数中的文档说明
help(sum)
```

运行结果如图 7-5 所示。

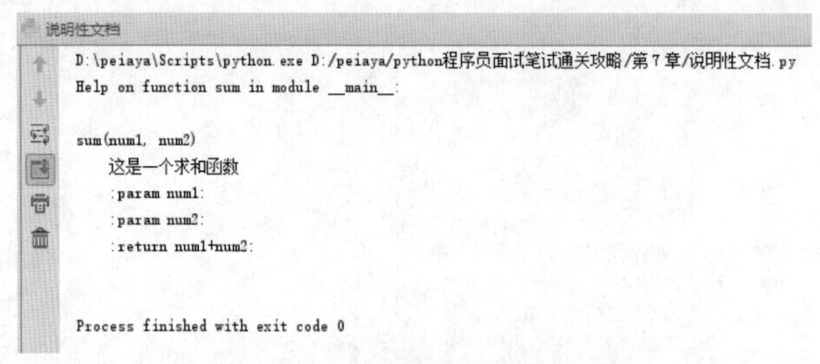

图 7-5　查看函数说明性文档

在说明性文档中进行代码测试部分需要按照指定的格式，其中函数的调用与实际的调用方式一致，只是调用语句需要写在“>>>”符号后面；然后在调用语句的下一行写出期待的运行结果；最后借助 doctest 模块中的 testmod()函数进行测试验证，具体代码如下：

```
import doctest
def sum(num1,num2):
    '''
    这是一个求和函数
    >>> sum(1,2)
    3
    >>> sum(2,2)
    3
    '''
    return num1+num2
#进行说明文档中的测试
doctest.testmod()
```

运行结果如图 7-6 所示。

```
doctest模块代码测试
D:\peiaya\Scripts\python.exe D:/peiaya/python程序员面试笔试通关攻略/第7章/doctest模块代码测试.py
**********************************************************************
File "D:/peiaya/python程序员面试笔试通关攻略/第7章/doctest模块代码测试.py", line 9, in __main__.sum
Failed example:
    sum(2,2)
Expected:
    3
Got:
    4
**********************************************************************
1 items had failures:
   1 of   2 in __main__.sum
***Test Failed*** 1 failures.

Process finished with exit code 0
```

图 7-6　未开启全部输出的文档测试

在上述代码中设置了两个测试用例，但是运行结果中只显示了一个测试用例的结果，这是因为 testmod()函数中的参数 verbose 默认值为 False，只对出错的测试进行输出。输出内容中的 Failed example 是测试用例，Expected 是期待的输出结果，Got 是实际的输出结果。若将 verbose 的值更改为 True，无论测试是否出错都会进行输出，输出内容如图 7-7 所示。

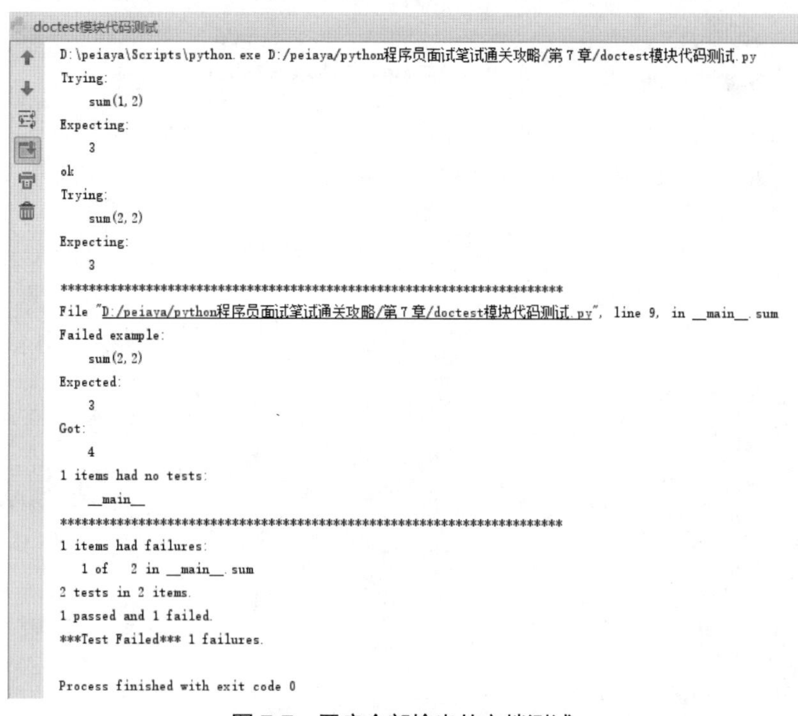

图 7-7 开启全部输出的文档测试

在上面的输出结果中，Trying 是测试用例，Expecting 是期待的输出结果。如果测试通过，则输出一个 ok；如果测试失败，会对失败的测试内容重新输出。

7.2.2 单元测试

单元测试是检查、验证项目中的最小测试单元。这个最小测试单元在不同的情景中会有所区别，例如，C 语言中最小测试单元通常指一个函数，Java 语言中最小测试单元是指一个类。在 Python 中最小单元是方法，包含基类、抽象类、派生子类等方法。

Python 语言进行单元测试可以通过 unittest 模块进行，这个模块是一个测试框架，不仅可以进行单元测试，也可以实现 Web 项目中的自动化测试用例的开发与执行。unittest 模块中有 4 个重要内容，分别是 TestCase、TestSuites、TestFixtures、TestRunner，其中：TestCase 是测试用例，它是一个完整的测试流程，包含测试前环境的搭建 setUp()，测试后环境的还原 tearDown()；TestSuites 是一个测试套件，它可以将多个测试用例集合起来执行；TestFixtures 的结构为 SetUp+TestCase+TeraDown，通过对 TestCase 中的 setUp()函数与 teraDown()函数的覆盖，实现对测试用例环境的搭建与销毁，为下一个测试用例提供一个干净的环境。TestRunner 的主要职责为执行测试，可以图形、文本或者返回一些特殊值等方式来将最终的运行结果呈现出来，例如执行成功和失败的用例数。这 4 个组件的关系示意图如图 7-8 所示。

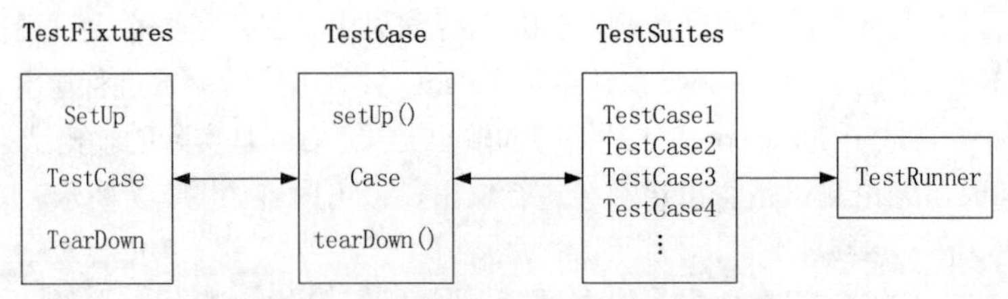

图 7-8 unittest 模块中组件的关系示意图

使用 unittest 模块时，通常需要创建一个测试类，这个测试类继承 unittest.TestCase，然后设置测试的函数与用例，通过断言对运行结果进行判断。首先创建一个 my.py 文件，用来保存需要进行测试的代码，具体代码如下：

```
#待测类(进行两个数值的计算)
class Calculation():
    def __init__(self,num1,num2):
        '''
        初始化方法
        :param num1:num1
        :param num2:num2
        '''
        self.num1=num1
        self.num2=num2
    def sum(self):
        '''
        进行两个数的加法
        :return:self.num1+self.num2
        '''
        return self.num1+self.num2
    def sub(self):
        '''
        进行两个数的减法
        :return:self.num1-self.num2
        '''
        return self.num1-self.num2
    def mult(self):
        '''
        进行两个数的乘法法
        :return:self.num1*self.num2
        '''
        return self.num1*self.num2
    def divi(self):
        '''
        进行两个数的除法
        :return:self.num1/self.num2
        '''
        return self.num1/self.num2
```

然后在同级目录下创建一个 testmy.py 文件，创建测试类，设置测试用例，进行单元测试，具体代码如下：

```
import unittest
#导入被测类
from my import *
#测试类
```

```
class TestMy(unittest.TestCase):
    def setUp(self):
        '''
        测试用例环境准备
        :return:
        '''
        self.obj=Calculation(9,6)
    def tearDown(self):
        '''
        测试用例环境的销毁
        :return:
        '''
        pass
    def test_sum(self):
        '''
        测试加法
        :return:
        '''
        self.assertEqual(15,self.obj.sum())
    def test_sub(self):
        '''
        测试减法
        :return:
        '''
        self.assertEqual(3,self.obj.sub())
    def test_mult(self):
        '''
        测试乘法
        :return:
        '''
        self.assertEqual(54,self.obj.mult())
    def test_divi(self):
        '''
        测试除法
        :return:
        '''
        self.assertEqual(1,self.obj.divi())
#程序主入口
if __name__=='__main__':
    #创建测试套件
    suites=unittest.TestSuite()
    #使用 addTest()函数将测试用例添加到测试套件中
    suites.addTest(TestMy("test_sum"))
    suites.addTest(TestMy("test_sub"))
    suites.addTest(TestMy("test_mult"))
    suites.addTest(TestMy("test_divi"))
#创建运行对象
runner=unittest.TextTestRunner()
#运行测试套件
runner.run(suites)
```

运行结果如图 7-9 所示。

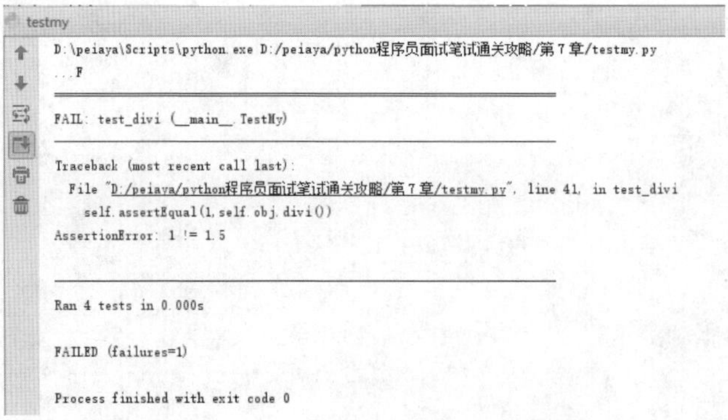

```
testmy
D:\peiaya\Scripts\python.exe D:/peiaya/python程序员面试笔试通关攻略/第7章/testmy.py
...F
======================================================================
FAIL: test_divi (__main__.TestMy)
----------------------------------------------------------------------
Traceback (most recent call last):
  File "D:/peiaya/python程序员面试笔试通关攻略/第7章/testmy.py", line 41, in test_divi
    self.assertEqual(1,self.obj.divi())
AssertionError: 1 != 1.5

----------------------------------------------------------------------
Ran 4 tests in 0.000s

FAILED (failures=1)

Process finished with exit code 0
```

图 7-9　unittest 模块测试用例运行结果

在运行结果中第一行显示 3 个“.”与 1 个“F”，这是设置的加、减、乘、除 4 个测试用例运行结果，其中：“.”表示测试通过，测试用例运行正确；“F”表示测试失败，测试用例运行出错。测试用例运行失败后，会在后面打印出错误信息。测试用例的执行顺序与使用 addTest() 函数添加测试用例时的顺序有关。

☆**注意**☆　使用 unittest 模块进行测试时，测试类中的测试方法必须以 test 开头，如 test01、test_add、testAdd 等，否则 unittest 模块无法识别测试方法和执行测试用例。

使用 unittest 模块进行测试时，测试类中的测试方法一般使用断言方法进行比较判断，测试方法中常用的断言方法如表 7-2 所示。

表 7-2　常用的断言方法

方　法	说　明
assertEqual(a,b)	断言 a 与 b 相等，相当于 a==b
assertNotEqual(a,b)	断言 a 与 b 不相等，相当于 a!=b
assertTrue(a)	断言 a 为 True
assertFalse(a)	断言 a 为 False
assertNone(a)	断言 a 为 None
assertNotNone(a)	断言 a 不为 None
assertIs(a,b)	断言 a 是 b
assertNotIs(a,b)	断言 a 不是 b
assertIn(a,b)	断言 a 在 b 中
assertNotIn(a,b)	断言 a 不在 b 中
assertIsInstance(a,b)	断言 a 是 b 的一个实例
assertNotIsInstance(a,b)	断言 a 不是 b 的一个实例

7.3 代码调试

代码调试是指在程序编写完成后或者部分逻辑功能编写完成后，运行程序，通过查看控制台输出的信息或者查看日志文件，使用断点、debug 工具等方式，查找出程序中的逻辑缺陷，进行程序优化。

7.3.1 IDLE 调试

IDLE 是 Python 自带的解释器，可以通过它运行一些简单的 Python 文件，也可以对一些简单的 Python 文件进行调试操作。

首先，创建一个 test.py 文件，在这个文件中编写一些简单的 Python 代码，用来计算几个数字的累加和，具体代码如下：

```
def sum(num):
    '''
    计算几个连续数字的累加和
    :param num:num
    :return:data
    '''
    data=0
    for i in range(0,num+1):
        data+=i
    return data
if __name__=='__main__':
    data=sum(5)
    print(data)
```

使用 IDLE 调试代码需要按照下面的步骤进行操作：

① 打开 IDLE 解释器。

② 执行 File→open 命令，打开 test.py 文件。

③ 在打开的 test.py 代码窗口中选择语句并右击，在弹出的快捷菜单中选择 Set Breakpoint 选项，设置端点。

④ 在 IDLE 解释器窗口中执行 Debug→debugger 命令，开启调试模式。

⑤ 在代码窗口界面中执行 Run→Run Module 命令，运行代码。

⑥ 在调试窗口界面中进行调试与观察。

IDLE 进行代码调试的效果如图 7-10 所示。

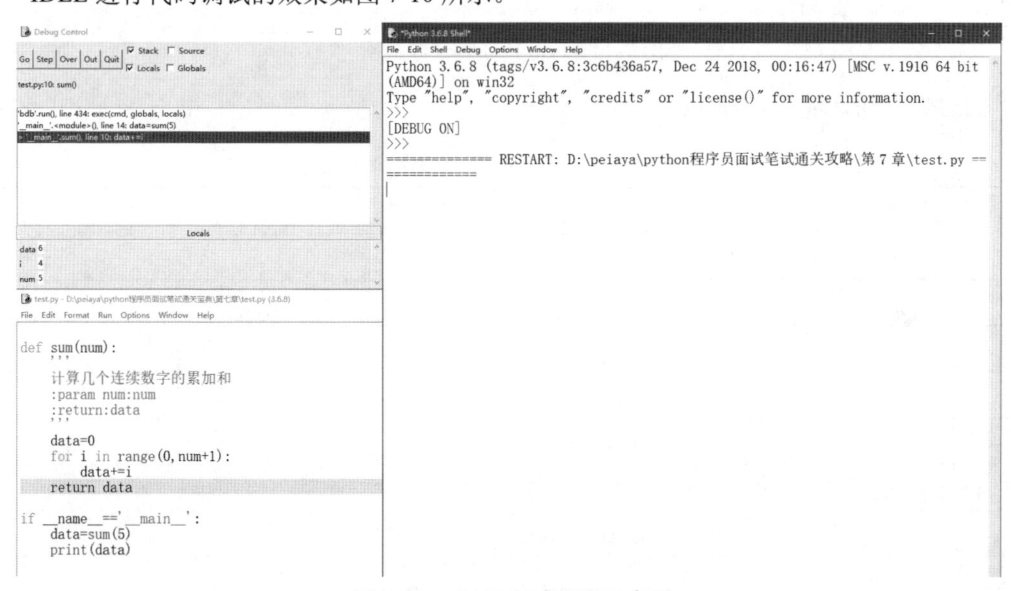

图 7-10 IDLE 调试代码示意图

7.3.2 pdb 调试

pdb 是 Python 中的一个模块，可以为 Python 提供交互式的源代码调试功能，使用 pdb 模块进行交互式调试，在需要调试的文件中导入 pdb 模块，使用 pdb.set_trace()函数为代码语句设置断点，具体代码如下：

```
import pdb
def sum(num):
    '''
    计算几个连续数字的累加和
    :param num:num
    :return:data
    '''
    data=0
    #设置断点
    pdb.set_trace()
    for i in range(0,num+1):
        data+=i
    return data
if __name__=='__main__':
    data=sum(5)
    print(data)
```

通过 pdb 模块中的命令进行调试，运行效果如图 7-11 所示。

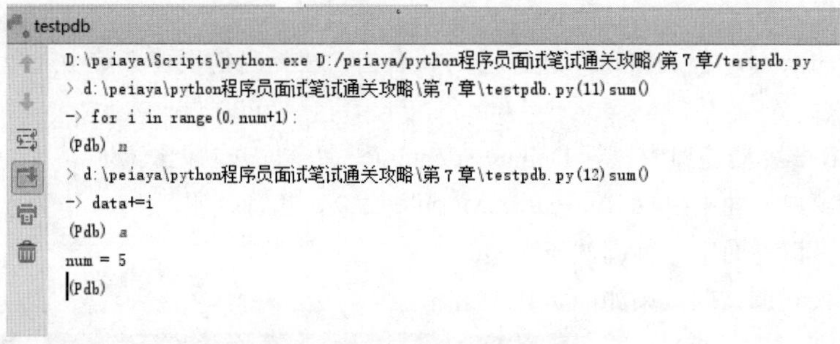

图 7-11 pdb 模块调试效果图

pdb 模块中的一些常用操作命令如表 7-3 所示。

表 7-3 pdb 模块常用操作命令

命令	说明
n	执行下一行，不进入函数内部
a	查看当前函数的参数
p	打印变量值
s	执行下一行，进入函数内部
r	一直运行到函数返回
l	列出脚本清单
j	跳转到指定行数运行
b	设置断点

续表

命　　令	说　　明
cl	清除断点
c	继续运行，直到遇到断点或者脚本结束
q	退出 pdb 调试

7.4 精选面试笔试解析

根据前面介绍的异常处理、代码测试与代码调试的基础知识，本节总结了一些在面试或笔试过程中经常遇到的问题。通过本节的学习，读者将对异常处理有一个较为清晰的认识，能够熟练掌握异常的捕获与处理操作。

7.4.1 介绍一下 except 的用法和作用

试题题面： 介绍一下 except 的用法和作用。

题面解析： 本题是在面试题中偏向基础的面试题，主要考查应聘者是否掌握了 Python 中异常处理的方法。

解析过程：

在 Python 中异常处理分为两部分——异常的捕获和异常的处理。其中异常的捕获使用关键字“try”，异常的处理使用关键字“except”。“except”关键字的用法有以下几种：

1. 处理所有异常

```
except:
    处理语句
```

2. 处理指定异常

```
except 异常名:
    处理语句
```

3. 处理多种异常类型（不区分优先级）

```
except (异常名1,异常名2,...):
    处理语句
```

4. 处理多种异常（区分优先级）

```
except 异常名1:
    处理语句1
except 异常名2:
    处理语句2
except 异常名3:
    处理语句3
```

5. 处理异常与数据

```
except 异常名,数据:
    处理语句
```

7.4.2 如何在 Python 中完成异常处理

试题题面： 如何在 Python 中完成异常处理？

题面解析：本题主要考查应聘者对 Python 中异常处理的理解及“try…except…”语句的使用。

解析过程：

在 Python 中进行异常处理需要使用“try…except…”语句，将可能出现异常的代码放到“try”关键字后面，在“except”关键字后面编写发生异常时需要执行的代码。

例如，一个列表 list=[1,2,3]，列表中有 3 个元素，元素下标从 0 开始，到 2 结束，当访问列表下标为 4 的对象时会出现下标溢出异常，需要进行异常处理，具体代码如下：

```
list=[1,2,3]
try:
    print(list[4])
except IndexError as e:
    print(e)
    print('访问元素的下标越界了')
```

运行结果如图 7-12 所示。

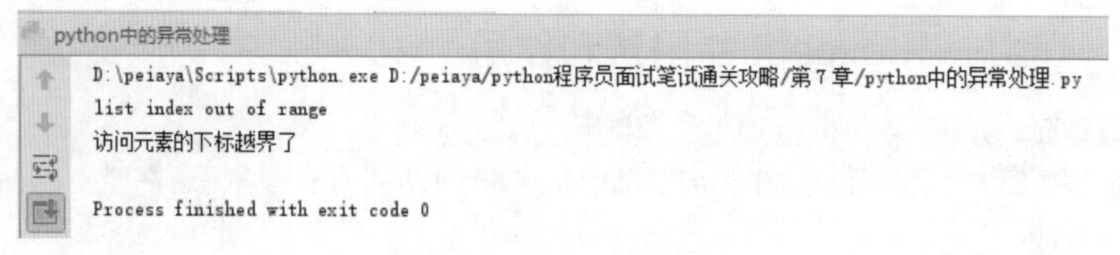

图 7-12 python 中的异常处理

7.4.3 什么是 Python 异常

试题题面：什么是 Python 异常？

题面解析：本题是在面试题中偏向基础的面试题，题目重点是异常的定义，主要考查应聘者对于异常的理解与掌握情况。

解析过程：

异常通常是指在程序的运行过程中出现的错误，这个错误会中断程序的运行。错误通常有两种形式，一种是语法错误，另一种是程序运行过程中出现的错误。

语法错误通过检查可以避免，一般是代码的编写不够规范导致的，例如，if a==b 语句结尾需要添加“:”符号，否则就是语法错误。

但是有些异常是程序运行中产生的错误，一般无法避免，不能通过检查发现错误，例如，一个列表 list=[1,2,3]，在一个函数中调用了这个列表，并且执行了“del list[2]”语句，在另一个函数中也调用了这个列表，并执行“list[2]”语句，此时就会发生下标溢出异常，但是不存在语法错误，解释器也不会进行错误提醒。

7.4.4 如何自定义异常

试题题面：如何自定义异常？

题面解析：本题是一道中等难度的面试题，主要考查应聘者对于异常的理解与掌握情况，该题的重点是如何创建一个自定义异常。

解析过程：

自定义异常类的格式如下：

```
class 异常类(继承异常类)
   #异常类初始化方法
   def __init__(self)
       self.msg='异常类错误信息'
   #返回异常类错误信息方法
   def __str__(self)
       return self.msg
```

☆**注意**☆　创建自定义异常类时，应当继承 Exception 类或者它的子类，而且抛出自定义异常类的异常时只能使用 raise 关键字进行抛出。

7.4.5　在 Python 中如何捕获异常

试题题面： 在 Python 中如何捕获异常？

题面解析： 本题是一道偏向基础知识的面试题，主要考查应聘者对于异常的理解与掌握情况，题目重点是如何使用“try…except…”语句捕获异常。

解析过程：

在 Python 中进行异常捕获需要使用“try…except…”语句，将可能出现异常的代码语句放到“try”关键字后面，在“except”关键字后面编写出现异常时需要执行的代码。在 Python 中“try…except…”语句的用法有以下几种：

1. 捕获所有异常

```
try:
     异常语句
except:
     处理语句
```

2. 捕获指定异常

```
try:
     异常语句
except 异常名:
     处理语句
```

3. 捕获多种异常类型

第一种方式获取的多个异常类型之间不区分优先级，属于同一等级。

```
try:
     异常语句
except (异常名1,异常名2,...):
     处理语句
```

第二种方式捕获的多个异常类型区分优先级，上级异常优先匹配，如果上级不匹配，下级异常才进行匹配。

```
try:
     异常语句
except 异常名1:
     处理语句1
except 异常名2:
     处理语句2
```

4. 带有 else 语句

这种方式异常触发后不会执行 else 语句中的代码，当异常未触发时，会执行 else 语句中的代码。

```
try:
    异常语句
except 异常名:
    处理语句
else:
    执行语句
```

5. 带有 finally 的语句

这种方式无论异常是否触发，finally 语句中的代码都会被执行。

```
try:
    异常语句
except 异常名:
    处理语句
finally:
    执行语句
```

7.4.6 什么是断言?应用场景有哪些

试题题面：什么是断言？应用场景有哪些？

题面解析：本题是一道难度较高的面试题，主要考查应聘者对于断言、异常的理解与掌握情况，题目重点是如何区分断言与异常的使用场景。

解析过程：

断言是一种排错机制，可以用来验证代码是否符合预期的设想。Python 中使用“assert”关键字实现断言操作。例如，有 a、b 两个变量，使用“assert”关键字，断言 a>b。如果实际情况中 a>b，符合断言的预期，则不做任何操作。如果实际情况中 a<b，不符合断言的预期，则会抛出一个 AssertError 类型的错误信息。

断言与异常本质上都是用来排除代码中的错误，解决代码中存在的问题，但是它们的用法与应用场景不同。异常是不确定运行阶段代码是否会发生错误，断言是对代码中可能出现错误的断定。

调用一个函数时，这个函数往往会存在一些前置条件或者后置条件。前置条件是指使用这个函数必须满足的需求，例如，需要传递参数、数据格式等。后置条件一般是在函数进行返回前需要满足的约束条件。如果没有满足函数的前置条件，就能调用函数，这属于 bug，是设计的漏洞，可以通过断言前置条件进行判断来解决。当函数满足前置条件，使用时出错了，这属于异常，需要进行异常处理。

在 Python 中断言的适用场景有以下几种：

① 测试阶段，在关键的程序代码处使用断言，确保程序的正确性。

② 防御式编程，用来防御代码修改后引发的错误。

③ 检查条件约定，例如，进行数据操作，判断数据库连接是否存在。

④ 检查常量，程序运行中依赖一些常量，但是 bug 可能导致常量发生改变，影响程序正常运行，需要使用断言，查看常量是否被更改。

⑤ 用于注释，当代码符合断言时，不会做任何操作，也不会对程序造成影响，相当于注释语句，对程序进行说明；当代码不符合断言时，中止程序运行，抛出错误信息。

7.4.7 Python 中的单元测试主要使用哪些模块

试题题面： Python 中的单元测试主要使用哪些模块？

题面解析： 本题是一道偏向基础知识的面试题，主要考查应聘者对于 Python 中测试模块的认识与掌握情况。

解析过程：

Python 中用于测试的模块有许多，如 doctest、unittest、pytest 等。其中用于单元测试的主要模块有 unittest、nose 和 pytest。

1. unittest 模块

unittest 模块是 Python 的一个内置库，它是一个标准测试库，功能强大，测试广泛，但是使用起来较为烦琐。使用 unittest 模块进行测试时，需要创建一个测试类，这个测试类继承 unittest.TestCase 类。测试类中的 setUp()方法用来设置测试用例所需环境，tearDown()方法用来销毁测试用例的环境。测试方法需要以 test 开头，在测试方法中使用断言进行测试。使用方式如下：

```
import unittest
#导入被测类
from 文件名 import *
#测试类
class 测试类名(unittest.TestCase):
    def setUp(self):
        #测试用例环境的搭建
        pass
    def tearDown(self):
        #测试用例环境的销毁
        pass
    def test_01(self):
        self.assertEqual(a,b)
    def test_02(self):
        self.assertEqual(a,b)
if __name__=='__main__':
    #创建测试套件
    suites=unittest.TestSuite()
    #将测试用例添加到测试套件中
    suites.addTest(TestMy("test_01"))
    suites.addTest(TestMy("test_02"))
    #创建测试运行对象
    runner=unittest.TextTestRunner()
    runner.run(suites)
```

2. nose 模块

nose 模块是一个第三方模块，它是在 unittest 模块的基础上扩展的，它可以不使用创建测试类的烦琐方式进行测试，只需要创建以 test 开头的测试方法即可，它同时也支持 unittest 模块中的 setUp()、tearDown()方法。运行 nose 模块时，会自动寻找以 test 开头的文件或方法进行测试。使用方式如下：

```
import nose
```

```
#导入被测类
from 文件名 import *
def test_func():
    assert 待测试方法,'提示信息! '
if __name__=='__main__':
    nose.runmodule()
```

3. pytest 模块

pytest 模块是一个第三方模块，也是在 unittest 模块的基础上进行扩展的，它的使用比 unittest 模块更加简单易用。使用 pytest 模块时，有以下几点要求：

- 测试文件必须以 test 开头或者结尾。
- 测试方法必须以 test 开头。
- 测试类必须以 Test 开头，且测试类中不能有__init__()初始化方法。
- 断言使用 assert 关键字，不需要考虑 unittest 模块中区分断言的类型。

使用方式如下：

```
import pytest
#导入被测类
from 文件名 import *
import pytest                    #导入包
def test_success():              #定义第一个测试用例
    print("test success")
assert 1                         #assert 1 表示断言成功
def test_fail():                 #定义第二个测试用例
    print("test fail")
assert 0                         #assert 1 表示断言失败
if __name__=="__main__":
    pytest.main(['-s','test_demo.py'])
```

7.4.8 什么是 with statement 语句?它的好处是什么

试题题面：什么是 with statement 语句？它的好处是什么？

题面解析：本题是一道面试中出现频率较高的面试题，主要考查应聘者对于 Python 中两种文件打开方式的认识与掌握情况。

解析过程：

with statement 语句在 Python 中就是 with 语句，用来简化异常处理，主要用来进行文件的打开操作。在 Python 中打开文件有两种方式，第一种是“f=open（文件，打开模式，编码）”，第二种是“with open（文件，打开模式，编码）as f”。使用 with 方式打开文件，当使用完毕后不需要使用 close()函数关闭文件，而且当打开的文件不存在时，会进行异常处理，关闭文件连接。

7.4.9 如何区分是语法错误还是发生异常

试题题面：如何区分是语法错误还是发生异常？

题面解析：本题是一道面试中出现频率较高的面试题，主要考查应聘者对于 Python 中异常区分的理解与认识，题目的重点是找出语法错误与异常之间的不同之处。

解析过程：

在 Python 中语法错误与异常都会终止程序，导致程序运行失败，那么如何区分程序运行失败是由于语法错误还是异常错误造成的？

语法错误一般是代码格式错误，例如，代码中缺少“:”符号、数据格式错误等。这种错误一般可以通过检查代码发现，而且一般解释器中都具有语法纠错功能，当出现语法错误时，会对出错的代码进行高亮显示。

异常一般无法通过代码检查发现，需要使用“try…except…”语句对异常进行捕获处理。

7.4.10 在声明方法中是抛出异常还是捕获异常

试题题面：在声明方法中是抛出异常还是捕获异常？

题面解析：本题在面试题中的出现频率较高，主要考查应聘者对异常的理解和掌握情况，题目的重点是区分抛出异常与捕获异常的作用。

解析过程：

抛出异常是主动触发一个异常，只释放一个异常，并不对释放的异常进行处理。

捕获异常是对可能出现异常的代码进行捕获，当捕获到异常后，需要对捕获的异常进行处理。

一般情况下，在方法中只声明异常的类型，并不在方法的内部进行异常处理（抛出异常），当有调用方法时才进行异常处理（捕获异常）。Python 使用关键字 raise 进行异常抛出，其用法为

```
raise 异常类型
```

使用“try…except…”语句进行异常的捕获与处理。

7.5 名企真题解析

本节主要收集了各大企业往年关于异常处理、代码测试与代码调试的面试及笔试真题，读者可以通过这些题目加深对异常处理的理解与掌握，从而能够在面试与笔试中正常发挥自身的实力。

7.5.1 异常机制的处理与应用

【选自 WR 笔试题】

试题题面：异常机制的处理与应用是如何实现的？

题面解析：当看到题目时要理解题目的含义，还要明白从哪个方面解答本题最合适。本题主要考查在 Python 中如何处理异常。

解析过程：

在 Python 中有 3 种方式进行异常处理，分别是“try…except…”语句、assert 断言、with 语句。

1. “try…except…”

这种方式适用于任何类型的异常处理，在 try 关键字后面进行异常捕获，在 except 关键字

后面进行异常处理，具体用法如下：

```
try:
    异常语句
except:
    处理语句
```

2. assert 断言

这种方式会先对表达式进行判断，表达式符合预期不做任何处理，不符合预期则抛出异常，具体用法如下：

```
assert 表达式,异常信息
```

3. with 语句

with 语句需要保证共享资源（文件、数据）的唯一分配，并且在使用完毕进行释放，这种情境下的异常处理可以使用 with 语句进行处理，用法如下：

```
with open(文件, 打开模式,编码) as f
    文件操作
```

7.5.2 异常处理的写法以及如何主动抛出异常（应用场景）

【选自 TX 笔试题】

试题题面：简述异常处理的写法以及如何主动抛出异常（应用场景）。

题面解析：本题主要考查应聘者在 Python 中如何处理异常以及抛出异常。

解析过程：

在 Python 中进行异常捕获需要使用“try…except…”语句，将可能出现异常的代码语句放到“try”关键字后面，在“except”关键字后面编写出现异常时需要执行的代码。在 Python 中“try…except…”语句的用法有以下几种：

1. 捕获所有异常

```
try:
    异常语句
except:
    处理语句
else:
    执行语句   #该语句在异常不发生时会执行
finally:
    执行语句   #该语句无论异常是否发生都会执行
```

2. 捕获指定异常

```
try:
    异常语句
except 异常名:
    处理语句
```

3. 捕获多种异常类型

第一种方式获取的多个异常类型之间不区分优先级，属于同一等级。

```
try:
    异常语句
except (异常名1,异常名2,...):
    处理语句
```

第二种方式捕获的多个异常类型区分优先级，上级异常优先匹配，如果上级不匹配，下级异常才进行匹配。

```
try:
    异常语句
except 异常名1:
    处理语句1
except 异常名2:
    处理语句2
```

在 Python 中主动抛出异常需要使用关键字 raise，其用法为 raise 异常类型。主动抛出异常在自定义方面应用最为广泛，例如，在进行用户信息注册时，需要填写邮箱，可以自定义一个邮箱异常，当用户输入的邮箱错误时，会主动抛出这个异常。

7.5.3 异常的区分

【选自 AL 笔试题】

试题题面：IOError、AttributeError、ImportError、IndentationError、IndexError、KeyError、SyntaxError、NameError 分别代表什么异常？

题面解析：本题主要考查应聘者对 Python 中内建异常类型的了解。

解析过程：

Python 中的异常分为两类：一类是内建异常（Python 内部创建的异常类型），如 ValueError、IOError、IndexError 等；另一类是用户自定义异常，可以根据需求创建一个自己命名的异常类。自定义异常类的格式如下：

```
class 异常类(继承异常类)
   #异常类初始化方法
   def __init__(self)
      self.msg='异常类错误信息'
   #返回异常类错误信息方法
   def __str__(self)
      return self.msg
```

IOError、AttributeError、ImportError、IndentationError、IndexError、KeyError、SyntaxError、NameError 都是 Python 中的内建异常类型，它们的作用分别如下。

① IOError：输入/输出异常，一般是文件无法打开时出现。

② AttributeError：所有数值计算错误异常的基类。

③ ImportError：无法导入模块或者包的异常，通常是路径或名称错误引发的。

④ IndentationError：代码缩进错误异常。

⑤ IndexError：下标索引越界异常。

⑥ KeyError：键值错误，访问字典中不存在的 key。

⑦ SyntaxError：语法错误异常，通常是语法格式错误，例如，“if 1==2”缺少“:”符号。

⑧ NameError：命名错误，使用未声明的变量名或对象。

第8章 进程与线程

本章导读

本章带领读者学习 Python 进程与线程的相关知识，其中包括进程与线程的创建、多进程的实现及多线程的实现等。结合面试和笔试过程中经常遇到的问题进行讲解，帮助读者明白进程和线程的原理与作用，加深读者对线程与进程知识的理解与掌握，从而帮助读者更好地应对面试与笔试。

知识清单

本章要点（已掌握的在方框中打钩）：

- □ 创建线程。
- □ 线程同步。
- □ 创建进程。
- □ 进程同步。
- □ 进程、线程、协程的区别。

8.1 线　　程

线程是一个比进程更小的能独立运行的基本单位，它是进程的一个实体。线程基本上不拥有系统资源，只具有一些用于运行必不可少的资源。

8.1.1 线程的创建

在 Python 中可以使用_thread 或 threading 模块来创建线程。其中_thread 模块是对 Python 2.x 中 thread 模块的兼容，Python 3 中移除了 thread 模块。_thread 模块只能用来创建低级别、原始的线程和简单的锁，功能相对单一。threading 模块中不仅包含_thread 模块中的所有功能，还提供了一些其他的方法。在创建线程时建议使用 threading 模块进行创建。

在 Python 中创建线程有以下 3 种方式：

1. 使用_thread 模块中的 start_new_thread 函数创建

```
import _thread
import time
#线程执行的函数
def func(name,num):
    print('{}是第{}个线程'.format(name,num))
#程序主入口
if __name__=='__main__':
    #创建第一个线程
    _thread.start_new_thread(func,('Thread1',1),{})
    #创建第二个线程
    _thread.start_new_thread(func,(),{'name':'Thread2','num':2})
    #等待线程执行完毕
    time.sleep(1)
```

运行结果如图 8-1 所示。

```
_thread模块中的start_new_thread
D:\peiaya\Scripts\python.exe D:/peiaya/python程序员面试笔试通关攻略/第8章/_thread模块中的start_new_thread.py
Thread2是第2个线程
Thread1是第1个线程

Process finished with exit code 0
```

图 8-1　使用_thread 模块中的 start_new_thread 函数创建线程

☆**注意**☆　start_new_thread(funcnane,args,kwargs)函数中有 3 个参数，第一个参数是线程要执行的函数名，第二个参数是以元组传递函数的参数，第三个参数是以字典格式传递函数的参数。

2. 通过继承 threading.Thread 类创建线程

```
from threading import Thread
#自定义线程类
class MyThread(Thread):
    #初始化方法
    def __init__(self,name,id):
        Thread.__init__(self)
        self.id=id
        self.name=name
    #重构 run()方法
    def run(self):
        print('{}是第{}个线程'.format(self.name,self.id))
#程序主入口
if __name__=='__main__':
    #创建线程实例化对象
    t1=MyThread('Thread1',1)
    t2=MyThread('Thread2',2)
    #运行线程(调用 run()方法)
    t1.start()
    t2.start()
    #等待线程运行完毕
    t1.join()
    t2.join()
```

运行结果如图 8-2 所示。

```
继承threading.Thread类
D:\peiaya\Scripts\python.exe D:/peiaya/python程序员面试笔试通关攻略/第8章/继承threading.Thread类.py
Thread1是第1个线程
Thread2是第2个线程

Process finished with exit code 0
```

图 8-2　通过继承 threading.Thread 创建线程

3. 使用 theading.Thread 类创建线程

```
from threading import Thread
#线程执行函数
def func(name,num):
    print('{}是第{}个线程'.format(name,num))
#程序主入口
if __name__=='__main__':
    #创建线程实例化对象
    thread1=Thread(target=func,args=('Thrade1',1))
    thread2=Thread(target=func,args=('Thrade2',2))
    #运行线程
    thread1.start()
    thread2.start()
    #等待线程运行完毕
    thread1.join()
    thread2.join()
```

运行结果如图 8-3 所示。

```
使用threading.Thread类创建线程
D:\peiaya\Scripts\python.exe D:/peiaya/python程序员面试笔试通关攻略/第8章/使用threading.Thread类创建线程.py
Thrade1是第1个线程
Thrade2是第2个线程

Process finished with exit code 0
```

图 8-3　使用 threading.Thread 类创建线程

8.1.2　线程同步

线程同步一般出现在多线程编程中，是指多个线程不能同时访问公共资源（文件、内存等），需要在同步机制的调度下，按照一定顺序逐个访问内存。下面通过一个例子来加深对线程同步的理解。A、B、C 三个人共用一个银行账户，银行账户中有 500 元，现在 A、B、C 同时去银行办理业务，他们看到的账户余额都是 500。A 存 100 元，账户余额变为 600 元；B 取出 200 元，账户余额变为 300 元；C 取 100 元，账户余额变为 400 元。最终银行中的账户余额是 600 元、300 元或者 400 元都是不合理的，而应该是一个客户的交易完成以后，下一个客户才能进行交易，与线程同步的效果相同。未同步的多线程代码如下：

```
import threading
import time
money=500
#存钱
def add(name,num):
    global money
    money=money+num
    print('{}的账户余额为：{}'.format(name, money))
    time.sleep(0.5)
```

```
#取钱
def sub(name,num):
    global money
    money=money-num
    print('{}的账户余额为: {}'.format(name,money))
    time.sleep(0.5)
#程序主入口
if __name__=='__main__':
    #创建线程
    threadA=threading.Thread(target=add,args=('A',100))
    threadB=threading.Thread(target=sub,args=('B',200))
    threadC=threading.Thread(target=sub,args=('C',100))
    #运行线程
    threadA.start()
    threadB.start()
    threadC.start()
    #等待线程运行结束
    threadA.join()
    threadB.join()
    threadC.join()
    print('银行中的账户余额为: {}'.format(money))
```

运行结果如图 8-4 所示。

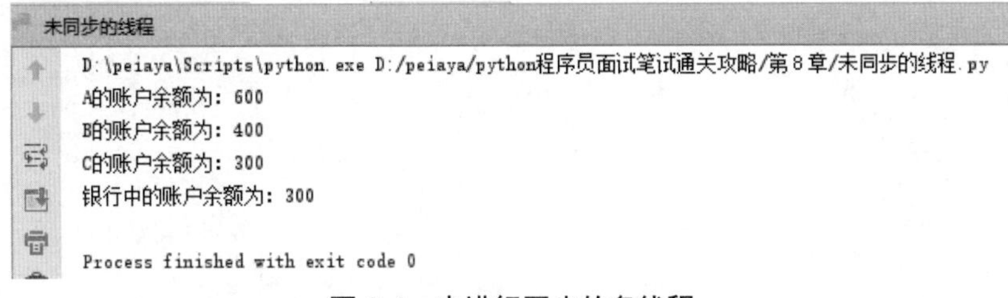

图 8-4 未进行同步的多线程

在 Python 中可以通过以下几种方式保证多线程的同步。

1. 锁机制

锁机制就是给线程访问的公共资源添加一把锁，当一个线程访问或使用公共资源时，锁就会处于锁定状态，阻止其他线程对公共资源的访问与使用，前一个线程操作执行完毕释放公共资源，锁处于未锁定状态时，下一个线程才能访问使用公共资源。

Python 中锁机制的锁有 Lock 与 RLock 两种，它们都通过 acquire()方法进行加锁操作，使用 release()方法进行解锁操作。其中，Lock 是一种基本锁对象，每次处理一个锁定请求，其他的锁定请求需要等待前一个锁定请求释放后才能处理。RLock 是一种可重入锁，同一个线程可以进行多次加锁操作，但是每次使用 acquire()方法加锁后，都需要调用 release()方法进行解锁，acquire()与 release()方法是成对出现的。使用 RLock 锁实现同步的代码如下：

```
import threading
import time
money=500
#存钱
def add(name,num,lock):
    #添加锁
    lock.acquire()
```

```
    global money
    money=money+num
    print('{}的账户余额为: {}'.format(name, money))
    time.sleep(0.5)
    #释放锁
    lock.release()
#取钱
def sub(name,num,lock):
    #添加锁
    lock.acquire()
    global money
    money=money-num
    print('{}的账户余额为: {}'.format(name,money))
    time.sleep(0.5)
    #释放锁
    lock.release()
#程序主入口
if __name__=='__main__':
    #创建一个锁对象
    lock=threading.RLock()
    #创建线程
    threadA=threading.Thread(target=add,args=('A',100,lock))
    threadB=threading.Thread(target=sub,args=('B',200,lock))
    #运行线程
    threadA.start()
    threadB.start()
    #等待线程运行结束
    threadA.join()
    threadB.join()
    print('银行中的账户余额为: {}'.format(money))
```

运行结果如图 8-5 所示。

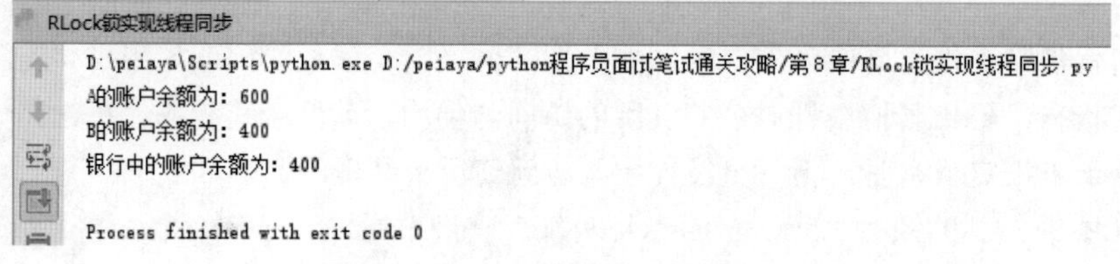

图 8-5　RLock 锁实现的线程同步

2. 条件变量 Condition

用条件变量 Condition 方式创建的 Condition 对象内部有一把锁，默认为 RLock。acquire()方法获取底层锁，条件满足时线程执行，否则线程阻塞；release()方法在线程任务完成后释放锁；notify()方法不释放锁，用来唤醒其他由于 wait()方法造成阻塞的线程；wait()方法当线程不满足条件时阻塞进程。具体使用方法如下：

```
import threading
import time
money=500
sign='+'
```

```
def add(name,num,cond):
    #获取锁的状态
    cond.acquire()
    global money
    global sign
    while money<1000 and money!=0:
        #设定条件
        if sign=='+':
            #变更条件
            sign='-'
            money=money+num
            print('{}的账户余额为：{}'.format(name, money))
            time.sleep(0.5)
            #唤醒其他线程
            cond.notify()
        else:
            #阻塞线程
            cond.wait()
    #释放锁
    cond.release()
def sub(name,num,cond):
    cond.acquire()
    global money
    global sign
    while money>0:
        if sign=='-':
            sign='+'
            money=money-num
            print('{}的账户余额为：{}'.format(name,money))
            time.sleep(0.5)
            cond.notify()
        else:
            cond.wait()
    cond.release()
if __name__=='__main__':
    #创建条件变量对象
    cond=threading.Condition()
    #创建线程
    threadA=threading.Thread(target=add,args=('A',100,cond))
    threadB=threading.Thread(target=sub,args=('B',200,cond))
    #执行线程
    threadA.start()
    threadB.start()
    #等待所有线程执行完毕
    threadA.join()
    threadB.join()
    print('银行中的账户余额为：{}'.format(money))
```

运行结果如图 8-6 所示。

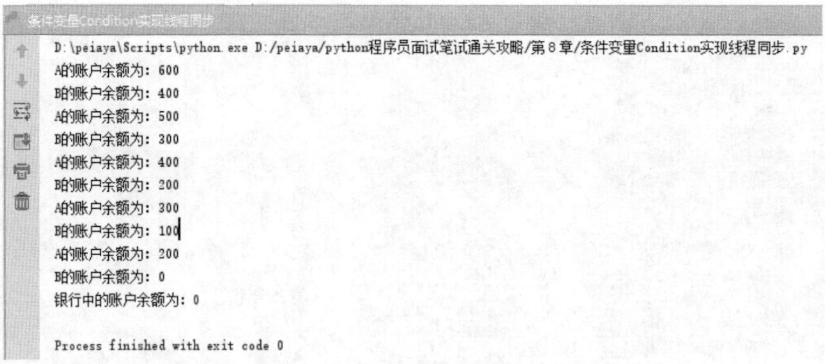

```
条件变量Condition实现线程同步
D:\peiaya\Scripts\python.exe D:/peiaya/python程序员面试笔试通关攻略/第8章/条件变量Condition实现线程同步.py
A的账户余额为: 600
B的账户余额为: 400
A的账户余额为: 500
B的账户余额为: 300
A的账户余额为: 400
B的账户余额为: 200
A的账户余额为: 300
B的账户余额为: 100
A的账户余额为: 200
B的账户余额为: 0
银行中的账户余额为: 0

Process finished with exit code 0
```

图 8-6 Condition 条件变量实现线程同步

3. 信号量 Semaphore

使用信号量 Semaphore 方式时，会创建一个初始值（可用资源数）。线程执行过程中会动态更改信号量的初始值。当执行 acquire()方法（p 操作）时，会将初始值减 1，直至初始值为 0 时阻塞线程；当其他线程调用 release()方法时，会将初始值更新到大于 1。例如，图书馆书架上有 3 本《Python 程序员面试笔试通关攻略》，现在有 5 个人去借书，只有前 3 个人能够借到，其他人需要等到有人归还后才能借书。具体使用方法如下：

```
import threading
import time
books_num=3
#借书
def borrow(semaphore,i):
    #p 操作，资源数减 1
    semaphore.acquire()
    global books_num
    books_num-=1
    print('<借书人({})>当前图书剩余：{}'.format(i,books_num))
    #借书时间
    time.sleep(1)
    #还书
    still(semaphore,i)
#还书
def still(semaphore,i):
    global books_num
    books_num+=1
    print('<还书人({})>当前图书剩余：{}'.format(i,books_num))
    semaphore.release()
#程序主入口
if __name__=="__main__":
    print('当前图书馆剩余图书:{}'.format(books_num))
    #创建信号量对象，初始值设为 3
    semaphore=threading.Semaphore(3)
    #创建线程进行借书
    for i in range(1,6):
        thread_b=threading.Thread(target=borrow, args=(semaphore,i))
        thread_b.start()
    #等待所有子线程运行结束
    time.sleep(3)
    print('当前图书馆剩余图书:{}'.format(books_num))
```

运行结果如图 8-7 所示。

```
信号量方式Semaphore实现线程同步
D:\peiaya\Scripts\python.exe D:/peiaya/python程序员面试笔试通关攻略/第8章/信号量方式Semaphore实现线程同步.py
当前图书馆剩余图书:3
<借书人(1)>当前图书剩余: 2
<借书人(2)>当前图书剩余: 1
<借书人(3)>当前图书剩余: 0
<还书人(2)>当前图书剩余: 2
<借书人(4)>当前图书剩余: 1
<还书人(3)>当前图书剩余: 1
<借书人(5)>当前图书剩余: 0
<还书人(1)>当前图书剩余: 1
<还书人(5)>当前图书剩余: 2
<还书人(4)>当前图书剩余: 3
当前图书馆剩余图书:3

Process finished with exit code 0
```

图 8-7　信号量 Semaphore 方式实现线程同步

4. Event 对象

Event 对象方式与 Condition 方式比较相似，存在一个标识符 Flag，当标识符为 False 时，会阻塞线程运行；当标识符为 True 时，线程会执行。其中 set()方法将标识符设置为 True，clear()方法将标识符设置为 False。is_set()方法判断标识符是否为 True，wait()方法阻塞线程等待标识符变为 True。例如，制作一个蛋糕，共 5 层，其中 3 层面包、两层奶油，由两个人分别交替制作面包和奶油。具体使用方法如下：

```
import threading
#制作面包
def bread(event):
    print('放第一层面包')
    #标志符为 False 时阻塞线程
    event.wait()
    print('放第二层面包')
    #将标识符更改为 True，唤醒被 wait()方法阻塞的线程
    event.set()
    #将标识符更改为 False
    event.clear()
    event.wait()
    print('放第三层面包')
#制作奶油
def cream(event):
    print('涂第一层奶油')
    event.set()
    event.clear()
    event.wait()
    print('涂第二层奶油')
    event.set()
#程序主入口
if __name__=='__main__':
    #创建 Event 对象，标志符默认为 False
    event=threading.Event()
    #创建线程
    thread_bread=threading.Thread(target=bread, args=(event,))
    thread_cream=threading.Thread(target=cream, args=(event,))
    print('---制作蛋糕---')
```

```
    #等待线程运行完毕
    thread_bread.start()
    thread_cream.start()
    #等待线程执行完毕
    thread_bread.join()
    thread_cream.join()
    print('---蛋糕制作完成---')
```

运行结果如图 8-8 所示。

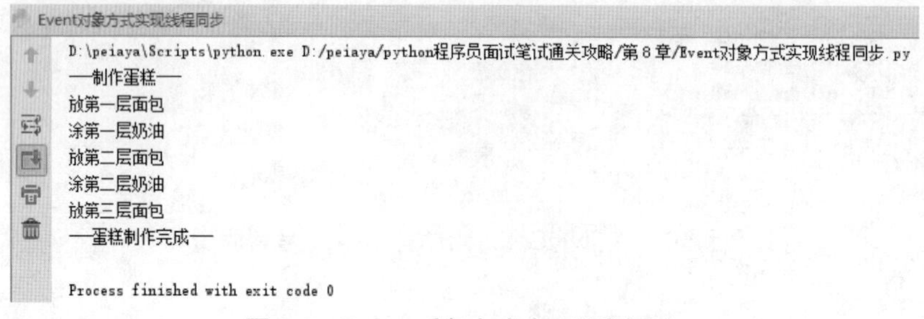

图 8-8 Event 对象方式实现线程同步

5. 同步队列

同步队列方式，创建一个队列，可以设置队列内成员的最大个数，通过 put()方法将线程对象添加到队列中，当队列存满时，会阻塞其他进程运行。通过 get()方法访问队列中的成员，因为队列具有先入先出的特性，所以，get()方法会优先访问最先进入队列中的成员，并将它从队列中移除。具体使用方法如下：

```
from queue import Queue
import threading
import time
books_num=3
#借书
def borrow(queue,i):
    #添加到队列中，当队列存满时阻塞线程运行
    queue.put(i)
    global books_num
    books_num-=1
    print('<借书人({})>当前图书剩余：{}'.format(i,books_num))
    time.sleep(1)
#还书
def still(queue):
    #还书时间
    time.sleep(2)
    global books_num
    #访问队列中的成员，并将它移出队列
    data=queue.get()
    books_num+=1
    print('<还书人({})>当前图书剩余：{}'.format(data,books_num))
    #导致队列完成一项任务，否则会被 join()方法一直阻塞
    queue.task_done()
#程序主入口
if __name__ == "__main__":
```

```
    print('当前图书馆剩余图书:{}'.format(books_num))
    #创建队列，并设置最大个数为 3，若为 0 或负数，表示队列个数无限制
    queue=Queue(maxsize=3)
    #创建借书线程
    for i in range(1,6):
        threading.Thread(target=borrow, args=(queue,i)).start()
    #创建还书线程
    for i in range(5):
        threading.Thread(target=still, args=(queue,)).start()
    #等待队列为空时，执行其他操作
    queue.join()
    print('当前图书馆剩余图书:{}'.format(books_num))
```

运行结果如图 8-9 所示。

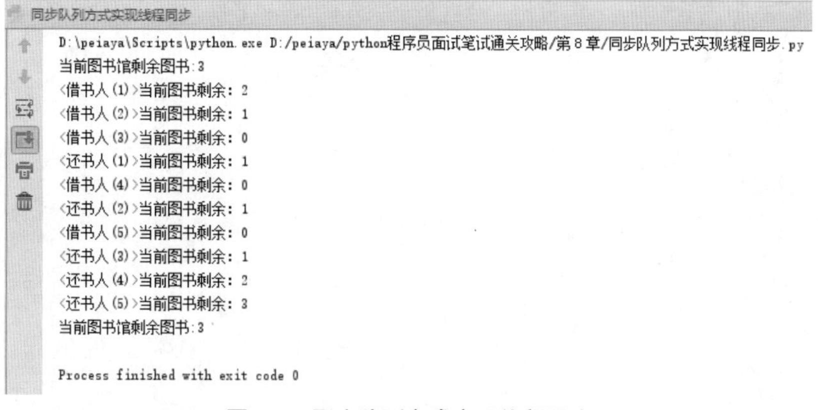

图 8-9　同步队列方式实现线程同步

8.2　进　　程

进程是具有一定独立功能的程序，是关于某个数据集合上的一次运行活动，它是系统进行资源分配和调度的一个独立单位。一个进程可以由多个线程组成，进程与进程之间彼此独立，每个进程都拥有自己独立的内存空间，进程中的所有线程共享这个内存空间。

8.2.1　进程的创建

在 Python 中通过 multiprocessing 模块中的 Process 类创建进程，创建进程有两种方式：第一种是通过 Process 类直接创建；第二种是自定义一个继承 Process 类的进程类，通过自定义进程类来创建进程。

1. 通过 Process 类创建进程

```
from multiprocessing import Process
#执行函数
def func(name,num):
    print('{}是第{}个进程'.format(name,num))
#程序主入口
```

```
if __name__=='__main__':
    #创建进程
    process_1=Process(target=func,args=('process_1',1))
    #运行进程
    process_1.start()
    #等待进程运行完毕
    process_1.join()
```

运行结果如图 8-10 所示。

```
通过Process类创建
D:\peiaya\Scripts\python.exe D:/peiaya/python程序员面试笔试通关攻略/第8章/通过Process类创建.py
process_1是第1个进程

Process finished with exit code 0
```

图 8-10　通过 Process 类创建进程

2. 通过继承 Process 类创建进程

```
from multiprocessing import Process
class MyProcess(Process):
    def __init__(self,name,num):
         Process.__init__(self)
         self.name=name
         self.num=num
    #重构执行方法
    def run(self):
         print('{}是第{}个进程'.format(self.name,self.num))
#程序主入口
if __name__=='__main__':
    #创建进程
    process_1=MyProcess('process_1',1)
    #运行进程，调用 run()方法
    process_1.start()
    process_1.join()
```

运行结果如图 8-11 所示。

```
继承Process类创建进程
D:\peiaya\Scripts\python.exe D:/peiaya/python程序员面试笔试通关攻略/第8章/继承Process类创建进程.py
process_1是第1个进程

Process finished with exit code 0
```

图 8-11　通过继承 Process 类创建进程

☆**注意**☆　在创建自定义的进程类时，必须重构 run()方法，否则执行 start()方法时会调用父类的 run 方法。

8.2.2　进程同步

进程同步一般是指多个进程在同步机制的调度下，多个进程按照一定速度、一定顺序执行的过程。实现进程同步与实现线程同步的方式基本一致，常用的方式如表 8-1 所示。

表 8-1 实现进程同步的方式

方 式	方 法	说 明
锁	multiprocessing.Lock() multiprocessing.RLock()	创建互斥锁对象 创建可重入锁对象
	acquire()	加锁
	release()	解锁
条件变量	multiprocessing.Condition()	创建条件变量对象
	acquire()	获取锁
	release()	释放锁
	wait()	阻塞进程
	notify()	不释放锁，唤醒 wait()方法阻塞的进程
信号量	multiprocessing.Semaphore()	创建信号量对象，可以设置初始值，初始值为 0 时阻塞进程
	acquire()	p 操作，初始值加 1
	release()	v 操作，初始值减 1
Event	multiprocessing.Event()	创建事件对象，默认标志为 False
	is_set()	判断标识符是否为 True
	set()	将标识符设置为 True
	clear()	将标识符设置为 False
	wait()	标识符为 False 时，阻塞进程运行
同步队列	Queue(maxsize=number)	创建队列，设置队列长度，参数值为 0 或负数时，表示队列长度无限制
	put()	添加到队列中，队列存满后会阻塞进程运行
	get()	访问最先添加到队列中的元素，并将它移出队列

8.3 精选面试笔试解析

通过前面对进程与线程基础知识的学习，结合一些经典面试题的讲解，帮助读者区分进程与线程，明白多线程与多进程的实现方式与应用场景，可以让读者对进程和线程有一个全面的认识。

8.3.1 如何在 Python 中实现多线程操作

试题题面： 如何在 Python 中实现多线程操作？

题面解析： 本题是在面试题中偏向基础的笔试题，主要考查应聘者对 Python 中 threading 模块的理解和掌握情况。

解析过程：

在 Python 中创建线程需要使用 threading 模块，多线程是指在一个程序中有多个线程同时运行以进行不同的操作处理，可以极大地提高程序的运行效率。例如，一个函数中每次执行需要花费 2 秒，现在将这个函数重复执行 3 次，不考虑多线程的情况下，完成任务最少需要花费 6 秒。如果创建 3 个线程，它们同时运行这个函数，最终运行时间可能只需要 2 秒。具体代码如下：

```
import threading,time
#执行函数
def func(num):
    time.sleep(2)
    print('<Thread-{}>:执行完毕!'.format(num))
#程序主入口
if __name__=='__main__':
    #开始时间
    start_time=time.time()
    #创建线程
    thread_01=threading.Thread(target=func,args=('01',))
    thread_02=threading.Thread(target=func,args=('02',))
    thread_03=threading.Thread(target=func,args=('03',))
    #运行线程
    thread_01.start()
    thread_02.start()
    thread_03.start()
    #等待线程运行完毕
    thread_01.join()
    thread_02.join()
    thread_03.join()
    #结束时间
    end_time=time.time()
    print('程序运行时间：',end_time-start_time)
```

运行结果如图 8-12 所示。

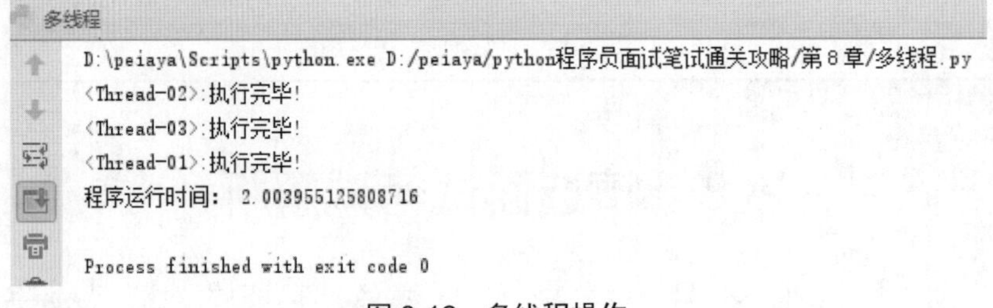

图 8-12 多线程操作

8.3.2 线程与进程有什么区别

试题题面：线程与进程有什么区别？

题面解析：本题是在面试题中偏向基础的面试题，主要考查应聘者对线程与进程的认识与理解。

解析过程：

在计算机中，程序是一组有序的指令集合；进程是具有一定独立功能的程序关于某个数据集合上的一次运行活动。进程是系统进行资源分配和调度的一个独立单位；线程是比进程更小的能独立运行的基本单位，是进程的一个实体。线程基本上不拥有系统资源，只具有一些用于运行必不可少的资源。

进程与进程之间相互对立，每个进程都具有独立的内存空间。线程不具有内存空间，同一进程下的所有线程共享内存空间；进程的创建与切换消耗资源大，线程的创建与切换消耗资源少。

8.3.3 什么是协程？有哪些优缺点

试题题面：什么是协程？有哪些优缺点？

题面解析：本题主要考查应聘者对协程的认识与理解，题目的重点在于分析协程在 Python 中的作用与优缺点。

解析过程：

协程又称微线程，它也是一种程序组件，是一个比线程更小的执行单元。协程使用时，需要用户来编写调度机制，协程进行切换时由程序自身进行调度。协程中有自身的寄存器上下文和栈，当协程切换时可以恢复之前的寄存器上下文和栈，使协程恢复到之前调用时的状态。不需要像进程或线程那样需要进行加锁与解锁操作。

协程的优点如下：

① 无须进行线程或进程中的上下文切换，开销较少。

② 无须加锁、解锁操作。

③ 由程序主动控制协程切换。

④ 具有高并发、高扩展性，资源消耗少，运行效率高。

协程的缺点如下：

① 协程只能在单核上运行，无法利用 CPU 多核的优势。

② 发生阻塞操作时会造成整个程序的阻塞。

8.3.4 Python 中线程与进程的使用场景

试题题面：Python 中线程与进程的使用场景有哪些？

题面解析：本题主要考查应聘者对于线程和进程的认识与理解，题目的重点在于区分线程与进程的不同之处。

解析过程：

进程是计算机系统进行资源分配的最小单位，它具有独立的内存空间，创建与切换的开销较大。

线程是用于调度执行的最小单位，它不具有独立的内存空间，同一进程下的线程共享内存空间，创建与切换的开销较少。

在 Python 中由于 GIL（全局解释器锁）的存在，线程只能在 CPU 的一个核心上运行，因此无法实现真正意义上的并行，只能通过并发实现一种伪并行。进程不受 GIL 的限制，可以在 CPU 的多个核心上同时运行，充分利用 CPU 的多核优势，实现真正意义上的并行。

经过大量测试发现，多进程更适用于计算密集型的操作，可以充分发挥 CPU 多核的计算优势。多线程更适用于 I/O 密集型的操作，消耗的资源较少。

8.3.5 如何提高 Python 的运行效率

试题题面：如何提高 Python 的运行效率？

题面解析：本题主要考查应聘者对于 Python 基础知识的理解与掌握情况，题目的重点在于考查 Python 中有哪些模块或方式可以提高程序的运行效率。

解析过程：

提高程序的运行效率是开发过程中要面对的一个重要问题，那么如何提高 Python 的运行效率？提高 Python 运行效率的方法有很多，其中最主要也是最常用的方法有以下几种：

1. 优化循环条件

通过对循环条件的优化，可以减少不必要的循环次数，面对循环次数较多的程序可以极大地提高运行效率。

2. 使用多进程编程

面对计算密集型的操作，使用多进程编程，可以充分利用 CPU 多核的优势，提高计算效率，从而提高运行效率。

3. 使用多线程

面对 I/O 密集型的操作，使用多线程编程，可以减少资源消耗和创建时间的浪费，从而提高运行效率。

4. 降低算法的事件复杂度

算法的时间复杂度越大，程序运行效率就越低。在 Python 中可以通过选用合适的数据类型来降低时间复杂度。

5. 核心模块使用 Cython、PyPy 等

通过这些模块，可以将 Python 中一些对时间敏感的关键代码转换为 C 代码，通过嵌套使用，可以提高程序的运行效率。

6. 对 if 语句的优化

当分支语句判断的情况较多时，将发生概率大的情况放前面，发生概率小的情况放后面，这样可以减少分支语句的判断时间，提高程序的运行效率。

8.3.6 什么是全局解释器锁（GIL）

试题题面：什么是全局解释器锁（GIL）？

题面解析：本题在面试中出现次数较多，主要考查应聘者对于 Python 中 GIL 的认识与理解情况，题目重点考查 Python 中 GIL 的作用。

解析过程：

在 Python 中，全局解释器锁（GIL）本质上是一个互斥锁，它是在解释器（CPython）层面上的锁。Python 语言设计之初，计算机广泛使用的还是单核 CPU，为了解决多线程之间的数据完整与状态同步问题，最简单的方法就是加锁，每个线程在运行前都需要获取一把锁，从而保证同一时刻只能有一个线程运行，这把锁就是全局解释器锁。

GIL 确保了一个进程中同一时刻只有一个线程运行，多线程在实际运行中只调用了一个 CPU 核心，无法使用多个 CPU 核心，因此多线程不能在多个 CPU 核心上并行，面对计算密集型的操作时，无法利用 CPU 的多核优势，运行效率较低。但是 GIL 对于单线程及 I/O 密集型的多线程运行没有影响。Python 中的每个进程都有自己的解释器，因此，多进程不受 GIL 的限制，可以在 CPU 的多个核心上并行，多进程适合计算密集型的操作，但是进程的开销较大，不适用于 I/O 密集型的操作。

GIL 不是 Python 的缺陷，只是一种针对解释器的设计思想，其中使用 GIL 的解释器有 CPython，未使用 GIL 的解释器有 JPython。

8.3.7　多线程的限制以及多进程参数传递的方式

试题题面：Python 中多线程的限制有哪些？多进程中参数传递的方式有哪些？

题面解析：本题主要考查应聘者对于 Python 中多进程与多线程的认识与理解情况，题目重点考查 Python 中多线程与多进程的使用限制及参数的传递方式。

解析过程：

在 Python 中由于 GIL 的存在，导致进程中同一时刻只能有一个线程运行，因此，多线程无法使用多个 CPU 核心实现并行，只能在单一 CPU 核心上实现并发。面对计算密集型操作多线程无法利用 CPU 多核优势，运行效率较低。

多进程不受 GIL 的影响，可以在多个 CPU 核心并行。进程与进程之间的数据彼此独立，多进程传递参数时可以通过 multiprocessing.Value 或 multiprocessing.Array 方式传递。

8.3.8　线程是并发还是并行？进程是并发还是并行

试题题面：线程是并发还是并行？进程是并发还是并行？

题面解析：本题在面试题中出现次数较多，主要考查应聘者对于多进程与多线程的认识与理解情况，题目重点考查线程与进程中并发与并行的区别。

解析过程：

在宏观层面，并发是指多个任务在同一时间段内完成，并行是指多个任务在同一时间点完成。因此，并发不强调同时性，而并行强调同时性。

在微观层面，并发通常是多个任务交由一个 CPU 进行处理，CPU 将任务进行处理的时间划分为非常细小的间隔，CPU 不断地轮询这些任务，每个任务每次执行一个时间间隔，因此，看起来这些任务是在同时处理。并行是指多个任务交由多个 CPU 进行处理，每个任务单独使用一个 CPU，彼此之间相互独立，互不影响，可以同时进行处理。

在 Python 中由于 GIL 的存在，同一时刻一个进程中只能有一个线程运行，多个线程只能在一个 CPU 核心上交替运行，因此多线程是并发。

进程不受 GIL 的限制，多个进程可以在多个 CPU 核心中同时运行，因此多进程是并行。

8.3.9　什么是多线程竞争

试题题面：什么是多线程竞争？

题面解析：本题主要考查应聘者对于多进程的认识与理解情况，题目的重点在于要理解多线程竞争引发的线程安全问题。

解析过程：

进程与进程之间相互独立，每个进程都拥有自己的内存空间。线程不具有自己的内存空间，是进程的一个实例，一个进程中可以存在多个线程，这些线程共享进程的内存空间。当多个线程运行时，可能对内存空间中的资源进行抢占。例如，A、B 两个人相当于两个线程，他们共用一个银行账户，银行账户中有 500 元，这个银行账户相当于进程内存空间中的共享资源，现在 A、B 同时去银行办理业务，他们看到的账户余额都是 500 元，A 存 100 元，账户余额变为 600 元；B 取出 200 元，账户余额变为 300 元。

这种情况就是发生了多线程的抢占，它们同时访问共享资源，进行操作，多线程抢占会导致数据错乱，运行结果出错。因此，为了保证线程安全，需要对共享资源加锁，保证同一时刻只有一个线程访问和操作共享资源，这样当 A 进行存钱时，B 无法进行取钱操作，A 存完钱，银行账户更新为 600 元后，B 才能取钱，最终银行账户变为 400 元。

8.3.10 多线程的执行顺序是什么

试题题面：多线程的执行顺序是什么？

题面解析：本题主要考查应聘者对于多线程的认识与理解情况，题目重点在于理解多线程运行时的执行顺序。

解析过程：

为了探究多线程运行时的执行顺序，通过运行代码来查看多线程的执行顺序。具体代码如下：

```
import threading,time
#执行函数
def func(num):
    time.sleep(2)
    print('<Thread-{}>:运行完毕!'.format(num))
#程序主入口
if __name__=='__main__':
    #创建线程并运行
    for i in range(1,5):
        threading.Thread(target=func,args=(i,)).start()
    #等待所有线程运行结束
    time.sleep(3)
```

运行结果如图 8-13 所示。

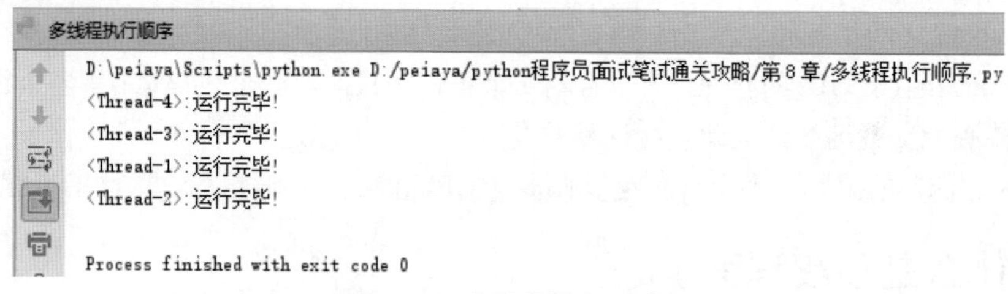

图 8-13 多线程执行顺序

从运行结果可以看出，多线程在运行时并不是按照线程创建的先后顺序运行的，而且多次运行后会发现，每次运行多线程的执行顺序都可能会有所不同，因此，多线程的执行顺序是随机的，与系统和程序的分配有关。

如果想要人为控制多线程的执行顺序，可以通过 join()方法、队列、设置守护进程等方式改变多线程的执行顺序。

8.3.11　什么是线程安全？什么是互斥锁

试题题面： 什么是线程安全？什么是互斥锁？

题面解析： 本题主要考查应聘者对于线程基础知识的掌握情况，题目重点在于理解如何实现线程安全，以及掌握互斥锁的定义。

解析过程：

线程安全是指当一个线程访问共享资源时，不会受到其他线程的干扰，保证了线程访问数据的完整性与正确性。

互斥锁的重点是互斥性，即一个线程获得这把锁后，其他线程都不能获取，只有释放这把锁后，其他线程才能获取。

如何保证线程安全？单线程下，从始至终都只有一个线程在运行，因此，线程是安全的；多线程下要保证线程安全需要使用互斥锁，线程不具有内存空间，同一进程下的所有线程共享进程的内存空间，为共享资源添加互斥锁后，确保同一时刻只有一个线程可以访问和操作共享资源，从而确保多线程下的线程安全问题。

8.3.12　多线程与多进程之间如何实现通信

试题题面： 多线程与多进程之间如何实现通信？

题面解析： 本题在面试题中的出现频率较高，主要考查应聘者对于多线程与多进程知识的掌握情况，题目重点在于理解多线程与多进程之间的通信过程。

解析过程：

在 Python 中多线程是并发的，只能在 CPU 的一个核心上进行串行，而且同一进程下的多个线程共享内存空间，多线程中的通信主要用于线程同步，多线程的通信方式有以下几种：

① 锁机制，包括互斥锁、可重入锁。

② 信号量机制。

③ 条件变量。

④ Event。

⑤ 同步队列。

多进程是并发的，可以在多个 CPU 核心同时运行，而且进程之间彼此独立，每个进程都有自己的内存空间。进程间的通信主要是交换信息，多进程常用的通信方式有以下几种：

① pipe 无名管道：是一种半双工通信方式，数据单向流动，常用在父子进程间。

② namedpipe 有名管道：半双工通信方式，不限于父子进程之间使用。

③ semaphore 信号量：主要用于不同进程或同一进程中不同线程的同步。

④ 信号：一种复杂的通信方式，用于通知进程某个事件已经发生。

⑤ 消息队列：一种消息链表，解决了信号传递信息少、管道只能传递无格式字节流及缓冲区大小受限的问题。

⑥ 套接字：可用于不同设备件间进程的通信。

⑦ 共享内存：由一个进程创建，多个进程都可以进行访问。

8.3.13 如何结束一个进程

试题题面： 如何结束一个进程？

题面解析： 本题在面试题中的出现频率较高，主要考查应聘者是否了解结束进程的方式。

解析过程：

在 Python 中创建进程的方式有多种，一般创建的进程在任务执行完毕后自动结束并进行销毁，除了这种方式结束进程，还有以下方式可以结束进程：

① sys.exit()，正常退出，该方式可以抛出异常。

② os.exit()，正常退出，该方式不会抛出异常。

③ kill 方法，杀掉进程，UNIX 平台下使用 os.kill()；Windows 平台下使用 os.popen('taskkill.exe/pid:'+str(pid))。

8.4 名企真题解析

本节收集了一些各大企业面试或笔试中经常出现的与进程和线程相关的面试笔试真题，通过这些题目，可以帮助读者对有关知识有重点地进行复习，从而轻松应对面试与笔试。

8.4.1 在 Python 中创建线程的两种方法

【选自 WR 笔试题】

试题题面： 简述在 Python 中创建线程的两种方法。

题面解析： 当看到题目时要理解题目的含义，明白要从哪个方面进行解答本题。本题主要考查在 Python 中创建线程的两种方式。

解析过程：

在 Python 中常用 threading 模块创建线程，threading 模块创建线程时，可以采取两种方式，一种是通过继承 threading.Thread 类来创建，另一种是使用 threading.Thread 类来创建。

1. 通过继承 threading.Thread 类创建线程

```
from threading import Thread
#自定义线程类
class MyThread(Thread):
    #初始化方法
    def __init__(self,name,id):
        Thread.__init__(self)
        self.id=id
        self.name=name
```

```
    #重构 run()方法
    def run(self):
        print('{}是第{}个线程'.format(self.name,self.id))
t1=MyThread('Thread1',1)
t1.start()
#等待线程运行完毕
t1.join()
```

2. 使用 theading.Thread 类创建线程

```
from threading import Thread
#创建线程实例化对象
thread1=Thread(target=执行函数,args=(参数 1,参数 2))
#运行线程
thread1.start()
#等待线程运行完毕
thread1.join()
```

8.4.2　创建两个线程

【选自 TX 笔试题】

试题题面：创建两个线程，其中一个输出 1～52，另一个输出 A～Z。输出格式要求：12A 34B 56C 78D。

题面解析：本题主要考查线程的创建。应聘者不仅要掌握创建线程的方式，还要了解线程同步的含义。

解析过程：

看到题目需要对题目进行分析，首先创建两个线程，分别进行数字与字母的输出。然后对输出结果进行分析，结果中是数字加字母的格式，说明两个线程是同步的，而且数字与字母是交替出现的，说明需要对两个线程分别进行加锁，将输出结果拆分开进行观察。字母部分依次是“A”“B”“C”“D”，说明是 26 个大写字母依次遍历；数字部分依次为“12”“34”“56”“78”，数字部分是由两个数字组成的，其中第一个数字依次是“1”“3”“5”“7”，每个相差 2，第二数字依次为“2”“4”“6”“8”，是前一个数字加 1 后的结果。具体实现代码如下：

```
import threading
#输出数字
def number(num_lock,let_lock):
    #遍历 1～52，步长为 2
    for i in range(1, 52, 2):
        #为 number 方法加锁阻止下次循环
        num_lock.acquire()
        #输出第一个数字，“end=''”表示输出时不换行
        print(i, end='')
        #输出第二个数字
        print(i+1, end='')
        #为 letter 方法解锁进行字母输出
        let_lock.release()
#输出字母
def letter(num_lock,let_lock):
    #遍历 0～25，用于字母输出
    for i in range(26):
```

```
        #为 letter 方法加锁阻止下次循环
        let_lock.acquire()
        #ord()将字符转换为对应的数字, chr()将数字转换为对应字符
        print(chr(i+ord('A')))
        num_lock.release()
#程序主入口
if __name__ == '__main__':
    #创建线程锁
    num_lock=threading.Lock()
    let_lock=threading.Lock()
    #创建两个线程
    num_thread=threading.Thread(target=number,args=(num_lock,let_lock))
    let_thread=threading.Thread(target=letter,args=(num_lock,let_lock))
    #先锁住 letter 方法，等待 number 方法先执行
    let_lock.acquire()
    #执行线程
    num_thread.start()
    let_thread.start()
```

运行结果如图 8-14 所示。

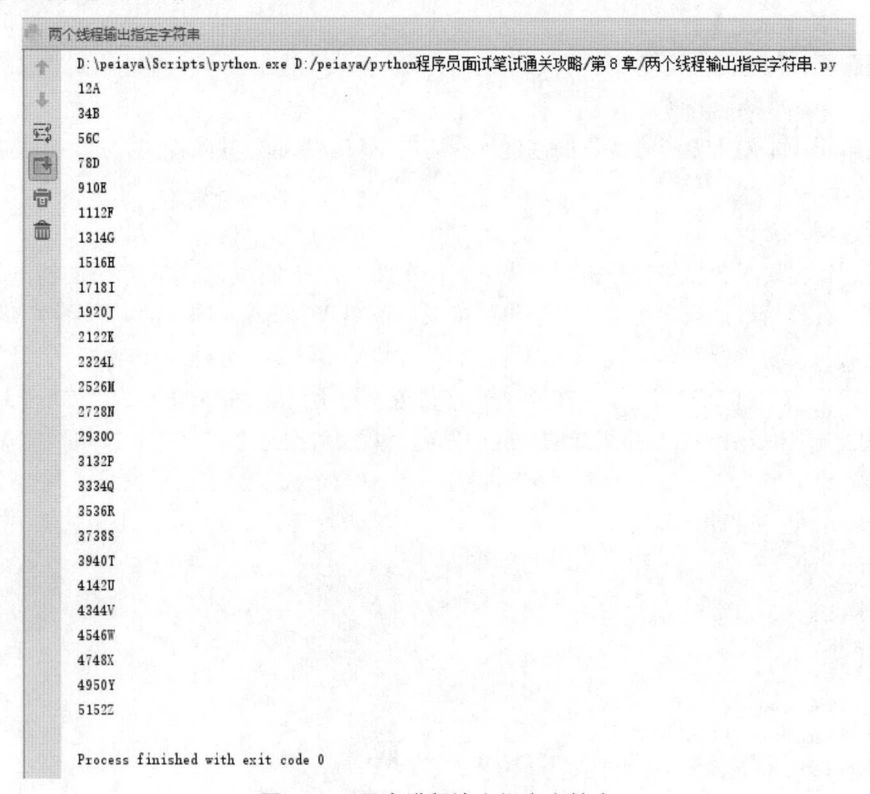

图 8-14　两个进程输出指定字符串

8.4.3　谈谈你对多线程、多进程以及协程的理解

【选自 AL 笔试题】

试题题面：谈谈你对多线程、多进程以及协程的理解。

题面解析：本题主要考查应聘者对多线程、多进程及协程的理解和认识。应聘者不仅要掌握多线程、多进程和协程的含义，还要知道它们之间的区别及联系。

解析过程：

进程是具有一定独立功能的程序关于某个数据集合上的一次运行活动。进程是系统进行资源分配和调度的一个独立单位；进程与进程之间相互独立，每个进程都具有独立的内存空间。多个进程可以在 CPU 的多个核心并行，因此，多进程适合计算密集型的操作。进程的创建与切换消耗资源较多，不适合 I/O 密集型的操作。

线程是比进程更小的能独立运行的基本单位，是进程的一个实体。线程自己基本上不拥有系统资源，只具有一些用于运行必不可少的资源。同一进程下的所有线程共享内存空间，多个线程只能在 CPU 单个核心上并发，因此，多线程不适合计算密集型的操作。线程的创建与切换消耗资源较少，适合 I/O 密集型的操作。

协程又称微线程，是一个比线程更小的执行单元。协程中有自身的寄存器上下文和栈，当协程切换时可以恢复之前的寄存器上下文和栈，使协程恢复到之前调用时的状态。不需要像进程或者线程需要进行加锁与解锁操作。使用协程时，需要用户来编写调度机制，协程进行切换时是由程序自身进行调度的。

8.4.4 什么是僵尸进程和孤儿进程？怎么避免僵尸进程

【选自 BD 笔试题】

试题题面：什么是僵尸进程和孤儿进程？怎么避免僵尸进程？

题面解析：本题主要考查应聘者对 Python 进程的理解和掌握情况。应聘者要充分了解什么是僵尸进程、孤儿进程，当发生僵尸进程时应该如何操作，以及如何避免僵尸进程。

解析过程：

僵尸进程与孤儿进程都是针对多进程中的父子进程，其中孤儿进程是父进程已经运行完毕，但是子进程还未运行结束，此时的子进程就是孤儿进程，孤儿进程会被操作系统中的执行进程收养。僵尸进程是指子进程先于父进程完成操作，但是父进程从始至终未对子进程进行退出处理。为了方便父进程查看子进程，子进程的描述符会一直保留在内存中，大量的僵尸进程会严重消耗计算机资源。

在 Python 中避免僵尸进程的方法有以下几种：

① wait()方法：阻塞父进程，等待子进程完成回收。

② 创建二级子进程：父进程创建一级进程，一级进程创建完二级子进程后立即退出，由二级子进程执行任务，此时的二级子进程是一个孤儿进程。

③ 通过“signal.signal(signal.SIGCHLD,signal.SIG_IGN)”信号量设置：父进程忽略子进程的回收信号，由系统回收子进程。

第 9 章

Python 操作数据库

本章导读

数据存储一直以来都是一个非常重要的问题，Python 拥有很多第三方模块，可以兼容多种数据，为数据存储与数据操作提供了便捷的途径。本章带领读者学习 Python 操作数据库的相关知识，结合在面试笔试过程中经常出现的问题进行讲解。本章前半部分主要针对 Python 中不同数据库操作的基础知识进行详解，后半部分搜集了关于数据库操作相关的常见面试笔试题进行解析，本章的最后精选了各大企业的面试笔试真题进行分析与解答。

知识清单

本章要点（已掌握的在方框中打钩）：

- ☐ 数据库分类。
- ☐ 操作数据库。
- ☐ 读写分离。
- ☐ 数据库优化。

9.1 Python 数据库接口和 API

数据库本质上是一个数据仓库，主要用来进行数据的存储。Python 支持的数据库有 MySQL、SQL Sever、Oracle、Redis、MongoDB 等。在 Python DB-API 规范出现之前，每种数据库的接口与操作方式都不相同，开发人员使用不同的数据库时都需要花费很大的成本，而且项目运行过程中数据库的替换也很不方便。Python DB-API 出现后对各种数据库接口进行了统一，方便了开发人员对数据库的使用。

9.1.1 通用接口和 API

在 Python DB-API 出现后，不同的数据库按照相同的规范和标准提供一致的访问接口，使用相同的方式可以对不同的数据库进行操作，轻松地在不同的数据库间移植代码。Python 操作数据库的通用流程如图 9-1 所示。

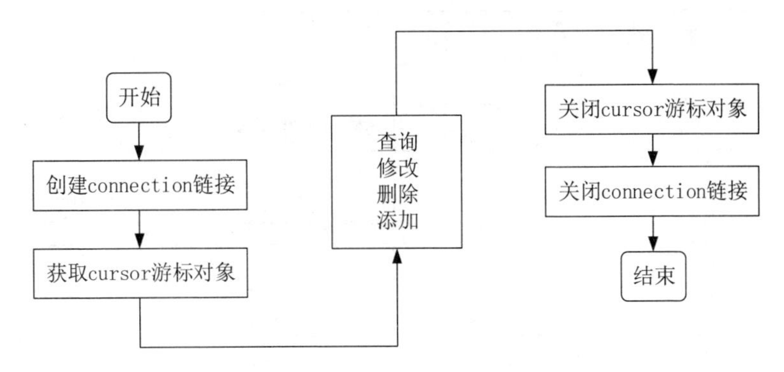

图 9-1 Python 操作数据库的通用流程

9.1.2 连接对象和游标对象

使用 Python 操作数据库时通常需要两步：第一步是创建数据库的连接对象，进行数据库连接；第二步是创建游标对象，对数据库进行增、删、改、查操作。

1. 数据库连接对象 connection

Python 连接数据库时需要使用 connect()方法创建一个连接对象，通过这个连接对象才可以访问数据。使用 connect()方法时需要设置一些参数，用来配置相关的数据库信息，具体参数如表 9-1 所示。

表 9-1 connect()方法参数

参　数	说　明
host	数据库所在的主机地址
user	数据库使用的用户名
password	数据库用户密码
database	要连接的数据库名
charset	编码类型

connection 对象的常用方法如表 9-2 所示。

表 9-2 connection 对象的常用方法

方　法	说　明
close()	关闭连接对象
commit()	事务提交，关系型数据库使用该方法后，修改的内容才能更新到数据库中
rollback()	事务回滚，取消之前事务提交的操作
cursor()	创建游标对象，进行数据库操作

2. 游标对象 cursor

cursor 游标对象通过 connect.cursor()方法创建。通过游标对象才能对数据库进行增、删、改、查操作。cursor 游标对象的常用方法如表 9-3 所示。

表 9-3　cursor 游标对象的常用方法

方　法	说　明
close()	关闭游标对象
fetchall()	获取结果集中的所有行
fetchmany(size)	获取结果集中的下几行
fetchone()	获取结果集中的下一行
excute(sql)	执行一次 SQL 语句
excutemany()	执行多次 SQL 语句

9.2　Python 操作关系数据库

关系型数据库是采用关系模式设计的，关系模式通常是指二维表格模型，在关系型数据库中数据是以表格的形式存储的，表格中的一行是一条记录，也称为元组。表格中的列是记录中的一个属性，也称为字段。因此，一个数据表一旦创建，其结构也就确定了，所以，关系型数据库存储的是具有特定结构的数据。常见的关系型数据库有 MySQL、SQL Server、Oracle、DB2 等。

9.2.1　操作 MySQL 数据库

在 Python 中用来连接 MySQL 数据库和操作数据库内数据的模块有 MySQLdb 和 PyMySQL 两种。MySQLdb 模块只支持到 Python 3.4 版本，而之后的版本都由 PyMySQL 模块提供支持。MySQLdb 与 PyMySQL 模块的安装方法如下：

```
pip install MySQLdb                                    #安装 MySQLdb 模块
pip install PyMySQL                                    #安装 PyMySQL 模块
```

Python 连接 MySQL 数据库，操作数据库中的数据的方法如下：

```
#连接数据库
#使用 MySQLdb 模块
import MySQLdb                                         #导入 MySQLdb 模块
#创建数据库连接对象
db=MySQLdb.connect("主机 IP","用户名","密码","数据库名",charset='utf8')
cursor=db.cursor()                                     #创建操作数据库游标对象
#使用 PyMySQL 模块
import PyMySQL                                         #导入 PyMySQL 模块
conn=pymysql.connect(host="主机地址",user="用户名",password="密码",database="数据库名",
  charset="utf8")
cursor=conn.cursor()
#操作数据库中的数据
i_sql='insert into 数据表名(字段名 1,字段名 2,...) values(%s,%s,...)'#插入数据 SQL 语句
s_sql="select * from 数据表名 where 字段名=%s"  #查询单条数据 SQL 语句
#更新数据 SQL 语句
u_sql="update 数据表名 set 修改字段名 1=%s,修改字段名 2=%s where 条件字段名=条件字段值"
d_sql="delete from 数据表名 where 条件字段名=%s"#删除数据 SQL 语句
cursor.execute(s_sql,(条件字段值))                       #执行查询数据
data=cursor.fetchone()                                 #或查询的返回值
```

```
try:
    cursor.execute(i_sql,(字段值1,字段值2,...))      #插入数据
    conn.commit()         #事务提交，如果不进行事务提交，数据表中的数据不会发生改变
except:
    conn.rollback()       #事务回滚，执行 SQL 语句出错时，回滚到执行出错前的地方
try:
    cursor.execute(u_sql,(修改字段值1,修改字段值2)) #修改数据
    conn.commit()                                    #事务提交
except:
    conn.rollback()                                  #事务回滚
try:
    cursor.execute(d_sql,(条件字段值))               #删除数据
    conn.commit()                                    #事务提交
except:
    conn.rollback()                                  #事务回滚
conn.close()                                         #关闭数据库连接
```

9.2.2　操作 SQL Server 数据库

Python 通过 PymsSQL 模块来连接 SQL Server 数据库，对数据库中的数据进行操作。PymsSQL 模块的安装如下：

```
pip install PymsSQL     #安装 PymsSQL 模块
```

Python 使用 PymsSQL 模块操作 SQL Server 数据库的具体方法如下：

```
#使用 SQL Server 数据库
import PymsSQL          #导入 PymsSQL 模块
conn=pymssql.connect('主机IP','用户名','用户密码','数据库名')     #创建数据库连接
cursor=conn.cursor()    #创建数据库操作游标
cursor.execute(sql)     #执行 SQL 语句
conn.commit()           #事务提交
conn.rollback()         #事务回滚
conn.close()            #关闭数据库连接
```

9.2.3　操作 Oracle 数据库

Python 通过 cx-Oracle 模块进行 Oracle 数据库的连接与使用，cx-Oracle 模块的安装方法如下：

```
pip install cx-Oracle
```

Python 使用 cx-Oracle 模块操作 Oracle 数据库的具体方法如下：

```
#使用 Oracle 数据库
import cx_Oracle
#创建数据库连接
#方式一：用户名、密码、监听、数据名写在一起
conn=cx_Oracle.connect('用户名/密码@主机IP:端口/数据库名称')
#方式二：用户名、密码、监听、数据名分开写
conn=cx_Oracle.connect('用户名','密码','主机IP:端口/数据库名称')
#方式三：用户名、密码、监听、数据名通过配置方式实现
msn=cx_Oracle.makedsn('主机IP',端口号,'数据库名')#进行监听与数据库名的配置
```

```
conn=cx_Oracle.connect('用户名','密码',msn)
#创建数据库操作光标
cursor=conn.cursor()
#操作数据库
cursor=conn.cursor()          #创建数据库操作游标
cursor.execute(sql)           #执行 SQL 语句
conn.commit()                 #事务提交
conn.rollback()               #事务回滚
conn.close()                  #关闭数据库连接
```

9.2.4　操作 DB2 数据库

Python 通过 ibm_db 模块进行 DB2 数据库的连接与操作，ibm_db 的安装方法如下：

```
pip install ibm_db
```

Python 使用 ibm_db 模块操作 DB2 数据库的具体方法如下：

```
import ibm_db#导入 ibm_db 模块
#创建数据库连接
conn=ibm_db.connect("DATABASE=数据库名;
   HOSTNAME=主机 IP;
   PORT=端口号;
   PROTOCOL=TCPIP;
   UID=用户名;
   PWD=密码;","","")
#操作数据库
stmt=ibm_db.exec_immediate(db_connect,sql)  #执行 SQL 语句，并获取 SQL 语句的结果集
ibm_db.commit(conn)                         #事务提交
ibm_db.rollback(conn)                       #事务回滚
ibm_db.close(conn)                          #关闭数据库连接
```

在 DB2 数据库中常用的方法如表 9-4 所示。

表 9-4　DB2 数据库中常用的方法

方　法	说　明
ibm_db.fetch_tuple()	获取一条记录，返回值是一个元组。列值通过 result[0]索引来获取
ibm_db.fetch_assoc()	获取一条记录，返回值是一个字典，列值通过 result["列名"]来获取
Ibm_db.fetch_both()	获取一条记录，返回值是一个字典，列值通过 result[0]索引或者 result["列名"]来获取
ibm_db.fetch_row()	将结果集指针设置为下一行或所请求的行。以迭代的方式从结果集中取值，列值通过 ibm_db.result(SQL 执行返回值,0)方法以索引取值或者通过 ibm_db.result(SQL 执行返回值,"列名")方法取值

在 DB2 数据库中每次只能获取一条记录，对于多条记录的使用要通过循环来逐条获取记录。

9.3　Python 操作非关系数据库

非关系型数据库的存储结构可以跟随数据需求的改变而发生变动，因此，它存储的是非特

定结构的数据，而且非关系型数据库不具有 ACID 特性。常见的非关系型数据库有 MongoDB、Cloudant、Redis、HBase 等。

9.3.1 操作 MongoDB 数据库

Python 通过 PyMongo 模块进行 MongoDB 数据库的连接与操作，PyMongo 的安装方法如下：

```
pip install pymongo
```

Python 使用 PyMongo 模块操作 MongoDB 数据库的具体方法如下：

```
import PyMongo                                    #导入 PyMongo 模块
#创建数据库连接
#方式一
client=pymongo.MongoClient("mongodb://localhost:27017/")
#方式二
client=pymongo.MongoClient(host=主机 IP,  #一般默认设置为 localhost 或 127.0.0.1
                           port=端口号)           #端口号一般默认设置为 27017
#指定连接的数据库
db=client[数据库名]
#指定集合（数据表）
col=db[数据表名]
#操作数据库
#插入数据
result=col.insert(数据 1,数据 2)#数据格式为“{'key':value,'key':value,'key':value,'key':
value,}”格式
#在 PyMongo 3.x 及以后版本中推荐使用以下方式插入数据
col.insert_one(数据)                              #插入单条数据
col.insert_many([数据 1, 数据 2])                 #插入多条数据，数据以列表形式传入
#查询数据
result=col.find_one({"key":value})                #查询单条记录，返回结果是一个字典
result=col.find_one({"key":value})                #查询单条记录，返回结果是一个字典
result=col.find ({"key":value})                   #查询多条记录，返回结果是一个迭代器，需要通过循环遍历
#修改数据
#修改匹配到的第一条数据，第一个参数是查询条件，第二个参数是修改的内容
col.update_one({"key":value},{"key":value,"key":value,"key":value})
col.update_many({"key":value},{"key":value,"key":value,"key":value})#修改匹配到的多条数据
#删除数据
col.delete_one({"key":value})                     #删除一条数据
col.delete_many({"key":value})                    #删除多条数据
col.drop()                                        #删除数据表
```

9.3.2 操作 Redis 数据库

Python 通过 redis 模块进行 Redis 数据库的连接与操作，Redis 的安装方法如下：

```
pip install redis
```

Python 使用 redis 模块操作 Redis 数据库的具体方法如下：

```
import redis                                      #导入 redis 模块
#创建数据库连接
client=redis.Redis (host=主机 IP,                 #一般默认设置为 localhost 或 127.0.0.1
                    port=端口号,                  #端口号一般默认设置为 6379
```

```
                    decode_responses=True)    #将获取结果由默认字节改为字符串
#以连接池方式管理创建的数据库连接，可以节省开销，推荐使用这种方式
pool=redis.ConnectionPool(host=主机 IP,
                    port=端口号,
                    decode_responses=True)
conn=redis.Redis(connection_pool=pool)        #创建连接对象
#操作数据库
#插入数据
#ex——过期时间（秒），px——过期时间（毫秒）
#nx——设置为 True，键不存在执行，xx——设置为 True，键存在时执行
conn.set(key,value,ex=None,px=None,nx=None,xx=None)#插入单个值
conn.mset(*args,**kwargs)                     #插入多个值
#查询数据
conn.get(key)                                 #查询一个值
conn.mget(keys,*args)                         #查询多个值
conn.getset(key,value)                        #设置新值并获取原来的值
conn.getrange(key,start,end)                  #查询字节，按照字节获取
```

9.4 Python 操作嵌入式数据库

嵌入式数据库是一种轻量级数据库，它嵌入在应用程序中，不需要进行客户机与服务器配置的相关开销，是一种零配置运行模式，它与应用程序紧密集成，伴随应用程序的启动而启动，随着应用程序的退出而终止。嵌入式数据库通过 SQL 语句来管理应用程序的数据。目前市面上应用最多的嵌入式数据库有 SQLite、Firebird、Birkeley DB 等。

Python 通过 SQLite3 模块进行 SQLite 数据库的连接与操作，在 Python 2.5.X 以上版本中默认安装 SQLite3 模块，SQLite 数据库本质上是一种关系型数据库。

具体代码如下：

```
import SQLite3                                #导入 SQLite3 模块
#创建数据库连接
#也可以指定数据库的路径，如 d:\DATA.db，当数据库不存在时会自动创建一个数据库
conn=sqlite3.connect('数据库名.db')
#创建游标对象
cursor=sqlite3.cursor()
#执行 sql 语句
cursor.excute(sql)
conn.commit()                                 #事务提交
conn.close()                                  #关闭数据库连接
```

9.5 精选面试笔试解析

Python 支持关系型数据库（MySQL、SQL Server 等）和非关系型数据库（MongoDB、Redis 等），通过对这些数据库基础知识的学习，结合一些经典面试和笔试真题的讲解与分析，可以帮助读者在实际开发中根据需求选用合适的数据库，从容面对数据库操作的一些常见问题。

9.5.1　简单描述一下 Python 访问 MySQL 的步骤

试题题面：简单描述一下 Python 访问 MySQL 的步骤。

题面解析：本题是一道偏向基础的面试题，也是应聘者必须掌握的基础知识之一。本题主要考查应聘者是否了解如何使用 Python 来操作 MySQL 的过程。

解析过程：

MySQL 是一个关系型数据库，主要用来存储数据，MySQL 数据库为许多语言提供了接口，便于访问数据。Python 3.4 版本之前使用 MySQLdb 模块访问，之后的版本使用 PyMySQL 模块访问。

Python 访问 MySQL 的步骤如下：

① 导入 PyMySQL 模块：

```
import pymysql
```

② 创建数据库连接对象：

```
conn=pymysql.connect(host="主机地址",user="用户名",password="密码",database="数据库名",
charset="utf8")
```

③ 创建游标对象：

```
cursor=conn.cursor()
```

④ 执行 SQL 语句：

```
cursor.execute(sql)
```

⑤ 事务提交：

```
conn.commit()
```

⑥ 事务回滚：

```
conn.rollback()
```

⑦ 关闭数据库连接：

```
conn.close()
```

9.5.2　Redis 数据库和 MongoDB 数据库

试题题面：非关系型 Redis 数据库和 MongoDB 数据库的结构有什么区别？

题面解析：本题主要考查应聘者对于非关系型数据库的理解和掌握情况。应聘者首先需要知道什么是非关系型数据库，然后分析 Redis 数据库和 MongoDB 数据库的区别。

解析过程：

非关系型数据库又称 NoSQL，其存储结构可以跟随数据需求的改变而发生变动，因此它存储的是非特定结构的数据。Redis 和 MongoDB 都是非关系型数据库，但是它们也有一些不同之处。

1. 存储方式不同

Redis 数据库将数据缓存在内存中，其中数据的增、删、改、查操作与变量的操作方式基本一致。

MongoDB 数据库在内存够用的情况下将数据存储到内存中，当内存不够用时，仅将“热数据”存储在内存中，其他数据存放到硬盘中。MongoDB 数据库的增、删、改、查操作可以添加很多条件，与关系型数据库的增、删、改、查操作相似。

2. 数据结构不同

Redis 数据库是一个 Key-Value 存储系统，其中 Value 存储的数据结构较为丰富，包含 Hash、List、Set。

MongoDB 数据库存储的数据结构较为简单，只能存储 Json 类型的数据，但是在 Json 中可以进行不同数据类型的嵌套，与关系型数据库的结构最为相似。

3. 可靠性不同

Redis 数据库的持久化需要依赖快照进行，AOF（全持久化）增强可靠性的同时，会影响访问的性能，因此可靠性较弱。

MongoDB 数据库的持久化需要使用 bin_log 方式，与 MySQL 数据库使用的方式一致，因此可靠性较高。

9.5.3 MongoDB 的主要特点及适用的场合

试题题面：MongoDB 的主要特点有哪些？它适用于哪些场合？

题面解析：本题主要考查应聘者对于非关系型数据库中 MongoDB 数据库的理解和掌握情况，本题的重点是通过 MongoDB 的主要特点分析它适用的场合。

解析过程：

MongoDB 是非关系型数据库中功能最强大的数据库，在对数据进行增、删、改、查等操作时可以添加很多条件，与关系型数据库最为相似。其存储的数据结构是 Json 类型，数据结构不固定，可以存储非常复杂的数据格式。

MongoDB 数据库的主要特点如下：

① 支持数据查询。

② 支持数据动态查询。

③ 支持数据复制和故障恢复。

④ 面向集合存储：适合存储对象及 Json 形式的数据。

⑤ 模式自由，不同结构的文件可以保存到同一个数据库中。

⑥ 可以进行高效的二进制数据存储（图片、视频等）。

⑦ 支持多种语言（Java、Python、C、PHP 等）。

⑧ 可以通过网络进行访问。

⑨ 数据文件可以存储为 BSON 格式，即对 Json 的扩展。

⑩ 自动回收碎片，并且支持对云计算的扩展。

MongoDB 数据库的适用场景如下：

① 缓存：MongoDB 数据可以将一些“热数据”存储到内存中，提高数据的访问效率。

② 网站数据：可以为网站实时数据的存储提供良好的复制与高度伸缩性，方便进行实时的插入、更新、查询。

③ 高伸缩性的场景：MongoDB 数据库可以由数十台或者数百台服务器组成。

④ 存储大体积、低价值的数据：对于体积庞大但是价值极低的数据，使用传统的关系型数据库进行存储时，代价极高，因此，可以使用 MongoDB 数据库来降低成本。

9.5.4 Python 连接操作 MongoDB 数据库的实例

试题题面：写一个 Python 连接操作 MongoDB 数据库的实例。

题面解析： 本题主要考查应聘者对 MongoDB 数据库的理解和掌握情况，本题不仅要求应聘者熟悉使用 Python 连接 MongoDB 数据库的操作过程，还要能够根据理论知识创建出 Python 连接 MongoDB 数据库的实例。

解析过程：

Python 通过 PyMongo 模块进行 MongoDB 数据库的连接与操作，在操作数据库时需要先创建一个数据库连接对象，接下来指定数据库与数据表，然后进行数据库的增、删、改、查操作，最后关闭数据库连接，具体代码如下：

```
import PyMongo
#创建数据库连接
conn=pymongo.MongoClient(host='127.0.0.1',port=27017)
#指定数据库
db=conn['DEMO']
#指定数据表
col=db['test']
#数据库操作
#插入一条数据
ins_result=col.insert_one({'id':1,'name':'Python 程序员面试笔试通关宝典'})
print(ins_result)
#查询一条数据
sel_result=col.find_one({'id':1})
print(sel_result)
upd_result=col.update({'id':1},{'id':2,'name':'Java 程序员面试笔试通关宝典'})
print(upd_result)
#删除一条数据
del_result=col.delete_one({'id':2})
print(del_result)
#关闭数据库连接
conn.close()
```

运行结果如图 9-2 所示。

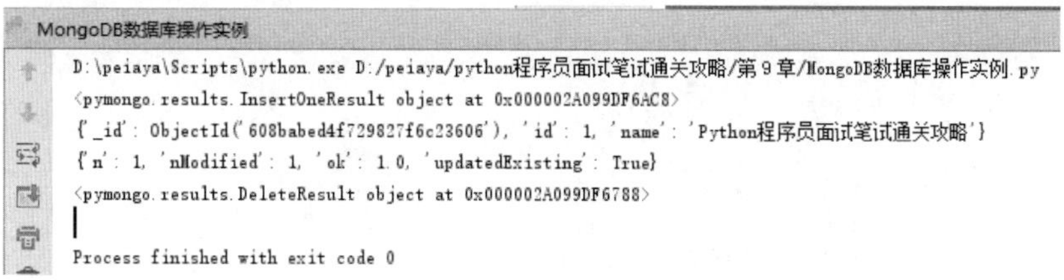

```
MongoDB数据库操作实例
D:\peiaya\Scripts\python.exe D:/peiaya/python程序员面试笔试通关攻略/第 9 章/MongoDB数据库操作实例.py
<pymongo.results.InsertOneResult object at 0x000002A099DF6AC8>
{'_id': ObjectId('608babed4f729827f6c23606'), 'id': 1, 'name': 'Python程序员面试笔试通关攻略'}
{'n': 1, 'nModified': 1, 'ok': 1.0, 'updatedExisting': True}
<pymongo.results.DeleteResult object at 0x000002A099DF6788>

Process finished with exit code 0
```

图 9-2　Python 连接 MongoDB 数据库

9.5.5　如何使用 Redis 实现异步队列

试题题面： 如何使用 Redis 实现异步队列？

题面解析： 本题是一道难度较高的面试题，主要考查应聘者对 Redis 的理解和掌握情况，本题的重点是如何通过 Redis 实现异步队列。

解析过程：

在 Python 中实现异步队列通常需要使用内置的 Queue 模块，除此以外，还可以使用 Redis

来实现异步的队列，Redis 实现异步队列的方式有两种，一种是消费者-生产者模式，另一种是订阅者-发布者模式。

1. 消费者-生产者模式

消费者-生产者模式是指消费者与生产者共用一个队列，生产者负责将“产品”存放到队列中，消费者负责取出队列中的“产品”。当队列存满时，生产者需要等待消费者“消费”后，才能继续“生产”。当队列为空时，消费者需要等待生产者“生产”后才能继续“消费”。消费者-生产者的示意图如图 9-3 所示。

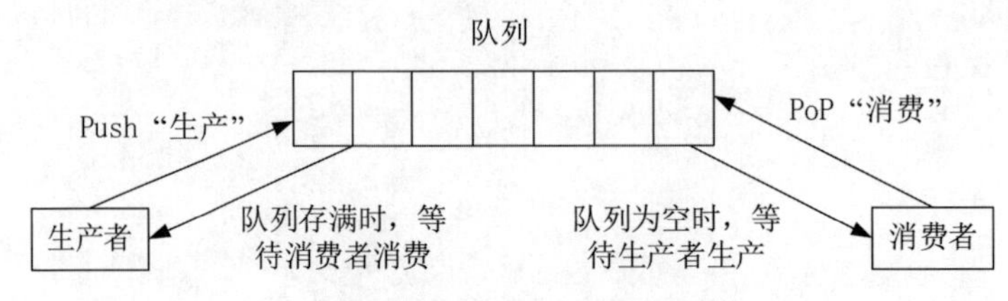

图 9-3 消费者-生产者模型

Redis 中通过 lpush()方法向队列中添加数据，相当于生产者；lpop()方法从队列中取数据，相当于消费者。创建一个 produce.py 文件用来存放生产者，具体代码如下：

```
import time,redis
#通过连接池管理连接
pool=redis.ConnectionPool(host='localhost', port=6379,db=1,decode_responses=True)
r=redis.Redis(connection_pool=pool)
#生产者
def product(i):
    #获取队列的长度（"queue"是队列名，可自由指定）
    length=r.llen("queue")
    print(length)
    #队列从零开始，长度为 3
    if length>2:
        print("队列已满，休息一会")
        time.sleep(5)
        #重新调用生产者方法
        product(i)
    elif length>=0:
        #生产者（向队列中添加信息）
        r.lpush("queue", "queue"+str(i))
        print("向队列中添加一个值")
        time.sleep(2)

#程序主入口
if __name__ == '__main__':
    for i in range(5):
        product(i)
```

创建一个 consumer.py 文件，用来存放消费者，具体代码如下：

```
import time,redis,threading
#通过连接池管理连接
pool=redis.ConnectionPool(host='localhost', port=6379,db=1,decode_responses=True)
```

```
r=redis.Redis(connection_pool=pool)
#消费者
def consumer():
    length=r.llen("queue")
    while length>0:
        #消费者（从队列中取出信息）
        data=r.lpop("queue")
        time.sleep(2)
        print(data)
        if data==None:
            print("队列无值，稍等一会")
            time.sleep(5)
            #重新调用消费者方法
            consumer()
        length=r.llen("queue")
    else:
        print('消费者 END')

#程序主入口
if __name__=='__main__':
    threading.Thread(target=consumer,args=()).start()
```

先运行 produce.py 文件，再运行 consumer.py 文件，生产者的运行结果如图 9-4 所示，消费者的运行结果如图 9-5 所示。

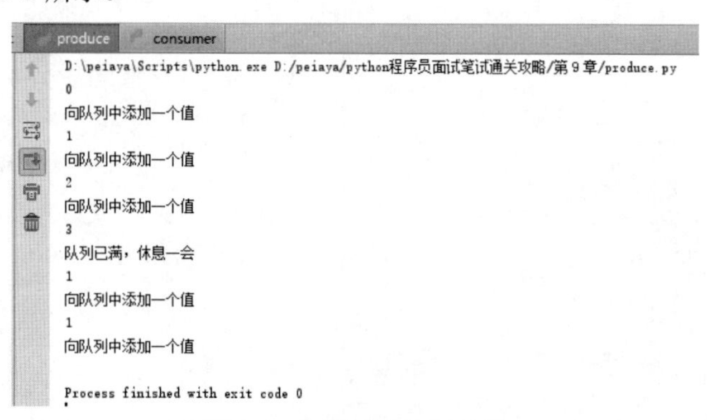

图 9-4　生产者的运行结果

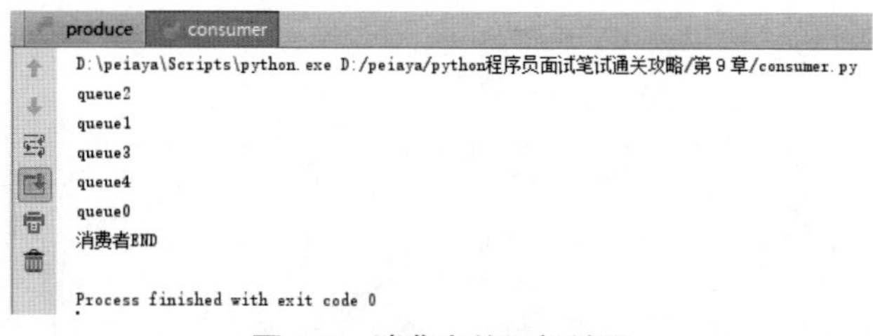

图 9-5　消费者的运行结果

2. 发布者-订阅者模式

发布者-订阅者模式是指所有的订阅者都监听着通道，每当发布者将信息发布到通道后，订阅者从通道中获取发布的信息，发布者-订阅者的示意图如图 9-6 所示。

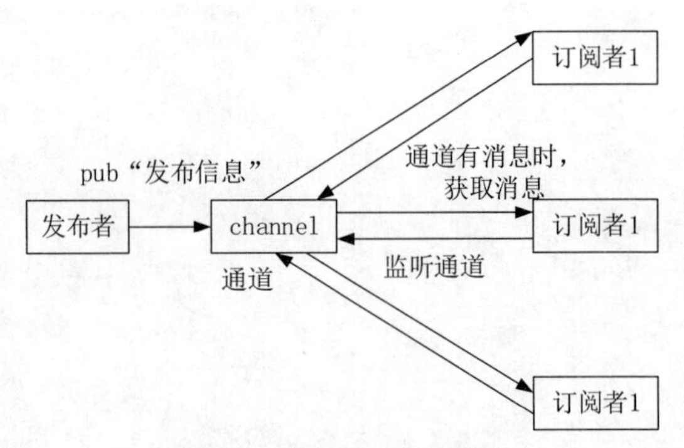

图 9-6 发布者-订阅者模型

Redis 中通过 publish()方法向通道中添加数据，相当于发布者；subscribe()方法用于订阅消息，相当于订阅者。创建一个 publisher.py 文件用来存放发布者，具体代码如下：

```
import redis,time
pool=redis.ConnectionPool(host='localhost', port=6379,db=2,decode_responses=True)
r=redis.Redis(connection_pool=pool)
#发布者
def publisher(port_list,signal):
    for i in range(len(port_list)):
        message=str(port_list[i]) + ' ' + str(signal[i])
        #向通道发布信息
        r.publish("queue", message)  #发布消息到 liao
        print('发布信息: {}'.format(message))
        time.sleep(1)
#程序主入口
if __name__=='__main__':
    port_list=['1008611', '1008612', '1008613', '1008614']
    signal=['1', '0', '1', '0']
    publisher(port_list,signal)
```

创建一个 subscriber.py 文件，用来存放订阅者，具体代码如下：

```
import redis,threading
pool=redis.ConnectionPool(host='localhost', port=6379,db=2,decode_responses=True)
r=redis.Redis(connection_pool=pool)
#订阅者
def subscriber(i):
    #创建订阅者
    sub=r.pubsub()
    #订阅消息
    sub.subscribe('queue')
    #监听通道：发布消息就获取
    for item in sub.listen():
        if item['type']=='message':
            #输出通道名
            print('<订阅者{}>信息通道: {}'.format(i,item['channel']))
            #输出信息
            print('<订阅者{}>信息内容: {}'.format(i,item['data']))
#程序主入口
if __name__=='__main__':
    for i in range(1,3):
        threading.Thread(target=subscriber,args=(i,)).start()
```

先运行 subscriber.py 文件进行通道监听，再运行 publisher.py 文件，发布者的运行结果如图 9-7 所示，订阅者的运行结果如图 9-8 所示。

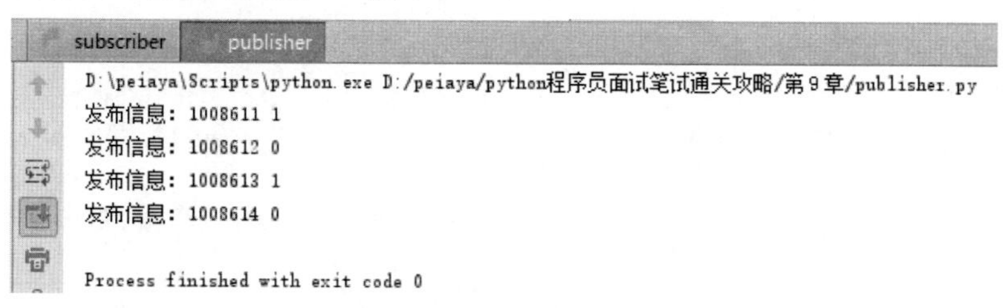

图 9-7　发布者的运行结果

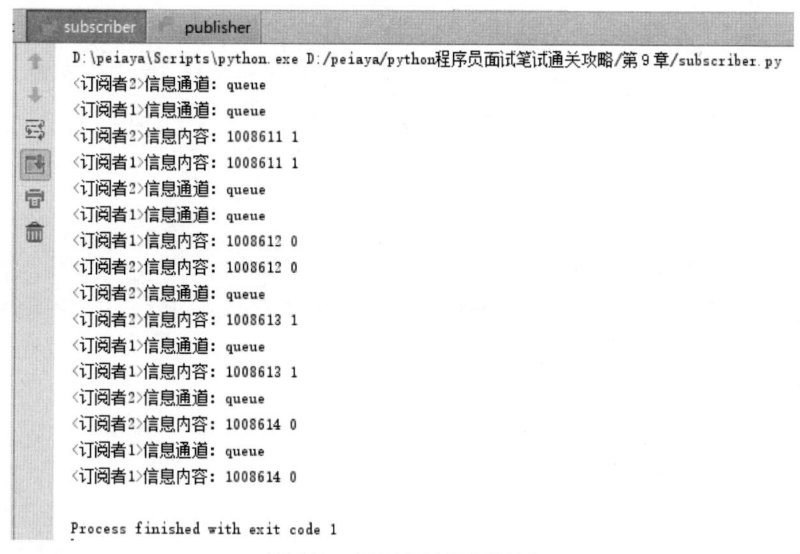

图 9-8　订阅者的运行结果

9.5.6　常用的数据库可视化工具

试题题面：常用的数据库可视化工具都有哪些？

题面解析：本题属于面试基础题，主要考查应聘者对数据库可视化工具的认识，本题的重点是了解数据库可视化工具的适用对象。

解析过程：

进行数据库操作时，可以借助数据库原生的命令窗口，使用 SQL 语句进行操作，但是这种操作方式比较麻烦，数据显示不够直观，因此，通常使用数据库可视化工具来对数据进行操作。常用的数据库可视化工具有以下几种：

1. DBeaver

DBeaver 是一款免费的数据库可视化工具，它需要安装，使用简单便捷，功能强大，支持多种数据库，如 MySQL、Oracle、SQL Server、DB2、SQLite、PostgreSQL 等。

2. Navicat

Navicat 数据库可视化工具体积较小，无须安装，解压即用，但是它需要收费。它的功能很强大，支持多种数据库，如 MySQL、SQL Server、SQLite、Oracle 及 PostgreSQL 等。

3. MySQL Workbench

MySQL Workbench 数据库可视化工具可以在 Windows、Linux 和 Mac 多个操作系统上运行，分为开源版与商业版，通过该工具可以创建数据库图示和数据库文档。

4. HeidiSQL

HeidiSQL 可视化工具仅可在 Windows 操作系统上运行，它支持的数据库有 MySQL、SQL Server、Percona Server、MariaDB。

5. SQLiteStudio

SQLiteStudio 可视化工具是一个针对 SQLite 数据库的跨平台工具，它开源免费，无须安装，功能强大，轻量级且快速。

6. Compass

Compass 可视化工具是一个针对 MongoDB 数据的跨平台工具，它开源免费，需要安装，可以很方便地对数据库进行操作，实现数据显示。

9.5.7 数据库的读写分离

试题题面：数据库的读写分离是如何实现的？

题面解析：本题主要考查应聘者对数据库读写分离的理解与掌握情况，本题的重点是数据库读写分离的作用，以及读写分离的实现方法。

解析过程：

在进行数据库读写分离操作之前，需要明白为什么要进行读写分离、什么是读写分离、读写分离的作用、读写分离的实现方式。

1. 为什么要进行数据库读写分离

数据库的写入操作消耗的时间比数据库查询消耗的时间长，当进行大量数据的写入操作时，会长时间占用数据连接。因此进行数据查询，需要等待写入操作完成后才能进行，这样会严重影响查询效率。

2. 什么是数据库读写分离

数据库读写分离是指将数据库的写入操作与查询操作分别放在两个不同的数据库中，其中主数据库用来进行添加、删除、更改等写入操作，由主数据库通过数据同步从数据库中进行查询操作。

3. 读写分离的作用

数据库读写分离操作适用于读操作远大于写操作的场景，可以缓解主数据库的压力，提高数据读取的效率，主要用来解决数据库读操作的瓶颈问题。数据库读写分离如图 9-9 所示。

4. 读写分离的实现方式

数据库读写分离操作的实现通常有两种方式：一种是在程序代码层次进行设置，实现数据库的读写分离；另一种是通过中间件进行数据库读写分离。

（1）程序代码方式

这种方式是在程序代码中进行数据库的配置与指定，分别用于写入操作的数据库与读取操作的数据库，这种方式部署简单，在访问压力级别不高的情况下，性能较好。但是如果系统架构进行调整，相应的程序代码也要进行更改，而且在大型应用场景下的表现不是很好。

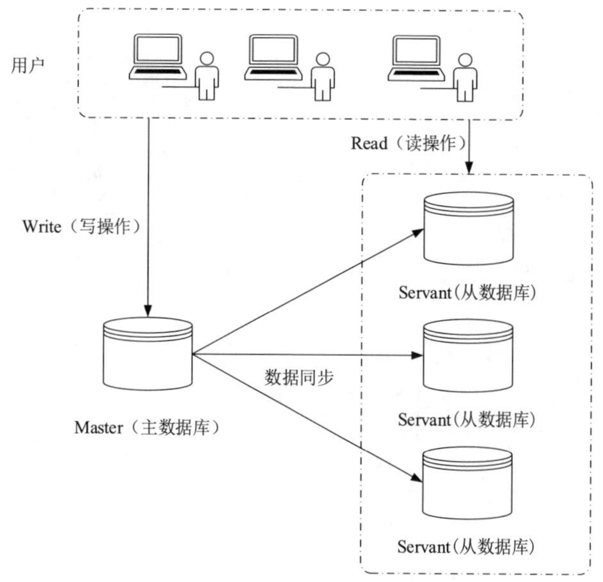

图 9-9　数据库读写分离

（2）中间件方式

中间件是指由第三方开辟的一套独立系统，可以通过这个系统对数据库进行管理，实现数据库的读写分离。中间件对业务服务器提供了 SQL 兼容，从业务角度考虑，访问中间件与访问数据库的效果是一样的，因此，通过中间件方式实现读写分离对业务代码的影响较小，比较安全，而且中间件的应用不局限于一种系统架构，对于系统架构的选择与设计更为灵活。但是中间件的部署与配置较为麻烦，需要由开发运维团队提供支持。

9.5.8　如何使用 Python 面向对象操作数据库

试题题面：如何使用 Python 面向对象操作数据库？

题面解析：本题主要考查应聘者对面向对象思想及数据操作的理解与掌握情况，本题的重点是如何以面向对象的方式对数据库进行操作。

解析过程：

Python 是一种面向对象的编程语言，面向对象语言具有封装、继承、多态 3 个基本特征。通过面向对象的性质可以提供代码的可移植性与重用性。数据库操作可以分为两步，分别是创建数据库连接和数据库操作，其中创建数据库连接的代码基本一致，数据库操作通常都是增、删、改、查操作。使用传统的方式操作数据会产生大量的重复代码，通过面向对象的方式操作数据库，可以对数据库操作进行封装，然后可以在不同的代码中使用封装对象进行数据库操作，减少了重复代码的书写，提高了工作效率。以 MySQL 数据库为例，使用面向对象的方式操作数据库的具体实现代码如下：

```
import PyMySQL
#数据库操作工具类
class MyDbUtil():
    #初始化方法，进行数据库配置
    def __init__(self,host,port,user,password,dataname,charset="utf8"):
```

```
        self.host=host
        self.port=port
        self.user=user
        self.password=password
        self.dataname=dataname
        self.charset=charset
    #创建数据库连接
    def __connect(self):
        try:
            self.__conn=pymysql.connect(
                host=self.host,
                port=self.port,
                user=self.user,
                password=self.password,
                dataname=self.dataname,
                charset=self.charset)
        except:
            print('连接出错，请检查数据库参数')
        else:
            #游标对象
            self.__cursor=self.__conn.cursor()
            return self.__conn,self.__cursor
    #关闭连接
    def __close(self):
        if self.__cursor:
            self.__cursor.close()
        if self.__conn:
            self.__conn.close()
    #对字符串数据进行处理
    def __tostr(self,data):
        if isinstance(data,str):
            return '"+data+"'
        return str(data)
    #插入数据
    def insert(self,table,*args):
        #创建连接与游标
        conn,cursor=self.__connect()
        sql='INSERT INTO'+table+'VALUES('
        if args:
            #遍历到倒数第二个
            for item in args[:-1]:
                sql=sql+self.__tostr(item)+','
            #将最后一个数据与 ')' 补全
            sql=sql+self.__tostr(item)+')'
            #执行 sql 语句
            cursor.execute(sql)
            conn.commit()
        else:
            print('缺少插入的数据')
        #关闭连接
        self.__close()
    #修改数据
    def updata(self,table,conditionKey=None,conditionValue=None,**kwargs):
        conn,cursor=self.__connect()
```

```
        sql='UPDATE'+table+'SET'
        if kwargs:
            for key,value in kwargs.items():
                sql=sql+key+'='+self.__tostr(value)+'and'
            #去除最后一个 'and'
            sql=sql[:-3]
            #判断更新时是否有条件
            if conditionKey:
                #补全条件
                sql=sql+'WHERE'+conditionKey+'='+self.__tostr(conditionValue)
            cursor.execute(sql)
            conn.commit()
        else:
            print('缺少修改的数据')
        self.__close()
    #查询数据
    def select(self,table,**kwargs):
        conn,cursor=self.__connect()
        sql='SELECT * FROM'+table
        if kwargs:
            sql=sql+'WHERE'
            for key,value in kwargs.items():
                sql=sql+key+'='+self.__tostr(value)+'and'
                sql=sql[:-3]
        result=list(cursor.execute(sql))
        self.__close()
        return result
    #删除数据
    def delete(self,table,**kwargs):
        conn,cursor=self.__connect()
        sql='DELETE FROM'+table
        if kwargs:
            sql=sql+'WHERE'
            for key,value in kwargs.items():
                sql=sql+key+'='+self.__tostr(value)+'and'
                sql=sql[:-3]
        cursor.execute(sql)
        self.__close()
```

9.5.9　MySQL 主从与 MongoDB 副本集有什么区别

试题题面： MySQL 主从与 MongoDB 副本集有什么区别？

题面解析： 本题是一道出现频率较高的面试题，主要考查应聘者对 MySQL 主从模式及 MongoDB 副本集模式的理解与掌握情况，本题的重点是理解 MySQL 主从模式与 MongoDB 副本集模式的不同之处。

解析过程：

MySQL 主从模式与 MongoDB 副本集模式都是用来搭建数据库集群的方式。MySQL 主从模式主要用来进行数据的读写分离操作，设置一个主数据库用来进行数据的写入操作，通过数据的同步创建多个从数据库，在从数据库中进行数据的查询操作，这样可以将写入与读取操作分别在不同的数据中进行，可以极大地减轻主数据库的读写压力，提高读取效率。

MongoDB 副本集是互为主从的模式，与 MySQL 中的主模式相似，使用副本集时需要确保最少有 3 个副本集，其中只有一个副本集进行写操作，其余的副本集只能进行读操作，副本集下没有固定的“主节点”，整个集群共同推选出一个“主节点”，当这个“主节点”出现故障时，会从其他剩余的“从节点”中选取出一个新的“主节点”，因此，副本集会一直保持一个“主节点”多个“从节点”的状态。

主从模式可以是“一主一从”或“一主多从”，对数据库的个数没有限制，而且主从模式具有固定的“主节点”，当这个“主节点”出现故障时无法自动从其他“从节点”中切换一个作为新的“主节点”。副本集模式有个数限制，最少需要 3 个副本集，副本集模式没有固定的“主节点”，当“主节点”出现故障时，会自动从“从节点”中切换一个作为新的“主节点”，可以保证一直有一个“主节点”和多个“从节点”。

9.5.10 三种删除操作 drop、truncate 和 delete 有什么区别

试题题面：比较三种删除操作 drop、truncate 和 delete 有什么区别。

题面解析：本题主要考查应聘者对数据库删除操作的理解与掌握情况，本题的重点是找出三种删除操作使用范围的不同。

解析过程：

数据库中的删除操作通常有三种方式，分别是 drop、truncate 和 delete。它们的主要区别及使用范围如下：

1. drop

drop 是数据库定义语言，属于数据库层级，删除数据表时不仅将表中的全部数据删除，也会将数据表结构删除。执行过程不会记录日志，不会触发触发器，不能恢复。

2. truncate

truncate 是数据库定义语言，属于数据表层级，删除数据表时仅删除数据表中的全部数据，但不删除数据表结构。执行过程不会记录日志，不会触发触发器，可以恢复，但不能通过事务回滚方式恢复。

3. delete

delete 是数据库操作语言，属于记录层级，删除数据表时，如果指定删除条件，会将符合条件的记录逐条删除；如果没有指定删除条件，会将数据库中的所有记录逐条删除，不会删除数据表结构。执行过程会记录日志，可以通过事务回滚方式恢复。

从执行效率来看，drop>truncate>delete，如果删除部分记录可选用 delete；如果仅删除数据表中的全部数据，可选用 truncate；如果既要删除数据表中的全部数据又要删除数据表结构，则选用 drop。

9.5.11 Redis 持久化机制是什么？有哪几种方式

试题题面：Redis 持久化机制是什么？有哪几种方式？

题面解析：本题是出现频率较高的面试题，主要考查应聘者对 Redis 数据库删除操作的理解与掌握情况，本题的重点是 Redis 数据库为什么要进行持久化、Redis 数据库实现持久化机制的方式有哪几种。

解析过程：

Redis 数据库是一种 key-value 数据库，支持多种数据类型（list、set、dict 等），它的数据都保存在内存中，如果不进行持久化设置，服务器发生故障或者重启后，内存会清空，Redis 数据库中的全部数据也会发生丢失。持久化机制就是将 Redis 数据库保存到内存中的数据备份到磁盘或者文件中。Redis 实现持久化机制的方式有两种，即 RDB（半持久化）和 AOF（全持久化）。

1. RDB

RDB 持久化机制是一种半持久机制，它是周期性地将 Redis 数据库中的数据复制到磁盘上。实际操作过程是创建（fork()）一个子进程，每隔一定时间间隔，将内存中的数据集写入到磁盘中。RDB 持久化机制的示意图如图 9-10 所示。

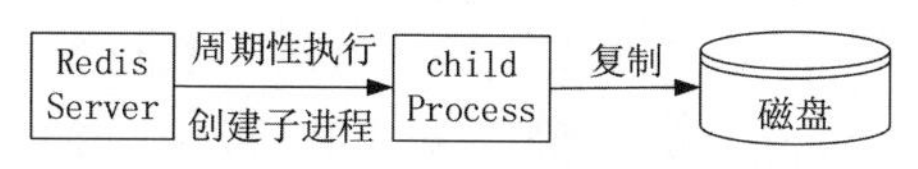

图 9-10　RDB 持久化机制

RDB 持久化机制在每次周期性同步时都会创建一个数据文件，代表着该时刻 Redis 数据库中的数据，这种方式适合用来做冷备份，可以通过冷备份，恢复指定时期的数据。但是这种方式面对数据集较大的情况，创建子进程进行持久化过程消耗的时间较长，会导致整个服务器停止服务几百毫秒甚至一秒。而且如果在 RDB 持久化间隔期中，Redis 数据库发生故障，会造成几分钟内的数据损失。

2. AOF

AOF 持久化机制是一种全持久机制，它通过日志的方式记录数据库中的每一次操作（使数据库发生改变的操作，如添加、修改、删除）。可以设定每隔一秒或者每次对数据进行操作后，将 Redis 数据库中的数据复制到磁盘上。AOF 持久化机制的示意图如图 9-11 所示。

图 9-11　AOF 持久化机制

AOF 持久化机制可以设定每秒或者每次进行改变数据库的操作时，将 Redis 数据库中的数据备份到磁盘，因此，在 Redis 数据库发生故障时，丢失的数据较少，非常适合灾难性场景下的数据恢复。但是同一数据 AOF 的日志文件要比 RDB 数据快照文件更大，因此，AOF 机制没有 RDB 的效率高、性能好。

在实际开发中，仅选用 RDB 或仅选用 AOF 都不能满足需求，Redis 数据库支持同时开启两种持久化方式。通过 AOF 与 RDB 的配合，发生故障时，使用 AOF 来进行数据恢复，可以保障数据安全，减少数据丢失；使用 RDB 进行冷备，可以实现数据的快速恢复。

9.5.12　Redis 如何设置过期时间和删除过期数据

试题题面： Redis 如何设置过期时间和删除过期数据？

题面解析： 本题主要考查应聘者对 Redis 数据库操作命令及过期删除机制的理解与掌握情况。

解析过程：

Redis 数据库中任何数据类型都可以设置过期时间，设置过期时间的方式如表 9-5 所示。

表 9-5 Redis 设置过期时间的方式

方　式	说　明
EXPIRE <key> <seconds>	设置过期时间，设置为秒
PEXPIRE <key> <milliseconds>	设置过期时间，设置为毫秒
EXPIREAT <key> <timestamp>	设置过期时间，设置为时间戳，单位是秒
PEXPIREAT <key> <milliseconds-timestamp>	设置过期时间，设置为时间戳，单位是毫秒

Redis 的过期删除机制提供了 3 种方式进行过期数据的删除，分别是定时删除、惰性删除和定期删除。

1. 定时删除

定时删除是指创建一个定时器，当 key 的过期时间到达时，定时器任务会立即执行对过期时间的删除操作。这种方式节约内存，但是对 CPU 的消耗较大，属于使用 CPU 性能换取内存空间。

2. 惰性删除

惰性删除是指当 key 的过期时间到达后，不进行处理，当再次访问这个数据时，查看 key 的过期时间，如果没有过期，返回数据。如果过期了，删除 key 并返回 None。这种方式对 CPU 消耗较低，只有在必须删除时才进行删除操作，但是会占用大量内存空间，属于使用内存空间换取 CPU 性能。

3. 定期删除

定期删除是设定一个固定期限，如 200ms。每当到达时间间隔时，会从过期 key 中随机挑选 key 进行检测，如果 key 过期进行删除操作。这种方式可以减少存在大量过期 key 时全部轮询消耗的时间。

9.5.13 MongoDB 副本集原理是什么？同步过程是如何实现的

试题题面：MongoDB 副本集原理是什么？同步过程是如何实现的？

题面解析：本题是一道出现频率较高的面试题，主要考查应聘者对 MongoDB 数据库的理解与掌握情况，题目重点是 MongoDB 数据库副本集的实现原理及同步过程的实现。

解析过程：

MongoDB 副本集是互为主从的模式，与 MySQL 中的主模式相似。副本集没有固定的“主节点”，整个集群共同推选出一个“主节点”，当这个“主节点”出现故障时，会从其他剩余的“从节点”中选取出一个新的“主节点”，因此，副本集模式下会一直保持一个“主节点”、多个“从节点”的状态，其中只有“主节点”进行写操作，其余的“从节点”只能进行读操作。“从节点”会定期轮询“主节点”上的操作，然后在自己的数据副本中执行这些操作，从而保证同“主节点”的数据保持同步。

MongoDB 副本集的同步过程通常分为两步，分别是全量同步与增量同步。

1. 全量同步

全量同步是指一次性将“主节点”中的全部数据同步到“从节点”中。会发生全量同步的场景有以下几种：

①新添加一个节点，这个新节点没有任何 oplog 日志文件。

②“从节点”重新启动，重新启动时_initialSyncFlag 字段会设置为 True，此时会重新进行全量同步，全量同步正常执行结束后，_initialSyncFlag 字段会再设置为 False。

③用户发送 resync 命令时，会强制执行全量同步操作。

2. 增量同步

增量同步通常在全量同步结束后，“从节点”会不断从自己的 oplog 中找到最近的时间戳，然后检查“主节点”的 oplog，将其中大于此时间戳的操作记录都复制到自己的 oplog 中并执行这些操作，从而保证与“主节点”的数据同步。

9.5.14　常用的 MySQL 引擎有哪些？各引擎间有什么区别

试题题面：常用的 MySQL 引擎有哪些？各引擎之间有什么区别？

题面解析：本题主要考查应聘者对 MySQL 的理解与掌握情况。本题的重点在于理解 MySQL 数据库中各个引擎之间的区别。

解析过程：

MySQL 数据库是一种常用的关系型数据库，常用的引擎有以下几种：

1. InnoDB 存储引擎

InnoDB 具有外键、事务处理、并发控制和崩溃修复等功能，可以用于并发控制或者频繁进行更新、删除操作的场景。

2. MEMORY 存储引擎

MEMORY 中的数据都存储在内存中，处理速度较快，但是对表的大小要求较高，不能建立太大的数据表。其适用于数据量不大、对数据安全性要求低、需要很快处理速度的场景。在 MySQL 中 MEMORY 主要用来做临时表，存放查询的结果。

3. MyISAM 存储引擎

MyISAM 对空间和内存的使用较少，插入数据快，但是应用完整性与并发性较差。MyISAM 适合用来插入和查询数据的场景。

4. Archive 存储引擎

Archive 支持高并发的插入操作，但是不具备事务安全。Archive 适合只有插入与查询操作的场景。

9.5.15　Redis 如何实现主从复制？数据同步机制如何实现

试题题面：Redis 如何实现主从复制？数据同步机制如何实现？

题面解析：本题主要考查应聘者对 Redis 数据库的理解与掌握情况。应聘者不仅要理解什么是主从复制，还要理解数据同步机制的实现过程。

解析过程：

Redis 的数据基本在内存中，读取和写入的速度都非常快，但是有时也会有读压力存在。为减轻读写压力，可以像 MySQL 一样通过使用主从复制的方式，进行读写分离操作。Redis 的主从复制有一主多从与级联结构两种方式，但无论是一主多从还是级联结构，都只能有一个主节点进行写操作，其余“从节点”只能进行读操作。Redis 主从复制的示意图如图 9-12 所示。

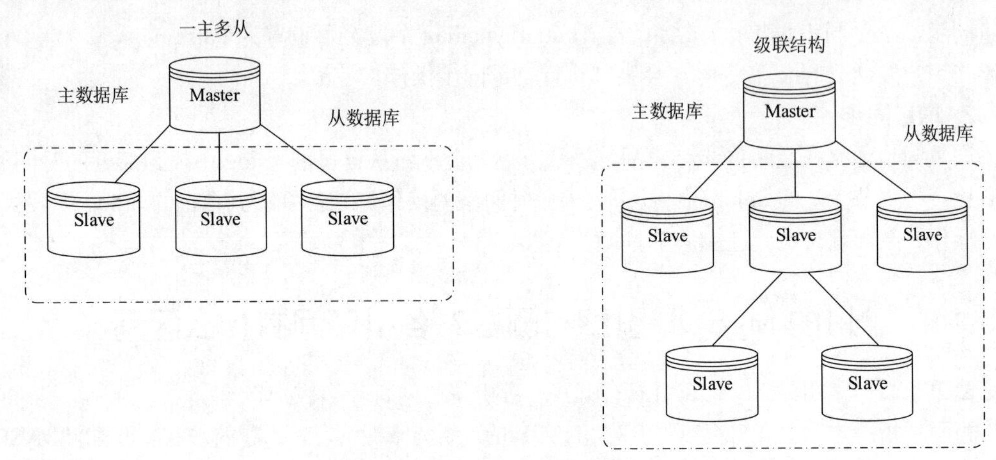

图 9-12 Redis 主从复制

数据同步分为两步：在“从节点”初始化阶段进行全量同步，将“主节点”中的全部数据复制到“从节点”中；全量同步执行完毕后，通过增量同步的方式，将“主节点”中的写操作同步到“从节点”中。

9.5.16 如何实现对数据库的优化

试题题面： 如何实现对数据库的优化？

题面解析： 本题主要考查应聘者是否了解数据库优化的方法。

解析过程：

数据库优化是很重要的，经过数据库优化，可以提高读写效率，减少对资源的消耗，常用的数据库优化方法有以下几种：

① 进行读写分离。

② 优化 SQL 语句。

③ 数据库结构优化，选用合适的数据库范式。

④ 使用缓存。

⑤ 创建索引。

⑥ 调整硬盘 I/O。

9.6 名企真题解析

本节主要收集了各大企业往年与数据库操作相关的面试及笔试真题，读者可以以此作为参考，检验一下自己对数据操作相关知识的掌握情况，可以有针对性地提高个人技能，轻松应对面试、笔试。

9.6.1　简述触发器、函数、视图、存储过程

【选自 WR 笔试题】

试题题面： 分别简述什么是触发器、函数、视图、存储过程。

题面解析： 当看到题目时要理解题目的含义，根据题目要求，决定回答问题的方法。本题主要考查应聘者是否理解数据库中触发器、函数、视图、存储过程的定义。

解析过程：

视图是一个虚拟表，它根据查询条件从一个或多个数据表中导出符合需求的数据，并不真实存在数据库中，也不保存具体的数据，只是一种查看数据的方式。

数据库中的函数与 Python 等编程语言中的函数基本一致，需要事先定义，然后使用时进行调用，用来完成某种功能，只是数据库中的函数必须有返回值。

存储过程是一组用来实现特定功能的 SQL 语句集，它创建以后可以多次调用执行，而且它创建后会存储到数据库中，永久有效。

触发器是一种特殊的存储过程，它与表事件相关，不能由程序调用或手工触发，只有指定的事件发生时才会执行，如对表进行（插入、删除、更新）操作时。触发器是用来加强数据的完整性约束与业务规划。

9.6.2　如何实现循环显示 Redis 中列表的值

【选自 TX 笔试题】

试题题面： 如果 Redis 中某个列表的数据量非常大，那么应该如何实现循环显示每一个值？

题面解析： 本题主要考查应聘者对 Redis 数据库的理解及掌握情况。在此基础上，进一步理解如何使用 Redis 循环显示列表中的值。

解析过程：

当 Redis 中的某个列表中数据量非常大时，可以先查询出列表的数据，然后通过 for 循环对列表进行遍历，显示每一个值，具体实现方法如下：

```
import redis
#创建连接
pool=redis.ConnectionPool(host='localhost',port='6379',db=3)
conn=redis.Redis(connection_pool=pool)#创建连接对象
#获取列表中的全部元素
data=conn.lrange('dataList',0,conn.llen('dataList'))
#遍历列表中的数据
for item in data:
    print(item)
```

运行结果如图 9-13 所示。

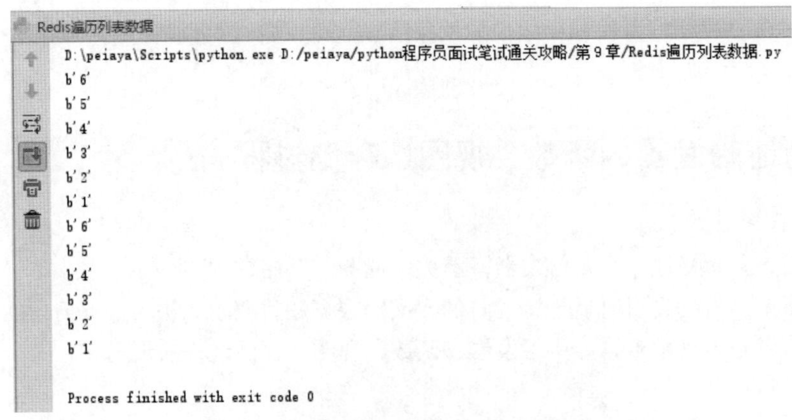

图 9-13　遍历 Redis 数据库中列表的值

9.6.3　MySQL 中常见的函数有哪些

【选自 AL 笔试题】

试题题面：MySQL 中常见的函数有哪些？

题面解析：本题主要考查应聘者对 MySQL 中常用函数的认识。应聘者不仅要了解 MySQL 中常用的函数都有哪些，还要了解这些函数的作用及使用方法。

解析过程：

MySQL 数据库中提供了许多具有丰富功能的函数，其中常用函数有以下几类：

1. 聚合函数

① AVG()返回指定列中的平均值。

② MIN()返回指定列中的最小值。

③ MAX()返回指定列中的最大值。

④ SUM()返回指定列中的和。

⑤ COUNT()返回指定列中的非 NULL 的个数。

2. 数学函数

① PI()返回圆周率。

② MOD()返回余数。

③ ABS()返回绝对值。

3. 字符串函数

① ASCII()返回字符的 ASCII 码值。

② UCASE()将字符串中的字符转换为大写。

③ LCASE()将字符串中的字符转换为小写。

4. 控制函数

CASE、WHEN、THEN、ELSE 用来实现 SQL 的条件逻辑。

5. 格式化函数

① DATE_FORMAT()格式化日期。

② FORMAT()将数字格式化为以“,”隔开的形式，左边是整数，右边是小数。

6. 日期函数

① CURDATE()返回当前的日期。

② CURTIME()返回当前的时间。

7. 加密函数

MD5()以 MD5 方式加密字符串。

第 10 章 Web 应用入门

本章导读

本章带领读者学习关于 Web 应用和 Web 开发常用的框架的相关知识，其中 Web 基础知识是从 Web 发展、Web 架构等方面进行简单介绍，使读者对于 Web 开发有一个整体的认知。Python Web 框架是选取目前市面使用的主流框架，如 Django、Flask 等进行讲解，通过对这些框架的架构与使用方法的简单介绍，帮助读者了解当前企业使用的 Web 开发技术，为之后的面试与就职奠定基础。

知识清单

本章要点（已掌握的在方框中打钩）：

- ☐ Web 架构。
- ☐ web.py 框架。
- ☐ Django 框架。
- ☐ Flask 框架。

10.1 Web 基础知识

本节主要讲解 Web 的基础知识，主要包括 Web 简介、Web 发展历史、Web 架构等，读者首先应该掌握这些基本知识点，并且能够逻辑清晰地表达出来，以便在面试中应对自如。

10.1.1 Web 简介

Web（World Wide Web）是全球广域网，又称万维网。Web 是通过 HTTP 协议与超文本创建的一种全球性的、动态交互、跨平台的信息系统。目前 Web 通常用来代指 Web 应用。Web 应用是一种用户通过浏览器访问和交互的程序。

10.1.2　Web 发展历史

Web 从出现到目前为止，由开始的界面简陋、功能单一，发展为现在的功能丰富、界面美观、遍及日常生活的方方面面，经历了许多变革与改变。Web 的发展大致可以分为以下几个阶段：

1. 静态文档阶段

在这个阶段，开发人员事先将需要显示的信息进行存储，用户只能查看静态界面显示的信息，不能进行信息的编辑与发布。这个阶段的 Web 应用主要是门户网站。

2. 动态交互阶段

在这个阶段，注重提升用户的交互功能，用户不仅能进行信息的查看，也可以自己生成信息并进行发布。这个阶段的 Web 应用主要是微博、Facebook 等社交软件。

3. 移动互联阶段

在这个阶段，主要目的是提高便捷性，并且为用户提供更好的服务。在智能手机等移动设备的支持下，移动应用融入人们日常生活的方方面面。

10.1.3　Web 架构

在 Web 应用漫长的发展史中，出现了各种各样的 Web 应用，这些 Web 应用从架构层面可以划分为两类：一类是 C/S（Client/Server）架构，如 QQ、电脑管家等；另一类是 B/S（Brower/Server）架构，目前市面上的大多数 Web 应用都属于 B/S 架构。

1. C/S 架构

C/S 架构被称为客户端-服务器端架构，包括客户端与服务器端两部分。服务器端安装在服务器上，客户端安装在用户的机器上，用户使用客户端来接收和访问服务器的数据，以及向服务器发送数据。C/S 架构示意图如图 10-1 所示。

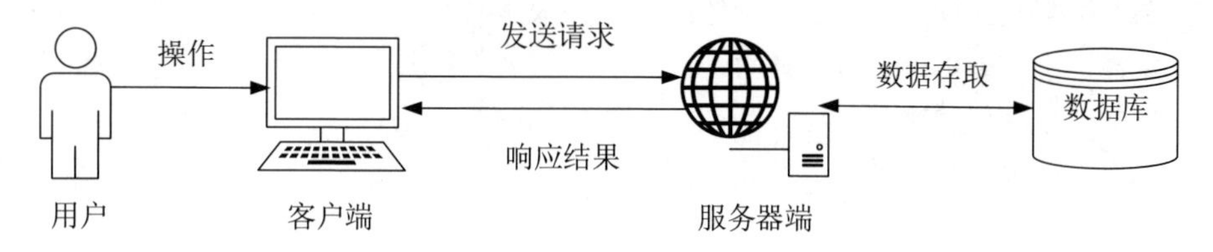

图 10-1　C/S 架构示意图

（1）C/S 架构的优点

① 响应速度快。客户端是安装在用户个人 PC 端上的，许多简单任务可以在客户端完成，可以充分发挥客户端 PC 的性能。

② 安全性能高。客户端对于用户权限会进行多层次的校验，使用更加安全的存取模式，信息的安全程度较高。

③ 可以实现比较复杂的业务流程。

④ 客户端界面样式丰富，用户可以进行个性化设置。

（2）C/S 架构的缺点

① 用户使用时，需要在个人 PC 上安装相应的客户端程序。

② 开发维护成本高，每进行一次升级，所有的客户程序都需要升级。

③ 兼容性差，不可跨平台，针对不同平台或者不同开发工具，需要单独设计。

2. B/S 架构

B/S 架构被称为浏览器-服务器端架构，这种模式下系统的大部分功能都集中在服务器端，在服务器端进行业务逻辑处理及数据的存取操作，浏览器主要用来显示页面信息，用户通过浏览器向服务器发送访问请求，接收服务器的处理结果并进行显示。B/S 架构示意图如图 10-2 所示。

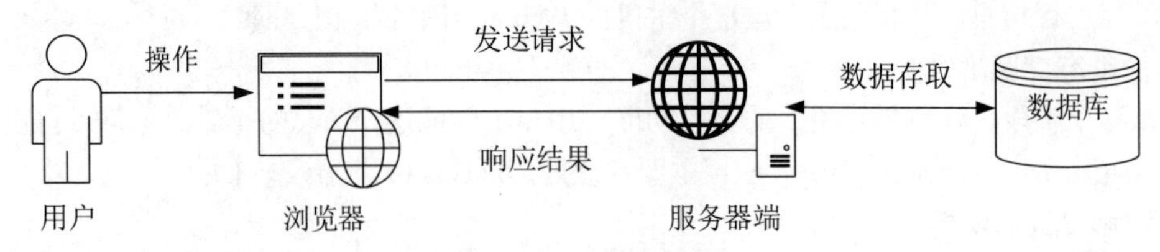

图 10-2　B/S 架构示意图

（1）B/S 架构的优点

① 使用方便，用户无须安装专用的软件程序，通过 PC 上的浏览器即可使用相应功能。

② 兼容性强，跨平台，浏览器在不同平台上都存在，因此可以在不同平台上使用相同的方式访问服务器。

③ 开发与维护成本较低，因为主要的业务功能都在服务器端完成，因此，不用开发客户端程序，节省了开发成本。当系统进行升级时，只需在服务器端更新相应页面，完成升级操作即可。

④ 客户端界面样式丰富，用户可以进行个性化设置。

（2）B/S 架构的缺点

① 响应速度较慢，主要的业务逻辑与数据处理都在服务器端完成，响应速度比 C/S 架构要慢一点。

② 在速度与安全性方面需要花费较高的设计成本。

③ 兼容性差、不可跨平台，针对不同平台，或者不同开发工具，需要单独设计。

④ 复杂业务流程的实现，比 C/S 架构方式更加困难，花费的代价更大。

⑤ 用户不能根据需求进行个性化设置。

10.1.4　网页

网页是 Web 项目的重要组成部分，主要是用来显示数据的界面。用户通过浏览器向服务器发送了一条请求，服务器处理完毕后，将结果返回给浏览器，经过浏览器对网页的解析渲染，用户可以看到相应的数据信息。

网页可以分为两类：一类是静态页面，静态页面可以不通过服务器编译，直接在浏览器中加载显示处理，一般不需要数据的支持。静态页面中的数据一般比较稳定，不会发生改变，想要修改页面中的信息，需要对页面中的代码进行修改。另一类是动态页面，动态页面的显示需要通过服务器的编译，页面中的数据可以从数据库获取，一般不需要更改页面代码就可以修改页面中显示的数据。

10.2　web.py 框架

web.py 框架是一个轻量级的开源的 Python Web 框架，它是由美国人 Aaron Swartz 开发的，经过不断改进与完善，被许多大型网站使用。web.py 内置了一个简单的 HTTP 服务器，可以很好地应用于开发环境，但是在实际的生产环境中更推荐使用 Apache 等第三方服务器。

10.2.1　开发 Web 应用程序

使用 web.py 框架进行 Web 应用开发非常简单方便，它具备 Python 基础，因此可以通过 web.py 框架进行项目开发。

使用 web.py 框架开发 Web 项目之前，需要先安装 web.py 模块，该模块可以通过 pip 命令进行安装，具体安装命令如下：

```
pip install web.py#安装 web.py 模块
```

安装完 web.py 框架，创建一个简单 Web 应用程序，具体代码如下：

```
#导入 web.py 框架
import web
#配置路由
urls=(
   '/index/(.*)','Index',
   '/test','Test'
)
#创建 Web 应用对象
app=web.application(urls,globals())
#创建业务逻辑类
class Index():
   def GET(self,name):
       if not name:
           name="Python"
       return "hello\t"+name+"!"
class Test():
   def GET(self):
       return "test!"
#程序主入口
if __name__=="__main__":
   #启动服务器
   app.run()
```

上述代码就是一个最简单的 Web 项目，运行代码文件后，用户在浏览器中输入“http://localhost:8080/index/”或者“http://localhost:8080/test”，服务器会接收到请求，进行处理后会返回相应的结果，具体效果如图 10-3 所示。

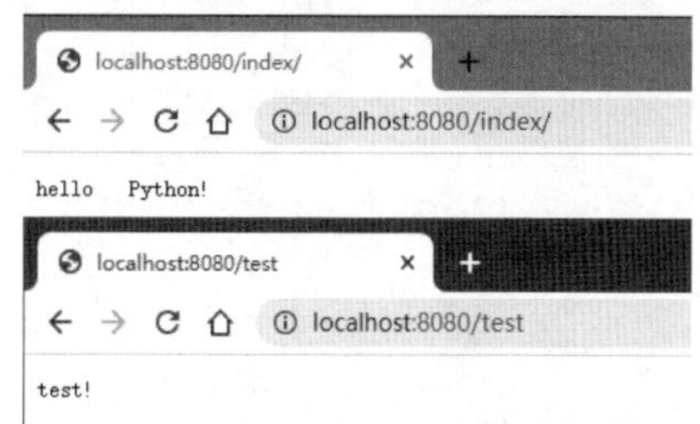

图 10-3　web.py 框架项目的运行效果

10.2.2　表单处理

在 Web 中表单是经常使用到的一个组件，它主要用于收集用户填写的信息。web.py 框架提供了对表单的支持，可以通过 Python 代码生成相应的 HTML 表单，并且具有表单数据的检验功能。下面通过一个简单的登录功能来学习 web.py 框架中的表单处理。

在实现 web.py 框架表单处理工作之前需要进行一些准备工作。首先创建一个 demo 文件夹，这是项目文件夹；然后创建一个 templates 文件夹，用来存放 web.py 框架中使用的 HTML 页面模板文件。

在 demo 文件夹中创建一个 login.py 文件，用来进行项目功能和表单功能的代码编写，具体代码如下：

```
#导入 web.py 框架
import web
#导入表单类
from web import form
#设置模板文件路径
render=web.template.render('templates/')
#配置路由
urls=(
    '/login', 'Login',
    '/index','Index'
)
#创建表单对象
login_form=form.Form(
    #输入框（文本类型）
    form.Textbox('username',
                 #（表单约束）字段不能为空
                 form.notnull,
                 #（自定义表单约束）字符长度要大于等于 5
                 form.Validator('Must be more than 5 characters!', lambda y:len(y)>=5),
                 #设置输入框的类名
                 class_="username",
                 #设置默认值
                 value=None,
                 #设置 id 名
                 id="username",),
    #输入框（密码密文类型）
    form.Password('password',
                 form.notnull,
                 form.Validator('Must be more than 5 characters!', lambda y:len(y)>5),
                 class_="password",
                 value=None,
                 id="password",),
    #按钮
    form.Button('Login'),
)
#URL 请求处理类
class Login:
    def GET(self):
        data=login_form()
        return render.login(data,msg=None)
    def POST(self):
        #创建表单对象
        log_form=login_form()
        #获取用户提交的参数
        data=web.input()
        #判断用户提交的信息是否满足表单约束条件
        if log_form.validates():
```

```
            #获取用户名与密码信息
            user=data.username
            password=data.password
    if user=='admin'and password=='123456':
    #登录成功，跳转到首页
    raise web.seeother('/index')
    else:
    #登录失败，重新登录并进行错误提示
    msg='Wrong user name or password!'
    return render.login(log_form,msg=msg)
    else:
    #输入格式错误，重新登录并进行错误提示
    msg='Wrong user name or password!'
    return render.login(log_form, msg=msg)
    class Index:
    def GET(self):
    return 'Welcome to my website!'
    #程序主入口
    if __name__=="__main__":
    #创建 app 应用对象
    app=web.application(urls,globals())
    #运行项目
      app.run()
```

上述代码主要分为如下 6 部分：

① 导入项目使用的相关模块和类。

② 配置项目模板文件路径。配置文件的路径有两种方式：一种是上述代码中使用的相对路径方式（'templates/'）；另一种是使用绝对路径方式，例如，（'d:/demo/templates/'）。相对路径有时会查找不到模板文件，可以使用绝对路径进行替代，注意路径中尽量不要包含中文字符。

③ 配置路由。配置路由时，第一个参数拦截的是 URL 请求字段，后一个参数是映射的处理请求的类。

④ 创建表单对象。创建表单对象需要使用 Form 类。web.py 框架中可以创建多种类型的 HTML 组件，如文本框（明文、密文）、文本域、单选框、复选框、按钮、下拉列表等。对这些组件进行验证和属性设置。具体使用方法如表 10-1 所示。

表 10-1　表单设置相关方法

方　法	说　明
form.notnull	字段不能为空
form.Validator(msg,表达式)	设置约束，第一个参数设置消息提示内容，第二个参数通过正则表达式或其他表达式设定约束条件
class_="username"	设置组件的类名，设置 css 或 js 时可以使用
id="username"	设置组件的 id 名，设置 css 或 js 时可以使用
value=None	设置组件的默认值
pre="pre"	在文本框之前
post="post"	在文本框之后
description="username"	描述字段

⑤ 创建处理 URL 请求的类。处理 URL 请求时可以通过 GET 或 POST 两种方式来处理，GET 请求处理的是通过 URL 直接访问的请求，POST 请求处理的是通过表单提交的请求。例如，Login 类中 GET()方法接收 URL 请求打开 login.py 页面。POST()方法接收用户提交的表单，通过表单信息判断用户是否登录成功。在获取信息时，有 web.input()和 web.data()两种方法，web.input()既可以获取 GET 请求 URL 中传递的消息，也可以获取 POST 请求提交表单中的信息。web.data()只能获取 POST 请求提交表单中的信息。

⑥ 创建 App 对象，运行项目。

在 templates 文件夹中创建一个 login.py 登录模板文件，用来进行页面信息显示，具体代码如下：

```
$def with (data,msg)
<!--表示模板从后面开始取值，注意必须放到第一行-->
<!--表示模板从后面开始取值-->
<form action="/login" method="post">
    <h1>uesr login</h1>
    $if data:
        $:data.render()
    $else:
        <em>页面存在问题！</em>
    $if msg:
        $msg
</form>
```

HTML 文件中既可以使用 HTML 标记语言，也可以通过“$”或“$:”执行一些 Python 语句，其中“$”会将传递的 HTML 格式字符串进行转译，“$:”不会将传递的 HTML 格式字符串进行转译。需要注意，如果使用了$def with ()语句，需要将这个语句放到 HTML 文件的第一行，否则会出错。

运行 login.py 文件，在浏览器中输入“http://localhost:8080/login”访问网站，用户名为“admin”，密码为“123456”。分别进行错误输入与正确输入，运行结果如图 10-4 所示。

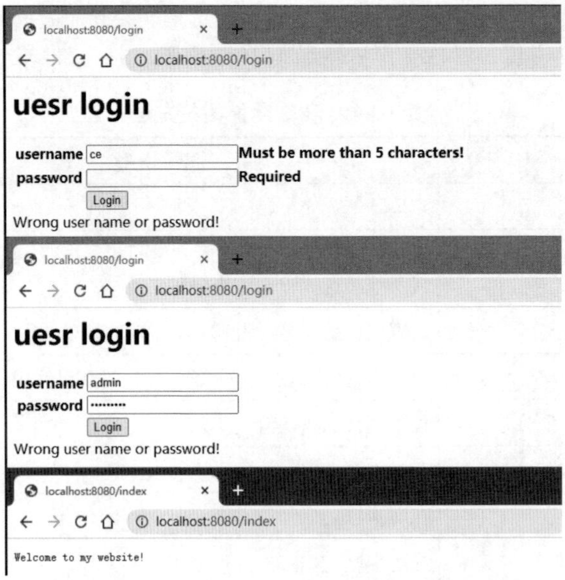

图 10-4　web.py 框架表单功能运行效果

10.3　Django 框架

Django 最开始是新闻出版社的程序员为提高开发新闻站点创建的，开源后经过 Python 社区许多人的维护与扩展，成为现在社区中使用最多、功能最全的 Web 框架。

10.3.1　Django 框架简介

Django 目前是 Python 社区中使用最多、功能最全的 Web 框架。其包括 ORM 数据库操作组件、URL 路由映射、数据处理、后台管理系统等一整套功能。Django 采用 MVC 设计思想，在 MVC 的基础上进行了改进，结构由 Model、View、Template 三部分组成，因此也称为 MTV。其结构示意图如图 10-5 所示。

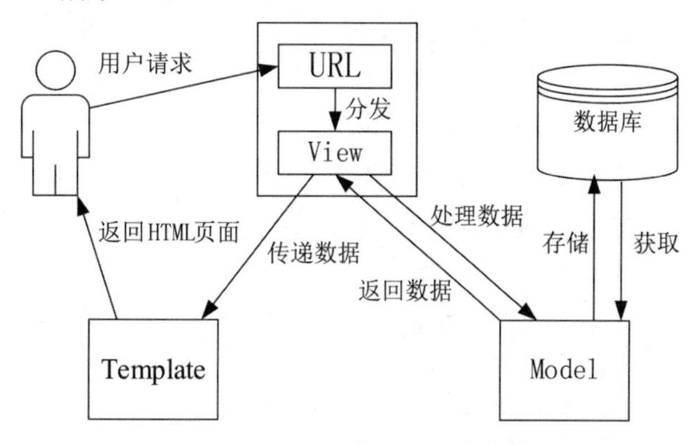

图 10-5　Django-MTV 结构

其中 Model 和 MVC 框架中的 Model 职能一样，都是用来处理数据库的业务逻辑，对数据库中的数据进行增、删、改、查等操作。View 同 MVC 中的 View 有所区别，Django 中的 View 在接收 URL 分发的请求后要进行业务处理，操作 Model 实现对数据库信息的存取，选择 Template 模板返回给用户，或者将用户指定数据更新到 Template 模板中。Template 与 MVC 中的 View 功能相似，都是提供用于显示的界面模板。

10.3.2　Django 框架简单应用

使用 Django 框架开发 Web 项目之前，需要先安装 Django 模块，该模块可以通过 pip 命令进行安装，具体安装命令如下：

```
pip install Django      #安装 Django 模块
```

Django 模块安装成功后，为了方便使用，需要将 Django 的路径配置到系统环境变量中，Django 示例路径如“C:/Python37/Lib/site-packages/django；”。

打开 pycharm，执行 File→New Project→Django 命令，创建一个 Django 项目，具体操作如图 10-6 所示。

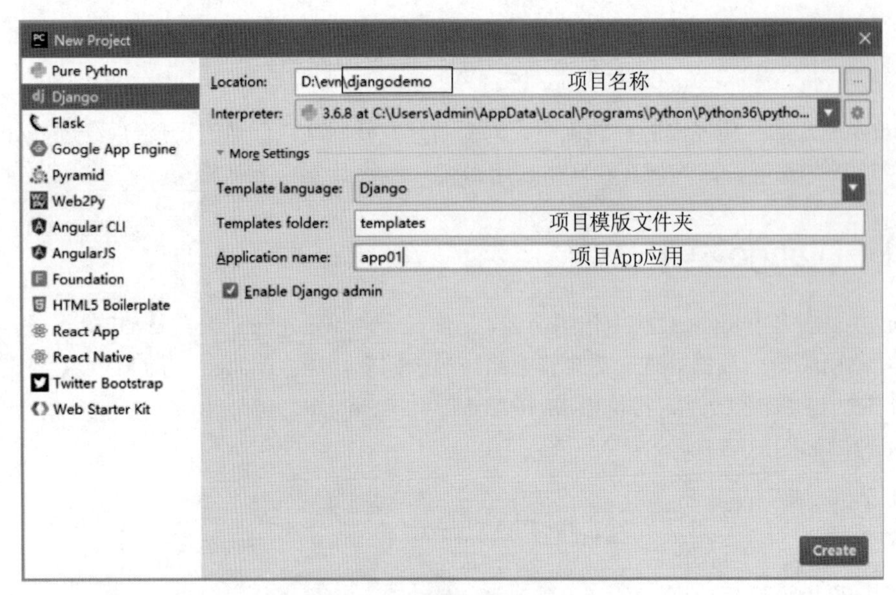

图 10-6 创建 Django 项目

打开 Django 项目，除了使用 pycharm 创建，也可以通过命令行执行命令的方式创建，创建 Django 项目命令如下：

```
django-admin.py startproject djangodemo        #创建 Django 项目
```

Django 项目创建完成后，可以通过命令创建 Django 的 App 应用，命令如下：

```
python manage.py startapp app01                #创建 App 应用程序
```

通过命令创建 App 应用时，需要先通过 cd 进入 Django 项目中。

创建好的 Django 项目目录结构如图 10-7 所示。

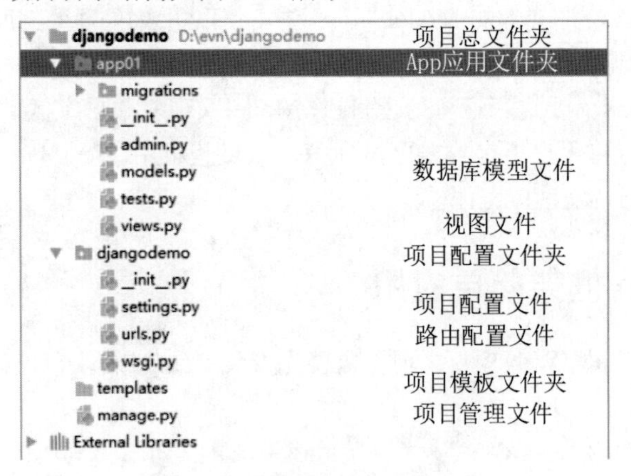

图 10-7 Django 项目目录结构

在项目 urls.py 文件中进行项目配置，具体配置代码如下：

```
from django.conf.urls import url
#导入 app01 应用中的视图文件
from app01 import views
urlpatterns=[
    url(r'^index/', views.index),
]
```

Django 项目在 Django 2.x.x 版本中使用 url()方法配置路由，之后的版本中将 url()方法的功能拆分为 path()与 repath()方法。其中，path()方法配置普通路径，repath()方法配置正则路径。

在 app01 应用文件夹的 views.py 文件中进行视图方法的创建，用来进行访问请求的接收和处理操作，具体代码如下：

```
from django.shortcuts import HttpResponse
#Create your views here.
#视图方法
def index(request):
    #处理“GET”请求
    if request.method=="GET":
        return HttpResponse('Welcome to my website!')
```

运行项目，在浏览器中输入“http://localhost:8000/index/”，项目运行效果如图 10-8 所示。

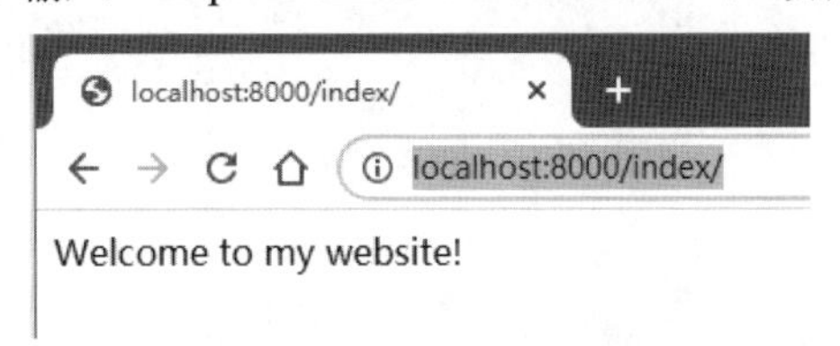

图 10-8 Django 项目运行效果

10.4 Flask 框架

Flask 框架是社区中除 Django 外使用较多的一个 Web 框架，它是一个轻量级 Web 框架，主要用于中小型项目的开发，以及 Web 的个性化定制。

10.4.1 Flask 框架简介

Flask 是 Python 中另一个常用的 Web 框架，它是一个轻量级的框架，具体结构可以依据自己的需求进行组织。相比 Django 将各种功能封装到自身框架中，Flask 本身并不具有诸多功能，但它为 ORM 操作、表单验证、文件上传等功能提供了扩展接口。Flask 在安装第三方库并进行接口的相关配置后，基本上能实现与 Django 一样的功能，但操作相对而言比较麻烦。大型项目的开发可以使用 Django，Flask 适合开发一些小型的 Web 项目，根据需求安装相应的第三方库实现对 Web 项目的个性化定制。

10.4.2 Flask 框架的应用

使用 Flask 框架开发 Web 项目之前，需要先安装 Flask 模块，该模块可以通过 pip 命令进行安装，具体安装命令如下：

```
pip install Flask        #安装 Flask 模块
```

打开 pycharm，执行 File→New Project→Flask 命令，创建一个 Flask 项目，具体操作如图 10-9 所示。

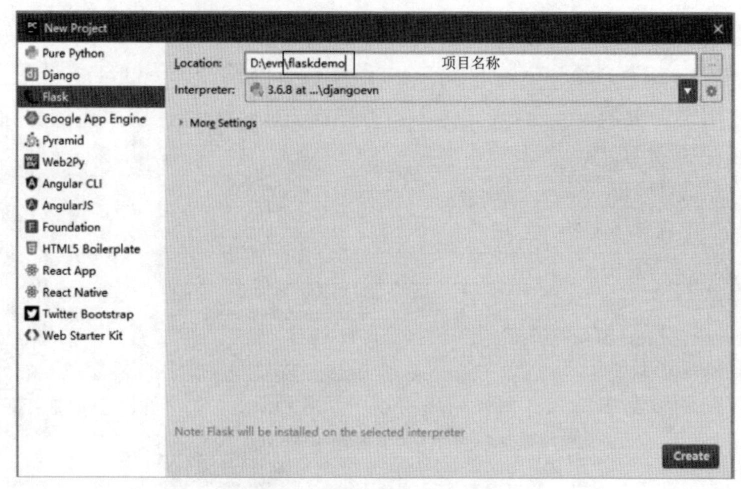

图 10-9　创建 Flask 项目

Flask 项目的目录结构如图 10-10 所示。

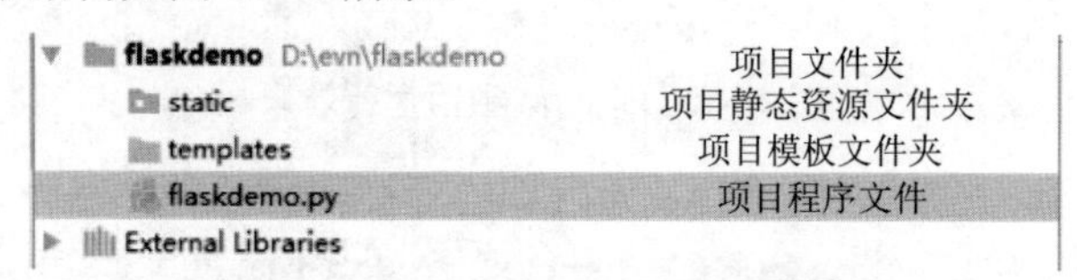

图 10-10　Flask 项目的目录结构

在 flaskdemo.py 文件中创建视图方法，通过装饰器配置路由映射，具体代码如下：

```
from flask import Flask,request
#实例化一个 Flask 对象
app=Flask(__name__)
#视图方法（通过装饰器配置路由）
@app.route('/index')
def index():
   #处理“GET”请求
   if request.method=='GET':
       return 'Welcome to my website'
#程序主入口
if __name__ == '__main__':
   #运行项目
   app.run()
```

运行 flaskdemo.py 文件，在浏览器中输入“http://localhost:5000/index”，Flask 项目运行效果如图 10-11 所示。

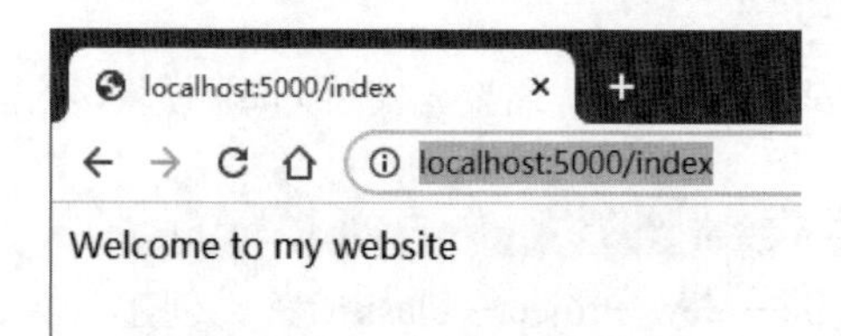

图 10-11　Flask 项目运行效果

10.5 精选面试笔试解析

经过前面对 Python Web 框架基础知识的学习，再结合一些经典面试的讲解与分析，可以让读者对 Web 框架有更全面的认识和更深入的理解，能够明白不同框架的优点与缺点，从而在实际开发中根据项目需求选用合适的框架，达到事半功倍的效果。

10.5.1 简述 Django 框架中的 ORM 应用

试题题面：简述 Django 框架中的 ORM 应用。

题面解析：本题主要考查应聘者对 Django 框架的掌握情况，本题的重点是 Django 框架中 ORM 的实现与操作。

解析过程：

ORM（Object Relational Mapping，对象关系映射）是一种框架，用来在数据库和项目之间构建一个桥梁，将项目的数据对象同数据库中的数据表进行管理，这样可以通过这个对象来进行数据库操作，而不用执行原生的 SQL 语句，符合面向对象的编程思想。而且可以通过 ORM 数据对象在数据库中创建相应的表结构。

Django 项目中使用 ORM 的步骤如下：

① 数据库配置，以 MySQL 数据库为例，在 Django 项目的 setting.py 文件中配置数据库参数，具体代码如下：

```
#MySQL 数据库配置
DATABASES={
   'default':{
     'ENGINE': 'django.db.backends.MySQL',    #数据库驱动名称
     'NAME':'helloworld',                     #需要连接的数据库名称
     'USER':'root',                           #数据库用户名
     'PASSWORD':'123456',                     #数据库应用密码
     'HOST':'localhost',                      #数据库所在主机 ip
     'PORT':'3306',                           #数据库端口号
   }
}
```

② 创建数据模型，在 Django 项目 App 应用的 models.py 文件中创建需要的数据模型，具体代码如下：

```
from django.db import models
#创建用户表数据模型
class User(models.Model):
   username=models.CharField(max_length=24,unique=True)
   #设置字段长度，字段值不能重复，字段默认不能为空，设置可以为空（添加 null = True）
   password=models.CharField(max_length=48)
```

③ 通过命令在数据库中创建对应数据表，在 PyCharm 终端使用命令，创建数据表，具体代码如下：

```
python manage.py makemigrations    #查看表结构是否改变（出现新表，表字段增多或减少）
python manage.py migrate           #在数据库中创建数据表
```

④ 通过数据对象操作数据表中的数据，具体操作方法如表 10-2 所示。

表 10-2 ORM 操作数据库方法

方 法	说 明
models.User.objects.filter(username=username).first()	查询符合条件的一条数据
user=User(username='admin',password='123456') user.save()	将数据保存到数据表中
user=models.User.objects.filter(username=username).first() user.delete()	删除一条数据
user=models.User.objects.filter(username=username).first() user.username='system' user.save()	修改数据表中指定的数据

10.5.2 谈谈你对 Django 的认识

试题题面：谈谈你对 Django 的认识。

题面解析：本题属于偏向基础的面试题，也是最常见的面试题之一。本题主要考查应聘者对 Django 框架的理解及掌握情况，题目重点是应聘者要了解 Django 的特点、作用及适用范围。

解析过程：

对 Django 框架的认识可以从以下几个方面进行回答：

① Django 是社区目前使用最多的 Python Web 框架，它十分强大，封装了许多功能模块，能够满足大部分 Web 开发需求。

② Django 以 MVC 为基础进行优化改进，是一种 MTV 结构。

③ Django 具备完善的管理后台，可通过一些配置快速开发一个管理后台。

④ Django 具备内置的 ORM 框架，可以很方便地进行数据库操作。但是内置的 ORM 框架同 Django 框架中的其他模块耦合度较高，使用其他 ORM 框架时不能享受到其他模块提供的便利。

⑤ Django 内置了许多功能模块，因此体积较大，小型项目不能充分发挥 Django 的特性与性能，不适合小型项目的个性化定制。

⑥ Django 框架推行样式文件与逻辑代码分离，因此，在模板文件中不会存在大量 Python 代码进行逻辑处理。

10.5.3 Nginx 的正向代理与反向代理分别是什么

试题题面：Nginx 的正向代理与反向代理分别是什么？

题面解析：本题主要考查应聘者对 Nginx 服务器的理解及掌握情况，本题的重点是理解 Nginx 服务器的正向代理与反向代理的区别。

解析过程：

Nginx 服务器是高性能的 http 服务器，通常用来作为静态内容服务器或者代理服务器。代理服务是用来将某个客户的请求转发到服务器上，使原先不能访问到服务器的客户端可以访问到服务器中的数据。

Nginx 服务器提供的代理服务，分别是正向代理与反向代理。

1. 正向代理

正向代理中，Nginx 代理服务器相当于一个“客户端”，用来向服务器请求服务。正向代理示意图如图 10-12 所示。

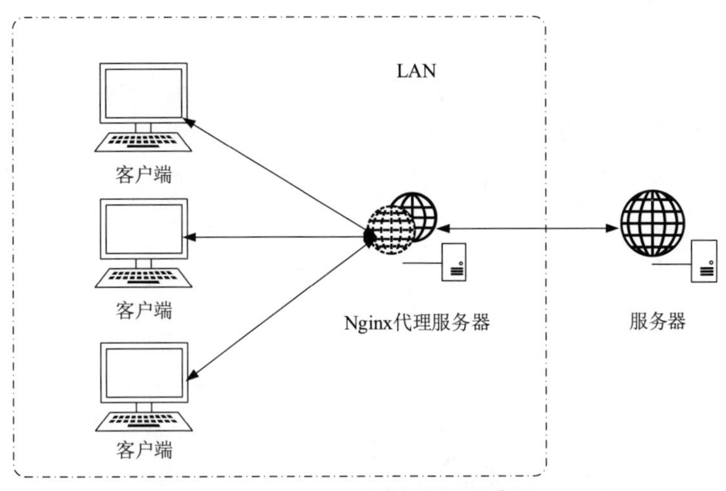

图 10-12　Nginx 正向代理示意图

Nginx 正向代理时，客户端与 Nginx 代理服务器处于同一个局域网中，服务器不知道具体发送请求的客户端是哪一个。

2. 反向代理

反向代理中，Nginx 代理服务器相当于一个“服务器”，用来向客户端提供服务。反向代理示意图如图 10-13 所示。

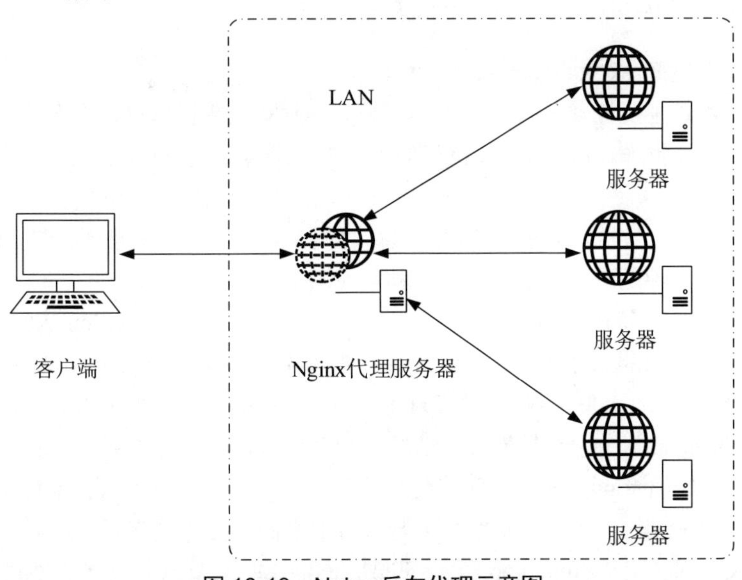

图 10-13　Nginx 反向代理示意图

Nginx 反向代理时，服务器与 Nginx 代理服务器处于同一个局域网中，客户端不知道具体提供服务的服务器是哪一个，可以保证内网的安全。

10.5.4 谈谈你对 Browser/Server 原理的理解

试题题面： 谈谈你对 Browser/Server 原理的理解。

题面解析： 本题主要考查应聘者对 B/S 架构的理解及掌握情况，本题的重点是应聘者要了解 B/S 架构运行的原理。

解析过程：

B/S 是目前大多数 Web 项目使用的架构，使用这种架构的 Web 项目，用户无须安装客户端，通过浏览器即可访问 Web 项目。Web 项目的大部分功能都集中在服务器端，在服务器端进行业务逻辑处理及数据的存取等操作，浏览器主要用来显示页面信息。B/S 架构的原理示意图如图 10-14 所示。

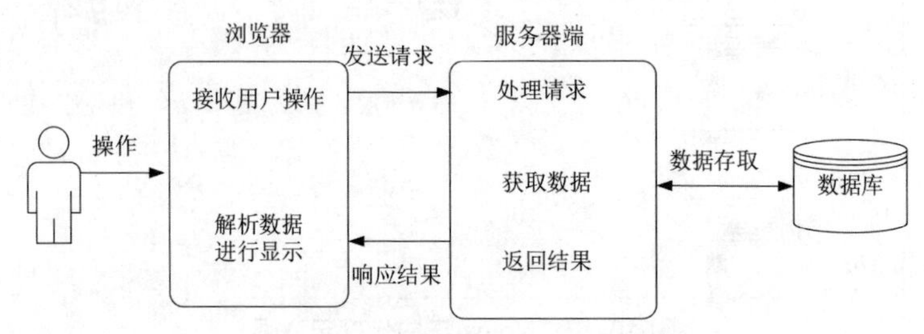

图 10-14 B/S 架构的原理示意图

用户在浏览器上进行的操作，以 HTTP 请求发送到服务器上，经过服务器中的路由系统，将用户请求转发到相应的视图函数中，在视图函数中对请求进行处理，可以进行数据存取操作，请求处理完毕，服务器将处理结果发送给浏览器，经过浏览器解析渲染显示给用户。

10.5.5 简述 Flask 上下文的管理流程

试题题面： 简述 Flask 上下文的管理流程。

题面解析： 本题主要考查应聘者对 Flask 框架的理解及掌握情况，本题的重点在于应聘者要了解什么是上下文操作，以及 Flask 框架的上下文管理操作的具体流程。

解析过程：

上下文本质是一个容器，用来存储程序运行过程中必需的配置信息或变量。Flask 框架的上下文有两种机制，一种是请求上下文，另一种是应用上下文。

请求上下文的对象有 request、session，请求上下文是借助 RequestContext 类实现的，当客户端发送请求后，Flask 框架中的 RequestContext 类创建一个 request context 对象管理 request 对象与 session 对象。request 对象中封装着 HTTP 请求信息，在视图函数中可以通过 request.args.get() 方法获取数据。session 对象中存储着会话请求的相关信息，可以通过 session.get()方法获取数据或者使用 session['kev']=value 方式存储信息。请求上下文中一些对象与变量转换为全局可访问的，方便视图函数的调用，用来维护客户端与服务器之间进行数据交互的容器。

应用上下文的对象有 current_app 和 g，Flask 框架中通过 AppContext 类创建 app context 对象对 curent_app 对象和 g 对象进行管理。curent_app 对象主要用来保存程序名、数据库连接、应用信息等项目配置信息。g 对象是 Flask 框架中的一个临时变量，用来保存当前请求的全局变量，不同请求的全局变量可以通过线程 id 进行区分。应用上下文并不是一直存在的，它伴随着 request 的生命周期而存活，当 request 结束时应用上下文也会灭亡，主要是为了帮助 request 获取当前应用。

10.5.6　Web 客户端和 Web 服务器端

试题题面：Python 是否可以用于 Web 客户端和 Web 服务器端编程?哪一种最适合 Python？

题面解析：本题主要考查应聘者对 Python Web 开发相关知识的掌握情况，题目重点考查 Python 在客户端与服务端的应用与区别。

解析过程：

Python 是一门功能非常全面的编程语言，无论是 Web 客户端的编程还是 Web 服务器端的编程，都可以使用 Python 完成。

使用 Python 进行客户端开发时，可以通过对浏览器进行一些转换操作，从而实现客户端功能。也可以通过 GUI 等其他模块创建出独立的、桌面级的客户端。

Python 中具有许多数据库交互、Web 服务器托管等相关模块和功能，可以很方便地进行服务器开发。

目前 Python 中的主流 Web 框架如 web.py、Django、Flask 等，都是偏向 Web 服务器端的开发，因此，Python 更适合 Web 服务器端的编程。

10.5.7　如何使用 web.py 进行表单处理

试题题面：如何使用 web.py 进行表单处理？

题面解析：本题主要考查应聘者对 web.py 框架的理解与掌握情况，题目重点考查 web.py 框架中表单的应用与处理。

解析过程：

web.py 框架中集成了表单功能，可以通过 Python 代码生成相应的 HTML 表单，创建 HTML 表单时需要使用 Form 类，Form 类中提供了多种类型表单元素对象，如文本框、文本域、下拉列表、单选框、复选框、按钮等。也可以为这些表单元素对象设置一些参数，如类名、id 名、默认值等。Form 类还可以为表单提供校验功能。进行表单处理时首先需要通过 Form 类创建一个 form 对象，在这个表单对象中设置相关的表单元素对象，以及它们的属性和校验条件，具体实现代码如下：

```
#导入表单类
from web import form
#设置模板文件路径
render=web.template.render('templates/')
#创建表单对象
form_obj=form.Form(
   #输入框（文本类型）
   form.Textbox('text',
              #（表单约束）字段不能为空
              form.notnull,
              #（自定义表单约束）字符长度要大于等于 5
```

```
                form.Validator('Must be more than 5 characters!', lambda y:len(y)>=5),
                #设置输入框的类名
                class_="text",
                #设置默认值
                value=None,
                #设置 id 名
                id="text",),
    #输入框（密码密文类型）
    form.Password('password',
                form.notnull,
                form.Validator('Must be more than 5 characters!', lambda y:len(y)>5),
                class_="password",
                value=None,
                id="password",),
    #下拉列表
    form.Dropdown('ropdown', [('value1', '字段名 1'), ('value2', '字段名 2')]),
    #按钮
    form.Button('button'),
)
```

表单对象创建以后，使用时需要生成一个实例化对象，通过实例化对象进行表单操作，具体代码如下：

```
#实例化表单对象
fromObj=from_obj()
#将表单对象转换为 HTML 结构代码（主要在模板文件中，用来显示表单具体信息）
fromObj.render()
#判断用户填写信息是否满足表带校验条件（满足返回 True，不满足返回 False）
fromObj.validates()
```

10.5.8 scrapy框架中各组件的工作流程

试题题面： scrapy框架中各组件的工作流程是怎样的？

题面解析： 本题主要考查应聘者对scrapy框架的理解与掌握情况，题目重点考查scrapy框架中不同组件的执行顺序与作用。

解析过程：

scrapy是一个功能强大、应用广泛的爬虫框架，它主要由以下几部分组成：

① Scrapy Engine：框架引擎，用于连接框架内其他组件，如Scheduler、Downloader、Sprider、Item Pipeline等，进行各组件之间的信息与数据传递。

② Schedule：调度器，相当于一个队列，负责将引擎传递的request请求按照一定次序进行入队处理，当引擎需使用request请求时，进行出队操作，将request请求返回给引擎。

③ Downloader：下载器，根据引擎提供的request请求访问指定网页，或相应的Responses返回值或网页内容，然后将获取到的内容返回给引擎。

④ Spiders：爬虫，负责处理引擎传递的Responses，获取Item字段数据和新的URL请求，将Item数据与URL传递到引擎中。

⑤ Item Pipeline：项目中间件，负责处理Item数据，数据处理完毕后进行持久化存储，例如，写入文件、写入数据库等。

scrapy 框架中各部分组件的工作流程示意图如图 10-15 所示。

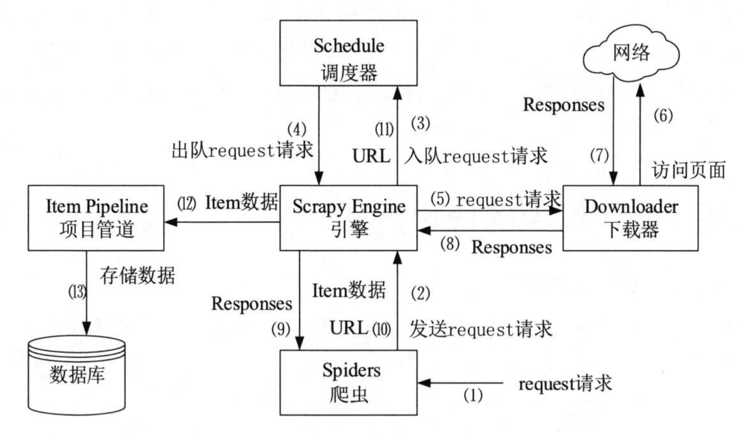

图 10-15　scrapy 框架中各部分组件的工作流程示意图

10.5.9　列举 Django 的内置组件

试题题面：Django 的内置组件有哪些？

题面解析：本题是一道偏向基础的面试题，主要考查应聘者对 Django 框架的理解与掌握情况，题目重点考查 Django 框架中不同组件的作用。

解析过程：

Django 目前是 Python 社区中使用最多、功能最全的 Web 框架。其包括 ORM 操作组件、URL 路由、数据处理、后台管理系统等功能。Django 框架主要的内置组件有以下几个：

① Form 组件：可以使用 Python 代码生成 HTML 结构表单代码，进行表单属性的校验。

② Cookies 与 Session：存储用户的个人信息，实行用户登录与权限管理。

③ 中间件：中间件位于 Web 服务器与 URL 层之间，用来进行 request 与 response 之间的处理。

④ ORM：用来建立项目与数据库之间的桥梁，可以采用面向对象的思想，通过数据库模型对象操作数据库，生成相应的数据表。

⑤ 分页器：当页面数据较多时，可以通过分页器将数据进行分页处理，方便页面数据的显示。

⑥ 信号：项目解耦时，可以通过信号，在特定动作发生时发送信号，让指定的接收者运行。

10.5.10　Django 如何实现 WebSocket

试题题面：Django 是如何实现 WebSocket 的？

题面解析：本题主要考查应聘者对 Django 框架的理解与掌握情况，重点考查 Django 框架中 WebSocket 的实现方式。

解析过程：

WebSocket 是一种在单个 TCP 连接上进行的双向通信协议。Django 实现 WebSocket 的方式有许多种，官方推荐的方式是使用 Channels。Channels 是针对 Django 的一个增强框架，它可以让 Django 不仅支持 HTTP 协议，还可以支持 WebSocket、MQTT 等多种协议。Channels 框架可以使用 WebSocket 协议，通过一次握手创建一个持久性的连接，能够保证浏览器与服务器间双向的数据传递。并非像 HTTP 协议中需要通过长轮询和计时器方式实现的伪实时通信，可以节约大量资源，适合进行聊天室等功能的开发。

10.5.11 简述 Flask 框架的使用方法

试题题面：简述 Flask 框架的使用方法。

题面解析：本题主要考查应聘者对 Flask 框架的理解与掌握情况，题目重点考查对 Flask 框架的应用。

解析过程：

Flask 框架是一个轻量级的 Python Web 框架，适合小型项目的开发与个性化定制。Flask 框架的使用非常简便，步骤如下：

① 导入 Flask 框架需要的相关模块，具体代码如下：

```
from flask import Flask,request
```

② 实例化一个 Flask 框架对象，具体代码如下：

```
#实例化一个 Flask 对象
app=Flask(__name__)
```

③ 使用装饰器进行路由映射配置，具体代码如下：

```
#视图方法（通过装饰器配置路由）
@app.route('/func)
```

④ 创建视图函数，进行 URL 请求处理，具体代码如下：

```
def func():
    #处理“GET”请求
    if request.method=='GET':
        return 'Hello World! '
```

⑤ 运行项目，具体代码如下：

```
#程序主入口
if __name__ == '__main__':
    #运行项目
    app.run()
```

10.5.12 Flask 和 Django 路由映射的区别有哪些

试题题面：Flask 和 Django 路由映射的区别有哪些？

题面解析：本题是一道出现频率较高的面试题，主要考查应聘者对 Flask 框架和 Django 框架的理解与掌握情况，并考查应聘者是否掌握 Flask 框架与 Django 框架路由映射的区别。

解析过程：

Flask 框架与 Django 框架都可以通过路由映射配置将 URL 请求同视图函数建立联系，但是它们建立联系的方式有所区别。

Django 框架中有专门的路由映射配置文件 url.py，在这个配置文件中，所有的路由映射都以列表形式进行保存，当接收到 URL 请求时，会在路由映射列表中从前向后进行匹配，然后将请求转发到对应的视图函数中。

Flask 框架中没有专门进行路由映射配置的文件，它通过装饰器的方式对视图函数进行修饰。

10.5.13 简述 Django 的请求生命周期

试题题面： 简述 Django 的请求生命周期。

题面解析： 本题主要考查应聘者对 Django 框架的理解与掌握情况，题目重点考查 Django 框架中请求的生命周期。

解析过程：

Django 框架中请求的生命周期包括以下几个步骤：

① 用户在浏览器中输入要访问网页的网址，浏览器会生成相应的 request 请求，request 请求分为请求头和请求体两部分，请求会以“GET”“POST”方式提交到服务器。

② 请求提交到服务器后，会先经过 Django 的中间件进行处理，符合中间件标准的请求会传递到 URL 路由映射列表。

③ 在 URL 路由映射列表中从前到后逐条匹配，直到匹配成功，将请求提交给对应的视图函数。

④ 在视图函数中，根据请求的提交方式进行相应处理，处理完成后将处理结果进行返回。

⑤ 返回结果通过中间处理返回给浏览器。

⑥ 浏览器接收返回信息，进行解析、渲染，显示给用户。

10.5.14 如何给 CBV 的程序添加装饰器

试题题面： 如何给 CBV 的程序添加装饰器？

题面解析： 本题主要考查应聘者对 Django 框架的理解与掌握情况，以及在 Django 框架中如何以 CBV 方式添加装饰器。

解析过程：

Django 框架中路由映射有两种模式，分别是 FBV 与 CBV。FVB 是视图函数与 URL 映射模式；CBV 是视图类与 URL 映射模式，视图类中主要有 dispatch()方法，通过反射查找 get()方法与 post()方法。get()方法用来处理“GET”请求；post()方法用来处理“POST”请求。CVB 模式使用装饰器时有如下 3 种方式：

1. 给视图类添加装饰器

```
from django.utils.decorators import method_decorator
@method_decorator(装饰器名,name="类方法名")#类方法名只能设置 get、post、dispatch
class DemoView(View):
   def post(self,request):
      pass
   def post(self,request):
      pass
   def dispatch(self,request,*args,**kwargs):
      pass
```

2. 给 get()方法或 post()方法添加装饰器

```
from django.utils.decorators import method_decorator
class DemoView(View):
    @method_decorator(装饰器名)
    def post(self,request):
        pass
    def post(self,request):
        pass
    def dispatch(self,request,*args,**kwargs):
        pass
```

3. 给 dispatch()方法添加装饰器

```
from django.utils.decorators import method_decorator
class DemoView(View):
    def post(self,request):
        pass
    def post(self,request):
        pass
    @method_decorator(装饰器名)
    def dispatch(self,request,*args,**kwargs):
        pass
```

10.6　名企真题解析

本节通过对一些企业面试、笔试真题的整理，从中选出出现频率较高、比较重要的一部分题目，帮助读者对 Web 应用及框架相关的知识进行归纳总结，使读者可以在面试或笔试过程中有出色的表现。

10.6.1　如何创建响应式布局

【选自 WR 笔试题】

试题题面：如何创建响应式布局？

题面解析：本题主要考查响应式布局的实现与作用。在回答该问题之前，应聘者要知道什么是响应式布局，还要回答如何创建响应式布局。

解析过程：

响应式布局是 Ethan Marcotte 在 2010 年 5 月提出的一个概念，主要是为解决使用不同的终端设备访问同一个网站界面显示效果不同的问题，使得一个网站可以兼容多个终端，不用因为终端设备的不同而开发特定的版本，从而极大地减轻开发任务与开发成本。

创建响应式布局，首先需要创建一个非响应式布局界面，然后添加媒体查询（Media Queries）和响应代码，通过媒体查询获取终端设备的参数，然后在响应式代码中进行相关设置，使布局界面对终端设备进行兼容。

10.6.2 Django、Flask、Tornado 框架的比较

【选自 TX 笔试题】

试题题面： Django 框架、Flask 框架和 Tornado 框架有什么区别？

题面解析： 本题主要考查应聘者对 Python 中 3 个 Web 框架的理解与掌握情况。应聘者首先要了解这 3 个框架的使用方法，接着根据框架的使用方法比较三者之间的不同，本题的答案将迎刃而解。

解析过程：

Python 中用于 Web 开发的框架有许多，其中使用最多的框架是 Django 框架、Flask 框架及 Tornado 框架。

Django 框架是社区中使用最多、功能最强大的 Web 框架，它是一个重量级框架，内部封装了许多功能模块，如 ORM、模板引擎、后台管理等。它可以高效地开发一个 Web 项目。但是它内置众多的功能模块，导致体积较大，因此，对于小型且功能较少的项目而言比较臃肿，不够灵活、自由。

Flask 是一种轻量级的 Web 框架，本身并不具有丰富的功能，但是它为众多第三方模块提供了接口，可以根据项目需求安装相应模块，使用模块提供的功能，适合功能较少的小型项目，灵活自由度高，可以进行项目的个性化定制。

Tornado 是一种轻量级的 Web 框架，内置 HTTP 服务器，性能优越、速度快，是基于异步非阻塞 I/O 模型的框架，在 I/O 密集型应用与多处任务上占据绝对优势。但是在模板与数据操作方面有太多选择，功能比较分散，不够集中，不利于后期的维护和管理。

10.6.3 Django ORM 中如何设置读写分离

【选自 AL 笔试题】

试题题面： 在 Django ORM 中如何设置读写分离？

题面解析： 本题主要考查应聘者对 Django 框架中 ORM 模块的理解与掌握情况。应聘者首先要知道 Django 框架中 ORM 模块的应用方法，然后分析如何通过 ORM 模块设置读写分离操作。

解析过程：

Django 中的 ORM 是用来建立数据库与项目之间的桥梁，为减轻“读压力”，可以进行读写分离操作。Django 中有两种方式实现读写分离，分别是手动设置与自动设置。

1. 手动设置

手动设置方式比较简单，只需要在 setting.py 配置文件中进行多个数据库的设置，不需要进行其他多余的配置，以 MySQL 数据为例，具体代码如下：

```
DATABASES = {
    #主库（进行写操作）
    'master': {
        'ENGINE': 'django.db.backends.mysql',
        'NAME': 'demo',
        'USER': 'root',
        'PASSWORD': '123456',
```

```
        'HOST': 'localhost',
        'PORT': 3306,
    },
    #从库（进行读操作）
    'slave': {
        'ENGINE': 'django.db.backends.mysql',
        'NAME': 'demo',
        'USER': 'root',
        'PASSWORD': '123456',
        'HOST': 'localhost',
        'PORT': 3307,
      }
}
```

通过 ORM 使用数据库模型对象进行数据库操作时，使用 using()方法对使用的数据库进行指定，具体代码如下：

```
#写入数据
models.模型对象.objects.using('master').create(key1=value1,key2=value2)
#读取数据
models. 模型对象.objects.filter(key=value).using('slave').first()
```

2. 自动设置

自动设置读写分离方式比较复杂，除了要在 setting.py 配置文件中进行多个数据库的设置，还需要进行数据库路由的配置，具体代码如下：

```
#配置数据库
DATABASES = {
    #主库（进行写操作）
    'master': {
        'ENGINE': 'django.db.backends.mysql',
        'NAME': 'demo',
        'USER': 'root',
        'PASSWORD': '123456',
        'HOST': 'localhost',
        'PORT': 3306,
    },
    #从库（进行读操作）
    'slave1': {
        'ENGINE': 'django.db.backends.mysql',
        'NAME': 'demo',
        'USER': 'root',
        'PASSWORD': '123456',
        'HOST': 'localhost',
        'PORT': 3307,
      }
    #从库（进行读操作）
    'slave2': {
        'ENGINE': 'django.db.backends.mysql',
        'NAME': 'demo',
        'USER': 'root',
        'PASSWORD': '123456',
        'HOST': 'localhost',
        'PORT': 3308,
      }
```

```
}
#配置数据库路由
DATABASE_ROUTERS=['db_router.Router',]
```

在项目根目录下创建一个 db_router.py 文件，在文件中编写一个 Router()类进行数据库设置。Django 框架中为数据库路由提供了 4 个方法，分别是 db_for_read()方法设定数据库模型使用哪个数据库进行读操作；db_for_write()方法设定数据库模型使用哪个数据库进行写操作；allow_relation()方法设定是否允许两个对象关联到数据库；allow_migrate()方法对于指定的 App 应用，是否允许对某个数据库进行数据迁移操作。实现数据读写分离主要使用的是 db_for_read()方法与 db_for_write()方法，具体代码如下：

```
class Router:
    #设定读操作数据库
    def db_for_read(self, model, **hints):
        '''
        读取时随机选择一个数据库
        '''
        import random
        return random.choice(['slave1','slave2'])
    #设定写操作数据库
    def db_for_write(self, model, **hints):
        '''
        写入时选择主库
        '''
        return 'master'
```

这样设置完成后，使用数据库模型对象操作数据库时不需要使用 using()方法指定数据库，会根据操作数据库的方式自动匹配对应的数据库。

第11章

Python 可视化编程

本章导读

本章主要讲解 Python 可视化编程的基础知识，包括网络编程、Python AI 编程及数据分析等。本章通过面试与笔试试题的方式让应聘者更加清楚地去理解、使用 Python 可视化编程，同时也教会应聘者在面试与笔试中如何灵活地应对面试官提出的问题。

知识清单

本章要点（已掌握的在方框中打钩）：

- □ 网络编程。
- □ TCP 与 UDP 的区别。
- □ Python 爬虫的实现。
- □ 大数据的认识。

11.1 网络编程

网络编程主要用于不同设备之间的数据交互，也可以是不同设备、不同程序之间的数据交互。网络通信都是基于请求-响应模型，其中第一次发起请求的设备被称为客户端，等待请求并处理与回复的设备被称为服务器端，这种网络编程方式是 Client/Server 结构。除此以外，还有使用浏览器作为通用客户端的 Browser/Server 结构、客户端与服务器在一起的 P2P 结构。

在网络编程中，分为客户端开发与服务器端开发两部分，其中客户端的开发主要有以下 3 个步骤：

① 建立网络连接。

② 交换数据。

③ 关闭连接。

服务器端的开发主要有以下 4 个步骤：

① 监听端口。

② 获取连接。
③ 交换数据。
④ 关闭连接。

11.1.1　TCP 编程

TCP 是一种常用的网络协议，是一种面向连接、可靠的、基于字节流的通信协议。TCP 编程是一种基于 TCP 网络协议进行的 Socket 网络编程。

在 Python 中使用 TCP 进行 Socket 编程非常方便，在客户端需要设定访问服务器 IP 和 port，发送连接请求，等待连接成功后进行数据交互，最后关闭连接。创建一个 tcpClient.py 文件，客户端的具体实现代码如下：

```
import socket
#创建客户端对象，默认使用 TCP，也可以通过
#socket.socket(socket.AF_INET,socket.SOCK_STREAM)方式创建
client=socket.socket()
#客户端主动发起连接请求
client.connect(('localhost',45000))
print("连接创建成功")
while True:
   #向服务器端发送信息
   send_data=input("client>>")
   #TCP 传递的字节流数据，需要进行编码
   client.send(send_data.encode('utf-8'))
   #退出程序
   if send_data == 'q':
      break
    #接收服务器端信息，需要进行解码（将字节流数据转换为字符型）
    re_data = client.recv(1024).decode('utf-8')
    print("server>>",re_data)
#关闭客户端连接
client.close()
```

在服务器端需要对客户端访问的 IP 和 port 进行监控，接收到客户端的连接请求后，可以同客户端进行数据交互，最后关闭连接。创建一个 tcpServer.py 文件，服务器端的具体实现代码如下：

```
import socket
#创建服务器端对象
server=socket.socket()
#绑定客户端访问端口连接
server.bind(('localhost',45000))
#调用 listen()方法开始监听端口，当使用多线程时可以同时检测多个客户端
server.listen()
#获取连接的客户端对象与主机地址
serObj,address=server.accept()
print("连接对象：{}\n 主机地址：{}".format(serObj,address))
while True:
   #接收客户端数据
   re_data = serObj.recv(1024).decode('utf-8')
   print('client>>',re_data)
   #退出程序
```

```
    if re_data=='q':
        break
    #将客户端发送的信息转换为大写并返回
    send_data=re_data.upper()
    serObj.send(send_data.encode('utf-8'))
    print('server>>',send_data)
#关闭服务器连接
server.close()
```

因为服务器端要监听客户的连接请求，所以，需要先运行 tcpServer.py 文件，再运行 tcpClient.py 文件，具体运行效果如图 11-1 和图 11-2 所示。

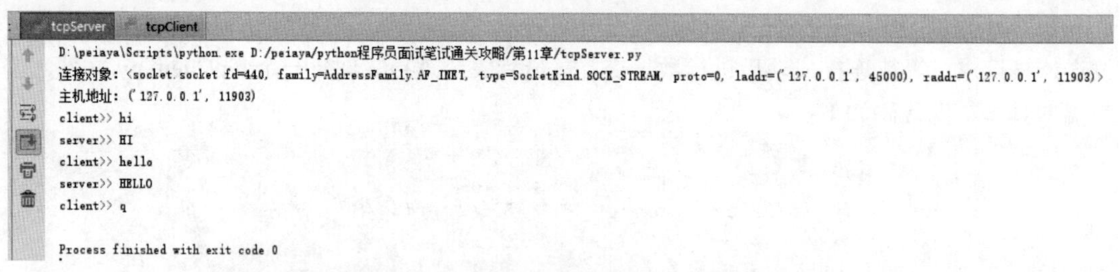

图 11-1 tcpServer 服务器端运行效果

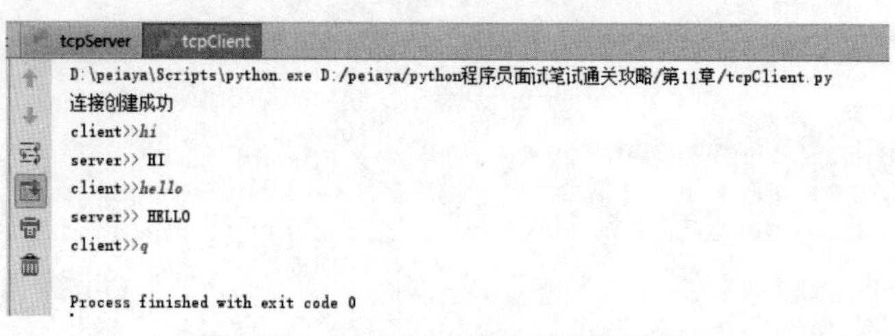

图 11-2 tcpClient 客户端运行效果

11.1.2 UDP 编程

UDP 与 TCP 一样，是一种常用的网络通信协议，只是它是一种面向无协议的、不可靠的、基于报文的通信协议。UDP 编程是一种基于 UDP 网络协议进行的 Socket 网络编程。

在 Python 中，UDP 编程与 TCP 编程的实现比较相似，都需要使用 Socket 对象分别创建客户端与服务器端，只不过 UDP 编程客户端中不需要使用 connect()方法发送连接请求，服务器端中不需要使用 listen()方法监听连接请求。

创建一个 udpClient.py 文件，进行客户端代码的编写，具体实现代码如下：

```
import socket
#创建客户端对象(使用 UDP 协议)
client=socket.socket(socket.AF_INET,socket.SOCK_DGRAM)
#连接的主机与端口
conn=('localhost',45000)
while True:
    send_data = input("client>>")
    #向指定的主机、端口发送数据
    client.sendto(send_data.encode('utf-8'),conn)
    #退出程序
    if send_data == 'q':
        break
```

```
    #接收服务器端信息
    re_data = client.recv(1024).decode('utf-8')
    print("server>>",re_data)
#关闭连接
client.close()
```

创建一个 udpServer.py 文件，进行服务器端代码的编写，具体实现代码如下：

```
import socket
#创建服务器端对象
server = socket.socket(socket.AF_INET,socket.SOCK_DGRAM)
#绑定客户端访问端口连接
server.bind(('localhost',45000))
while True:
    #获取客户端发送的信息和客户端的主机地址与端口号
    data,address = server.recvfrom(1024)
    re_data=data.decode('utf-8')
    print('client>>',re_data)
    #退出程序
    if re_data=='q':
        break
    #返回消息
    send_data=re_data.upper()
    server.sendto(send_data.encode('utf-8'),address)
    print('server>>',send_data)
#关闭连接
server.close()
```

先运行 udpServer.py 文件，再运行 udpClient.py 文件，具体运行效果如图 11-3 和图 11-4 所示。

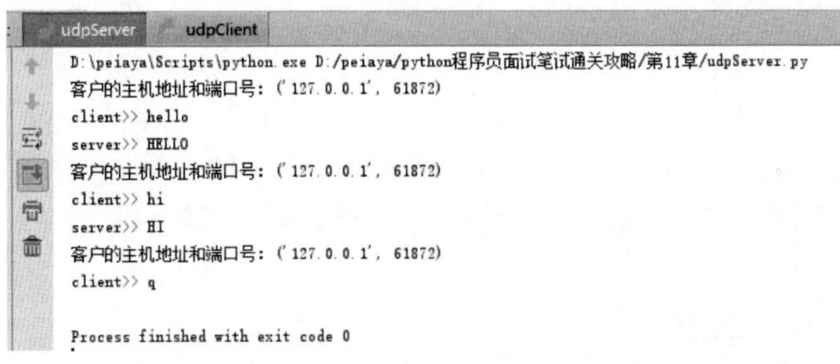

图 11-3 udpServer 服务器端运行效果

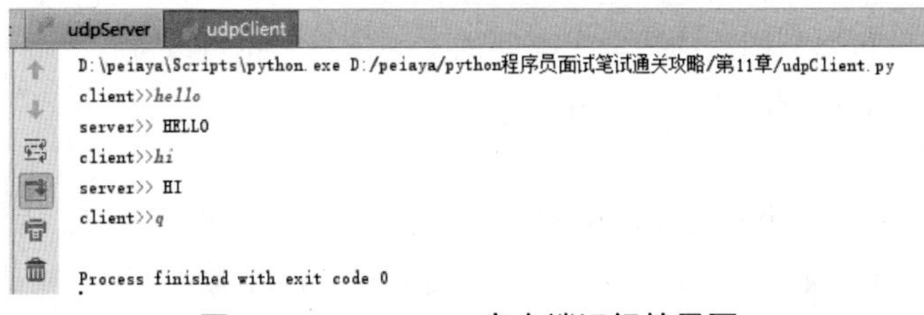

图 11-4 udpClient 客户端运行效果图

11.2 Python AI 编程库

AI（人工智能）涉及的方面有许多，如语音识别、图像识别、机器学习、人工神经网络等。

Python 在人工智能方面的应用广受好评，Python 有许多第三方库，可以帮助开发人员快速进行人工智能相关的环境配置与功能开发。

11.2.1 数据可视化库

数据可视化库，简单来讲就是将数据以图或表的形式生动形象地呈现在人们眼前的功能模块，通过数据可视化库，人们能够直观地看到数据的多少及变化规律，可以方便、高效地进行数据处理与数据分析工作。Python 中有许多数据可视化库，其中常用的有以下几种：

1. Matplotlib

Matplotlib 数据可视化库是一个 2D 绘图库，它的出现已经有十多年的历史，但是在日常的使用中较为广泛，它可以将数据以图表的形式绘制出来并显示，它能够绘制的图表类型有折线图、柱状图、散点图、极坐标、直方图、多边形等。绘制出的图表通常以图片的形式保存。

2. Pyecharts

Pyecharts 是由中国开发人员开发的第三方可视化库，因此比较符合国内用户的使用习惯。Pyecharts 主要用于 Web 页面的绘图，可以方便地绘制各种图表，如折线图、柱状图、饼图、河流图、热力图等，它绘制出的图表比较美观而且功能强大，还可以绘制一些比较复杂的图表。绘制出的图表通常保存为 HTML 格式的文件，也可安装插件，将图表保存为图片等其他格式的文件。

3. Missingno

Missingno 是一个可视化缺失库，可以根据条形图等直观地看到数据的缺失情况，也可以通过热力图或树状图的完成度对数据进行过滤与排序。

4. Plotly

Plotly 是一个数据分析及可视化的在线平台，支持多种语言，在 Python 中有在线与离线两种模式，在线模式可以进行实时编辑。可以通过 Plotly 绘制柱状图、饼状图、折线图等一些简单图表，也提供了等高线图、树状图、3D 图表等一些复杂图表的绘制功能。

11.2.2 计算机视觉库

计算机视觉库，简单来讲就是通过计算机模拟人类视觉对图像进行分析处理的功能模块。通过计算机视觉库，可以从图片中提取出需要的文字信息，也可以进行人脸识别。Python 中有许多计算机视觉库，其中常用的有以下几种：

1. Numpy

Numpy 是 Python 的一个核心库，主要用来进行维度数组及矩阵计算。图像本质上是一个包含图像点信息的 numpy 数组，因此可以通过 Numpy 库进行图像的裁剪、修改等。

2. OpenCV-Python

OpenCV 是一个强大的计算机视觉库，它的使用最为广泛，支持多种编程语言，其中 OpenCV-Python 是 OpenCV 库对 Python 语言的支持。该模块可以通过控制摄像头获取图像，也可以直接进行图像的读写，获取图像后，能够对图像进行图像滤波、图像增强、阈值分割等操作。

3. Mahotas

Mahotas 是一个基于 C++语言实现的图像处理库，它使用 numpy 数组类型的数据，具有

Python 接口，内部提供了大量的图像处理算法，可以进行图像滤波、图像增强、形态学操作、凸点计算、特征计算、多边形绘制、分水岭等操作。

4. Pycairo

Pycairo 库的使用与 Cairo 库紧密相关，Cairo 库是一个用来绘制 2D 矢量图形的图形库。Pycairo 库可以进行矢量图像的绘制与操作。

11.2.3 机器学习库

机器学习是 1990 年出现的，主要目的是在一个已经发生的事件后，通过算法设定与优化，对计算机进行训练与学习，最终对未来再次发生这个事件的可能进行准确预测。计算机学习算法的特征是预测的质量会随着不断试错与经验累计而不断提高。Python 中有许多机器学习库，其中常用的有以下几种：

1. Theano

Theano 是出现最早且目前最为成熟的深度学习库，比较擅长处理多维数组（numpy），是为处理大型神经网络算法计算专门设计的。Theano 虽然可以在 CPU 或 GPU 上运行，但是使用者需要对它内部的算法与原理有深入了解，因此，学习成本与使用难度较高。

2. TensorFlow

TensorFlow 库是由 Google 团队开发的，主要用于深度学习计算，它是一个深度学习框架，通过它可以快速搭建一个深度学习模型。模型本质是一个神经网络运算抽象成的运算图（Graph），一个运算图由大量的张量（Tensor）运算组成，张量本质上就是多维数组的集合。神经网络运算的底层实现就是输入张量与输出张量之间的映射关系。TensorFlow 可以通过代码设置进行 CPU 与 GPU 计算资源的分配，实现并行运算。

3. Scikit-learn

Scikit-learn 简称 Sklearn，是基于 Scipy 的扩展。sklearn 依赖 Numpy 库与 Matplolib 库，通过这几个模块的集合，具有非常强大的功能。sklearn 不仅支持回归、降维、聚类和分类四大机器学习算法，还具备数据处理、模型评估、特征提取等功能。通过 Scikit-learn 库可以大大提高机器学习的效率。

4. PyTorch

PyTorch 是一个新生的第三方机器学习库，是 Facebook 人工智能研究院基于 Torch 框架开发的，主要用来进行 GPU 加速的张量计算或神经网络的自动求导。PyTorch 的结构与配置比较简单，学习成本较低，适合新手学习与使用。

11.3 数 据 分 析

数据分析，简单来讲就是对大量数据以适合的统计分析方法进行分析，从大量杂乱的数据中获取有用的、有规律的数据信息，从而找出研究对象的内在规律，进行结论的总结。Python 中有许多数据分析相关库，其中常用的有以下几种：

1. Pandas

Pandas 是 Python 中一个灵活、强大的数据分析与探索工具，其数据结构通常是 DataFrame 类型（表格型的数据结构，类似于二维数组），也可以使用 Series 类型（由数据与索引组成，类似于一维数组）。Pandas 模块最初用来进行金融数据的分析与处理，因此对于具有时间序列的数据处理起来非常方便。Pandas 模块对数据存储也有非常好的支持，可以读取或者存储为 Json、CSV、Excel 和 SQL 等多种类型的文件。

2. SciPy

SciPy 是 Python 中一个用于算法、数学、科学等的科学计算工具包，可以实现许多数学计算，如线性代数、积分、常微分方程等。也可以应用于其他科学工程中的计算，如信号处理、图像处理等。

3. StatModels

StatModels 在 Python 中主要用来进行数据的统计建模和分析。Pandas 模块侧重于数据的读取、探索与处理，与 StatModels 模块的功能互补，因此，StatModels 模块与 Pandas 模块一般结合使用。

11.3.1　什么是大数据

浅层理解，大数据是指数据比较“大”，数据量比较“多”；深层理解，大数据是指无法使用现有的软件工具进行搜索、提取、存储、共享、分析和处理的复杂的、海量的数据集合。大数据的特征是 4 个“V”，分别为：

① 数据量大（Volume）。

② 数据类型多样性（Variety）。

③ 数据具有的价值（Value）。

④ 数据的处理速度（Velocity）。

11.3.2　网络爬虫的基本原理

网络爬虫又称网络机器人，主要作用是通过指定的 URL，按照一定规则，自动爬取网页中的内容。使用 Python 语言可以很方便地应用爬虫爬取所需的内容，Python 中有许多爬虫框架，其中常用的框架有 Scrapy、Requests、Selenium、PySpider、Beautiful Soup 等。

一个完整的爬虫流程分为以下几个步骤：

① 设置初始 URL，也称为种子 URL。

② 从待爬取的 URL 列表中取出一个 URL，访问页面，按照一定的规则进行处理，获取页面中的数据，并从这个页面中提取新的 URL，将新 URL 添加到未爬取的 URL 列表队列中。

③ 重复步骤②中的操作，直至 URL 列表中的 URL 全部爬取完毕。

网络爬虫的原理示意图如图 11-5 所示。

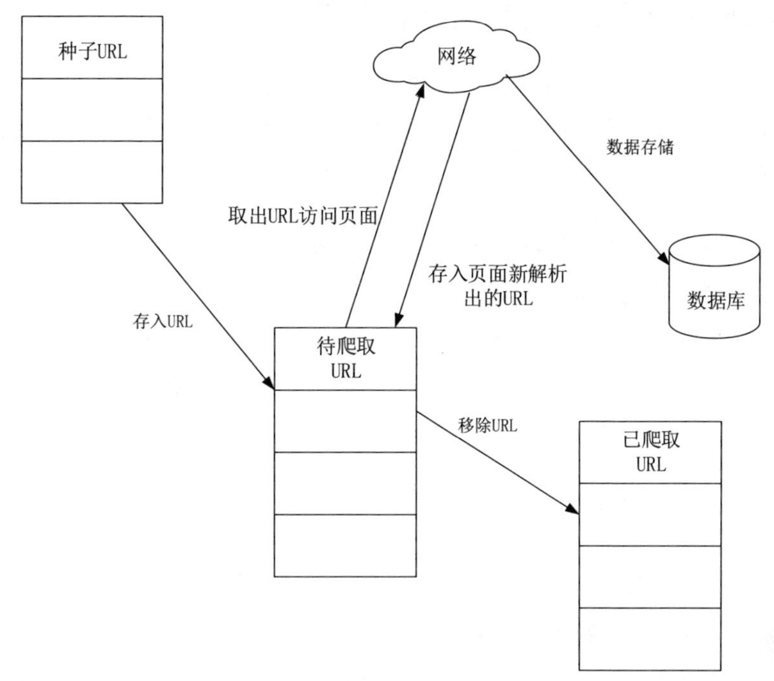

图 11-5 网络爬虫的原理示意图

11.4 精选面试笔试解析

经过前面对 Python 可视化编程的了解与学习，本节总结了一些在面试或笔试过程中经常遇到的问题，让读者可以根据这些题目更好地去理解本章内容，也可以让读者掌握一些在面试笔试中回答问题的方法和思路。

11.4.1 TCP 和 UDP 有什么区别

试题题面： TCP 和 UDP 有什么区别？

题面解析： 本题主要考查应聘者对网络编程基础知识的理解与掌握程度。回答此类问题时，应聘者首先应回想一下什么是 TCP、什么是 UDP，然后分析 TCP 与 UDP 的不同之处。

解析过程：

TCP 与 UDP 都是用于网络编程的通信协议，虽然它们都能为 Socket 对象提供服务，但是它们具体的使用有所不同，不同之处有以下几个方面：

① TCP 是面向连接的，进行数据交互时，需要确保连接建立成功；UDP 是无连接的，不需要建立连接就可以进行数据交互。

② TCP 是一种可靠的通信协议，可以保证数据传输的准确性和有序性。UDP 是一种不可靠的通信协议，不能保证数据传输的准确性和有效性。

③ TCP 消耗的资源较多，UDP 消耗的资源较少。

④ TCP 的传输效率较慢，UDP 的传输效率较快。

11.4.2 简述基于 TCP 的套接字通信流程

试题题面：什么是 Socket？简述基于 TCP 的套接字通信流程。

题面解析：本题主要考查应聘者对网络编程基础知识的理解与掌握情况，本题的重点是应聘者不仅要知道什么是 Socket、什么是 TCP，而且还要掌握 TCP 的套接字的通信流程。

解析过程：

Socket 又称“套接字”，是一种实现网络通信的方法，它为应用程序提供了一个接口，开发人员可以通过这个接口进行消息的收发。

基于 TCP 的 Socket 通信流程分为客户端与服务器端两部分，其中客户端的流程如下：

① 创建客户端对象。

② 建立连接。

③ 进行数据交互。

④ 断开连接。

服务器端的流程如下：

① 创建服务器端对象。

② 绑定客户端访问的主机与端口号。

③ 监听客户并连接。

④ 进行数据交互。

⑤ 断开连接。

基于 TCP 的套接字通信流程如图 11-6 所示。

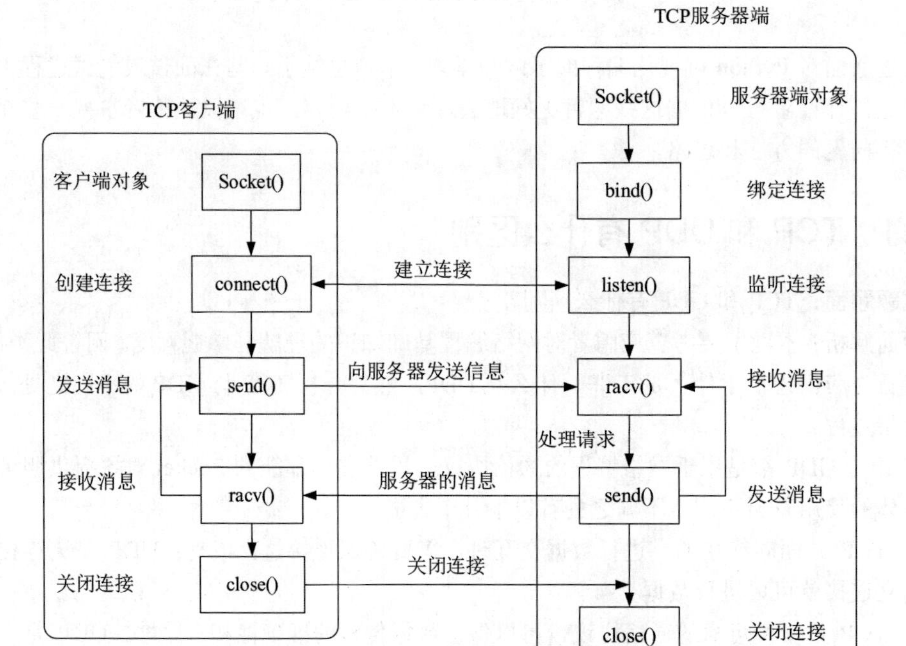

图 11-6 基于 TCP 的套接字通信流程

11.4.3　为什么使用 Scrapy 框架？Scrapy 框架有哪些优点

试题题面：为什么使用 Scrapy 框架？Scrapy 框架有哪些优点？

题面解析：本题是面试中比较常见的题目，面试官希望通过这样的面试题来了解应聘者对开发中经常要使用到的框架的掌握程度。应聘者首先应回答什么是 Scrapy 框架，然后分析使用 Scrapy 框架进行开发的优缺点。

解析过程：

Scrapy 框架是一个高层次、可以进行快速屏幕抓取和 Web 抓取的框架，其主要用来进行网站页面的爬取，可以从下载的页面信息中提取出结构性的数据，并且可以将提取的数据很方便地进行存储。

Scrapy 框架的优点如下：

① 使用方便，通过简单的配置，就可以对需要的数据进行爬取。

② 适合大规模爬取项目的构建与使用。

③ 适合异步请求的处理，效率较高，速度较快。

④ 可以自动调节爬取的速度。

Scrapy 框架的缺点如下：

① 适用于 Python 语言，不支持其他语言，扩展性较差。

② 当数据出错时没有明显的提示，不方便对错误的修改与处理。

Scrapy 框架结构简单，配置方便，主要由以下几部分组成：

① Scrapy Engine：爬虫引擎，用来进行框架中各组件之间的信号、通信和数据传递等。

② Scheduler：调度器，本质是一个队列，用来存放 Request 请求或者 URL。

③ Downloader：下载器，用来访问网页，获取网页内容或者 Responses 返回值。

④ Spiders：爬虫对下载的网页内容或者 Responses 返回值进行解析，获取 item 字段数据和需要跟进的 URL。

⑤ Item Pipeline：项目管道，对 item 字段数据进行处理，并将数据存储在数据库或其他文件中。

11.4.4　分布式爬虫主要解决什么问题

试题题面：分布式爬虫主要解决什么问题？

题面解析：本题主要考查应聘者对分布式爬虫的理解与掌握情况，本题的重点是应聘者不仅要了解分布式爬虫的功能与作用，还要学会利用分布式爬虫来解决开发中遇到的问题。

解析过程：

分布式爬虫是指在不同的计算机上部署一个相同的爬虫程序，这些爬虫程序访问同一个 URL 队列，这样多个爬虫程序同时进行爬取，可极大地提高爬虫爬取的速度和效率。需要注意的是，分布式爬虫的性能与计算机 CPU 性能和网络带宽有很大的关系，在 CPU 性能与带宽较差的情况下，分布式爬虫的速度可能还不如单机爬虫（单个主机上运行的爬虫程序）。单机爬虫与分布式爬虫的原理架构图如图 11-7 所示。

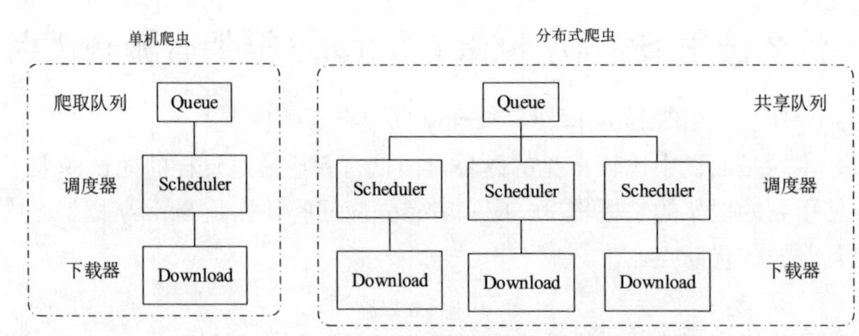

图 11-7 单机爬虫与分布式爬虫的原理架构

单机爬虫与分布式爬虫的本质区别是单机爬虫在一台主机上运行，并且只能设置一个调度器和下载器，而分布式爬虫可以在多台主机上部署，还可以设置多个调度器与下载器，爬取效率较高。

分布式爬虫主要用来解决 CPU 性能与带宽良好情况下，对于海量数据及网页的爬取工作，可以极大地提高爬取效率。

11.4.5 如何进行归并排序

试题题面： 如何进行归并排序？

题面解析： 本题属于 Python 算法基础题，主要考查应聘者对排序算法的理解与掌握情况，本题的重点是掌握归并排序以及归并排序的实现方法。

解析过程：

归并排序是一种有效稳定的排序算法，是通过归并操作实现的，可以将两个顺序序列合并为一个顺序序列。归并排序采用“分治法”来实现，“分治法”分为两个阶段：第一个阶段是“分”，即将一个无序序列拆分为两份，如果拆分后的两个无序序列还可以继续拆分，那么就将这个序列再次拆分为两个序列，直至拆分后的序列不能拆分为止；第二个阶段是“治”，该阶段将拆分后的序列两两按序合并，直至最终只剩一个序列。归并排序的原理示意图如 11-8 所示。

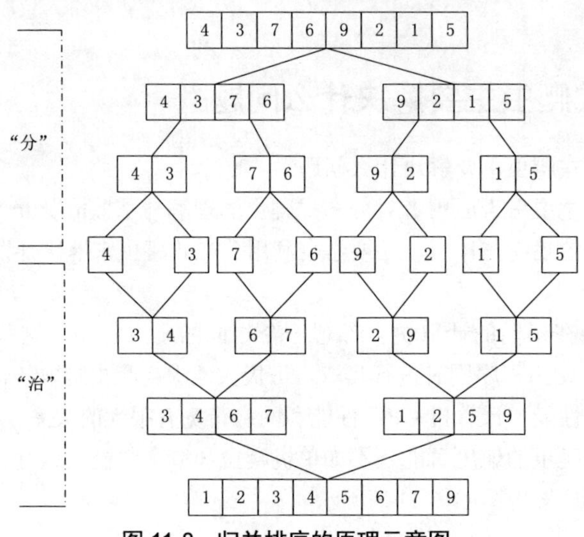

图 11-8 归并排序的原理示意图

由图 11-8 可以看出，归并排序适合无序的序列排序，如 7459163824；不适合相对有序的序列排序，如 98123456。

使用 Python 语言来实现归并排序算法，具体代码如下：

```
#归并排序算法
def mergeSort(lists):
    #判断序列能否继续拆分
    if len(lists)<=1:
       return lists
    #获取拆分位置的下标
    num=int(len(lists)/2)
    #拆分序列（“分”阶段）
    #左侧序列（递归地进行拆分）
    left=mergeSort(lists[:num])
    #右侧序列
    right=mergeSort(lists[num:])
    print("left:{}\t right:{}".format(left,right))
    #调用 merge 方法递归地进行按序合并
    return merge(left,right)
#按序合并（“治”阶段）
def merge(left,right):
    #左右序列的初始下标
    r,l=0,0
    #存储排序后的列表
    result=[]
    #对左右两边的序列进行排序
    while l<len(left) and r<len(right):
        #比较左右两边的元素的大小，将最小的元素添加到序列中
        if left[l]<=right[r]:
            result.append(left[l])
            #左边序列下标加 1
            l+=1
        else:
            result.append(right[r])
            #右边下标加 1
            r+=1
    #序列相加（将缺少的最后一个左边或右边元素添加到序列中）
    result+=list(left[l:])
    result+=list(right[r:])
    #返回按序合并后的序列
    return result
#程序主入口
if __name__=='__main__':
    #待排序序列
    lists=[9,2,8,4,3,5,7,6]
    print("初始序列：{}".format(lists))
    end_lists=mergeSort(lists)
    print("排序后的序列：{}".format(end_lists))
```

归并排序算法的运行效果如图 11-9 所示。

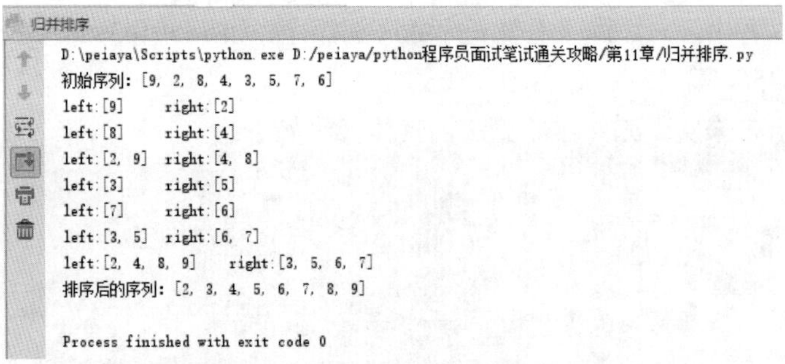

```
归并排序
D:\peiaya\Scripts\python.exe D:/peiaya/python程序员面试笔试通关攻略/第11章/归并排序.py
初始序列: [9, 2, 8, 4, 3, 5, 7, 6]
left:[9]     right:[2]
left:[8]     right:[4]
left:[2, 9]  right:[4, 8]
left:[3]     right:[5]
left:[7]     right:[6]
left:[3, 5]  right:[6, 7]
left:[2, 4, 8, 9]    right:[3, 5, 6, 7]
排序后的序列: [2, 3, 4, 5, 6, 7, 8, 9]

Process finished with exit code 0
```

图 11-9 归并排序算法的运行效果

11.4.6 在数据抓取的过程中 GET 与 POST 方法有什么区别

试题题面：在数据抓取的过程中 GET 与 POST 方法有什么区别？

题面解析：本题主要考查应聘者对网页请求方式的理解与掌握情况。遇到这个问题，应聘者首先要在脑海中回忆一下数据抓取的过程，接着回想 GET 与 POST 的使用方法，最后总结网页请求中 GET 与 POST 方法的区别。

解析过程：

GET 与 POST 是页面请求的两种方式，其中 GET 请求不需要额外进行请求参数设置，页面请求的相关参数都包含在 URL 请求中。而 POST 请求需要额外进行请求参数的设置，因为它访问的页面 URL 中不包含相应的请求参数，直接通过 URL 访问不到所需的页面信息。

GET 与 POST 都是用来向服务器提交请求的方式，只是在一些使用细节上有所不同。不同之处有以下几个方面：

① GET 方式的请求参数会在 URL 请求中显示出来，而 POST 请求的参数不会在 URL 请求中显示出来。因此，GET 方式适合传递一些不敏感、不重要的请求参数，POST 方式适合传递一些敏感、重要的参数，POST 方式可以更好地保存用户隐私信息的安全。

② GET 方式只能传递 ASCII 编码的数据，而且数据长度有限制，最多只能有 1024B。POST 方式支持多种编码，而且数据没有长度限制。

③ GET 方式的请求参数会被记录到浏览器的历史记录中，POST 方式不会。

④ GET 方式的速度比 POST 方式快一点。

⑤ GET 方式在浏览器上回退时，不会对页面造成影响，是无害的。POST 方式在浏览器上回退时，会重新发送 POST 请求。

11.4.7 为什么基于 TCP 的通信比基于 UDP 的通信更可靠

试题题面：为什么基于 TCP 的通信比基于 UDP 的通信更可靠？

题面解析：本题主要考查应聘者对 TCP 与 UDP 的理解与掌握情况。在回答该问题之前，应聘者要了解什么是 TCP、什么是 UDP，了解了两种协议的使用方法，才能更好地回答本题。

解析过程：

TCP 与 UDP 都是常用的通信协议，只是 TCP 是可靠的，UDP 是不可靠的，TCP 比 UDP 更可靠的原因有以下几个方面：

① TCP 是面向连接的，只有客户端与服务器建立连接后，才能进行数据交互，因此可以防止数据丢失，保证服务的可靠性。UDP 是无连接的，客户端与服务器不需建立连接，就可以进行数据交互，不能确保进行数据交互时，客户端与服务器可以建立完整的连接，数据有丢失的风险。

② TCP 中客户端向服务器发送一条消息后，需要接收到服务器的确认消息，才能进行下一个消息的发送，如果客户端等待一定时间还未收到服务器的确认信息，客户端就会将之前发送的信息重新发送。UDP 不具备这个机制。

③ TCP 在发送数据的同时，还会附带一个校验和，服务器接收数据后会对校验和进行验证，如果结果正确，则返回确认信息，如果结果错误，则返回重发信息，让客户端重新发送数据。

④ 对于较大数据，TCP 协议会将数据进行分包发送，客户端发送数据时会传递一个数据包序号，服务器接收后会比较数据包序号，如果序号正确，则返回确认信息，如果序号错误，则会删除这个数据包，并让客户端重新发送数据，这样可以保证数据的有序性。UDP 不具备这种机制。

11.4.8　什么是负载均衡

试题题面：什么是负载均衡？

题面解析：本题属于对定义的考查，主要考查应聘者对负载均衡的理解与掌握情况。在回答该问题时，应聘者不仅要叙述负载均衡的定义，还要阐述常用的负载均衡的分类及负载均衡算法。

解析过程：

1. 什么是负载均衡？

负载均衡是指通过软件或硬件，以廉价的方式将程序或系统中受到的压力分摊到其他模块上，从而协同完成任务。负载均衡可以在现有网络的基础上提高网络设备和服务的吞吐量、带宽，加强网络数据处理能力，提高网络的灵活性和可用性。

2. 负载均衡的实现方式分类

（1）软件/硬件负载均衡

① 软件负载均衡。软件负载均衡是指在一台或多台服务器上，通过安装附加软件来实现服务器的选择与请求转发，从而缓解某一个服务器的压力。这种方式使用灵活，配置简单，成本低廉，能够满足一般的负载均衡需求。但是由于软件本身需要占用一定的资源，因此，不适合功能模块较大、连接请求特别多的场景。

② 硬件负载均衡。硬件负载均衡是指在服务器与外部网络之间安装专门用来进行负载均衡的硬件设备，这种方式负载均衡处理设备独立于操作系统，不占用原有的系统资源，性能较好，但是成本较高。

（2）本地/全局负载均衡

① 本地负载均衡。本地负载均衡主要针对本地范围的服务器群进行负载均衡，可以利用现有设备，在现有的服务上进行升级扩充，不需要改变原有的网络结构。通常用来解决网络负荷过重、数据流量过大的问题。

② 全局负载均衡。全局负载均衡也被称为地域负载均衡，主要用来解决全球范围内的用户访问请求问题，这种方式在全球不同地区都设有服务器，用户发起访问请求时，会将用户请求分配到距离用户最近的服务器进行处理。

3. 负载均衡算法

（1）轮询法

将用户请求对服务器逐个轮询分配，这种方式可以实现绝对的均衡，但是代价较高，无法保证任务的合理分配。

（2）随机法

随机选择一台服务器进行任务分配，实现了请求的分散性，但是随着任务量的增大会趋向于轮询法。

（3）最小连接法

在进行任务分配时，优先选择连接数最小的服务器，是一种动态负载均衡。但是不能充分利用服务器的性能，例如，任务会分配到一些连接数较少但性能较差的服务器上。

11.4.9 爬虫使用多线程还是多进程

试题题面：爬虫使用多线程还多进程？

题面解析：本题主要考查应聘者对多线程与多进程的理解与掌握情况。在 Python 中，可以很方便地应用爬虫爬取所需的内容，但在爬取需要的内容时需要考虑采用多线程还是多进程的方式，采用不同的方式，爬取数据的速度也是不同的。

解析过程：

要判断爬虫适合使用多线程还是多进程，需要明白爬虫属于什么类型的程序。一个完整的爬虫执行流程如图 11-10 所示。

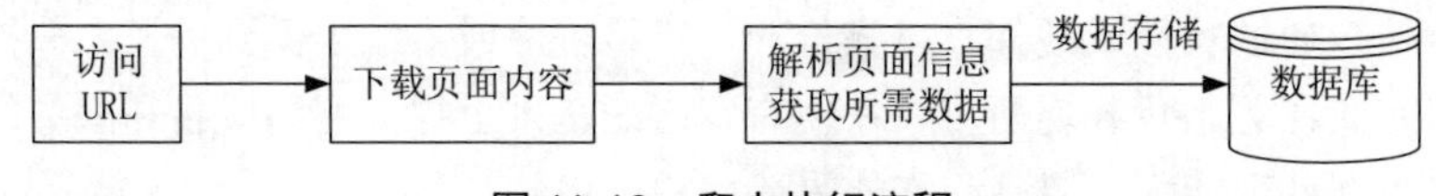

图 11-10 爬虫执行流程

在上述流程中，下载页面内容与数据存储消耗时间在整个流程中占比最多，而且这两个过程都属于 I/O 操作，因此爬虫程序是一种 I/O 密集型程序。

多进程可以在多个 CPU 核心中并行运行，可以充分发挥 CPU 的性能。但是创建进程消耗的资源与时间较多，因此，多进程不适合 I/O 密集型操作，适合计算密集型操作。

多线程只能在单个 CPU 核心上并发运行，但是创建线程消耗的资源与时间较少，因此多线程不适合计算密集型的操作，适合 I/O 密集型的操作。

因此，爬虫这种 I/O 密集型程序更适合多线程的方式实现。

11.4.10 如何处理网络延迟和网络异常

试题题面：使用 Redis 搭建分布式系统时，如何处理网络延迟和网络异常？

题面解析：本题是一道出现频率较高的面试题，主要考查应聘者对 Redis 数据库的理解与掌握情况，题目重点是如何处理使用 Redis 搭建分布式系统出现网络延迟和网络异常的问题。

解析过程：

Redis 的数据存储在内存中，数据的存储与读写效率较高，因此非常适合分布式系统的使用，但是 Redis 使用方式不当会导致网络延迟与网络异常。

Redis 常见的场景有以下几种。

1. 使用复杂度高的命令

当出现 Redis 实例的 CPU 使用率很高但是实际服务请求量不大的情况时，很大的原因可能是使用了复杂度高的命令导致的。解决这种问题可以通过放弃使用复杂度高的命令，使用简单的命令来实现，每次尽量操作少量的数据。

2. 存储 bigkey

当一个 key 的数据特别大时，Redis 在存储这个 key 或释放这个 key 时都需要耗费较多的时间，解决这种问题可以通过 lazy-free 机制，使用异步方式进行存储，从而提高 Redis 的性能。

3. 集中过期

当 Redis 中大量 key 的过期时间比较接近或者相同时，这些 key 就会集中过期，这样就会导致 Redis 在某个时间发生延迟。解决这种问题需要将集中过期的 key 打散，可以通过给 key 的过期时间添加一个随机时间来实现，也可以对集中过期的 key 进行监测，通过累积删除过期的 key 的数量来控制。

4. 实例内存达到上限

当 Redis 内存达到 maxmemory 后，每次再写入新的数据时，需要先删除一部分无用数据，这样才能将新数据写入，因此比较耗时。解决这种问题可以进行实例拆分，将一个实例中删除无用 key 的压力分摊到其他实例上。

5. fork 耗时严重

当 Redis 开启了自动生成 RDB 和 AOF 重写功能后，再进行 RDB 和 AOF 重写时会消耗大量的时间，导致 Redis 的访问延迟增大。要解决这种情况，需要规划好数据备份的周期，避免频繁地备份，影响 Redis 性能，而且如果业务对于数据丢失不敏感，可以关闭 RDB 和 AOF 重写功能。

6. 网卡负载过高

当网卡负载过高时，网络层或 TCP 层就会出现发送延迟、数据丢包等情况。为了解决这种情况，可以将占用较多网络带宽的 Redis 实例进行扩容或迁移，然后确认流量突增是否属于业务正常情况，如果属于，就需要及时扩容或迁移实例，避免这个机器的其他实例受到影响。

11.5　名企真题解析

为了进一步加深读者对 Python 可视化编程的理解，本节收集了一些各大企业往年的面试及笔试真题，读者可以通过这些面试和笔试真题，检验一下自己对于本节内容的掌握程度，以认识到自己的不足之处，巩固学习的内容。

11.5.1　TCP 在建立连接时三次握手的具体过程

【选自 WR 笔试题】

试题题面： 请简述 TCP 在建立连接时三次握手的具体过程。

题面解析： 本题主要考查应聘者对 TCP 建立连接的掌握情况。在回答问题之前，应聘者要了解什么是 TCP、TCP 建立连接的过程，接着具体分析 TCP 在建立连接时三次握手的具体过程。

解析过程：

TCP 在建立一个连接时，需要经过三次握手，其具体流程如下：

① 第一次握手，客户端向服务器发送连接请求。

② 第二次握手，服务器向客户端发送确认请求，告知客户端服务器已经接收到客户端的连接请求。

③ 第三次握手，客户端向服务器发送确认请求，告知服务器客户端已经接收到服务器端的确认请求。

因为客户端（服务器）不能确定发送的消息，服务器（客户端）是否接收到，只有客户端（服务器）接收服务器（客户端）返回的消息，才能确定服务器（客户端）收到了消息。例如，第一次握手后，客户端不确定服务器是否收到消息。第二次握手后，客户端收到服务器的确认信息，可以确定服务器收到了连接请求，但是服务器不确定客户端是否收到确认信息，还需要客户端发送一条确认收到“服务器确认信息”的确认信息。为了避免这种无休止的信息确认，规定经过三次握手后，就可以信任一个连接的建立。TCP 三次握手的示意图如图 11-11 所示。

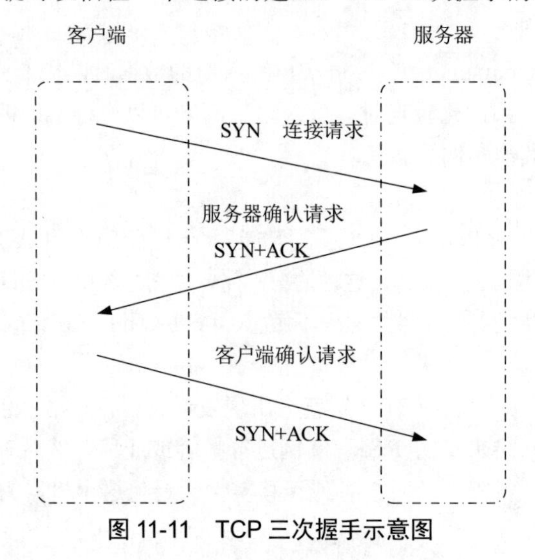

图 11-11　TCP 三次握手示意图

11.5.2　简述三次握手、四次挥手的流程

【选自 AL 笔试题】

试题题面： 简述 TCP 的三次握手、四次挥手的流程。

题面解析： 本题主要考查应聘者对 TCP 建立连接的完整流程的掌握情况。在回答问题之前，应聘者要了解什么是 TCP、TCP 建立连接的完整过程包括哪些，接着具体分析 TCP 在建立连接时的三次握手及四次挥手的具体过程。

解析过程：

一个完整的 TCP 连接，需要经过三次握手、四次挥手，其具体流程如下：

① 第一次握手，客户端向服务器发送连接请求。

② 第二次握手，服务器向客户端发送确认请求，告知客户端已经服务器已经接收到客户端的连接请求。

③ 第三次握手，客户端向服务器发送确认请求，告知服务器客户端已经接收到服务器端的确认请求。

④ 服务器与客户端进行数据交互。

⑤ 第一次挥手，客户端向服务器发送断开连接请求。

⑥ 第二次挥手，服务器收到客户端的断开请求，返回确认请求，此时处于半关闭状态，客户端等待服务器端发送断开连接请求。

⑦ 第三次挥手，服务器处理完数据发送后，会向客户端发送一个断开连接请求。

⑧ 第四次挥手，客户端接收到服务器的断开连接请求，向服务器发送一个确认请求。此时客户端与服务器双向的连接都断开了。

TCP 完整流程示意图如图 11-12 所示。

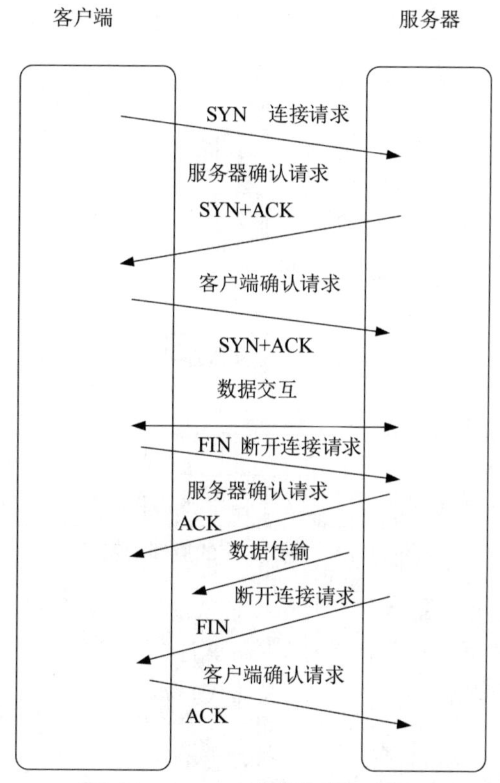

图 11-12　TCP 完整流程示意图

11.5.3　如何实现插入排序

【选自 TX 笔试题】

试题题面：如何实现插入排序？

题面解析：本题属于 Python 算法基础题，主要考查应聘者对排序算法的理解与掌握情况，本题的重点是掌握什么是插入排序及插入排序的实现方法。本题的重点在于插入排序算法的原理与实现方法。

解析过程：

插入排序也被称为直接插入排序，它是从一个序列中的第二个元素开始获取元素，将获取的元素与第一个元素对比，如果小于前一个元素，就将这两个元素互换位置。然后选取第三个元素，先将第三个元素与第二元素进行比较，如果第三个元素小于第二个元素，这两个元素交换位置，然后与第一个元素进行比较，如果小于第一个元素，同第一个元素交换位置。序列中后面的元素以此类推，直至整个序列排序完毕。插入排序的原理示意图如图 11-13 所示。

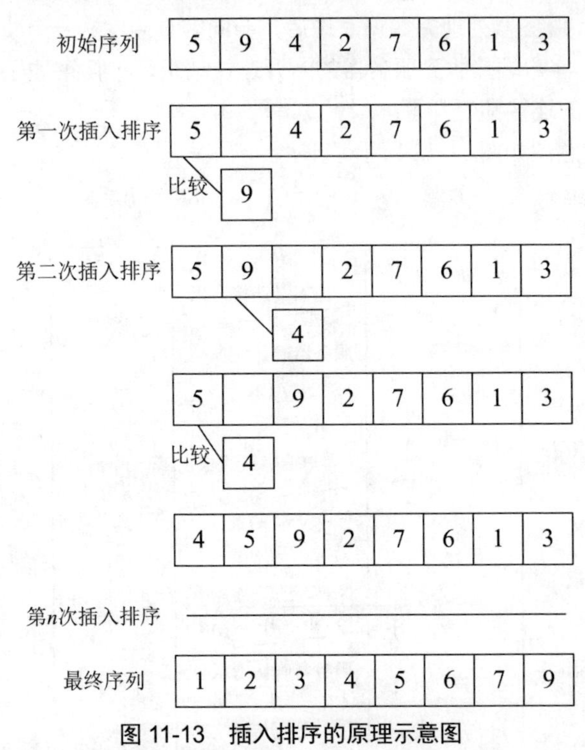

图 11-13　插入排序的原理示意图

从图 11-13 中可以看出，插入排序复杂度最低的情况为 1234576。复杂度最高的情况为 7654321。因此，插入排序适合部分有序的少量元素序列。

使用 Python 语言来实现插入排序算法，具体代码如下：

```
#插入排序算法
def insertSort(lists):
    #外层循环获取要插入的数据（从序列中的第二个元素开始）
    for i in range(1,len(lists)):
        #获取要插入的元素
        value=lists[i]
        #要插入的下标
        insertIndex=None
        #内层循环进行循环比较和元素交换（插入元素的前一个元素直到第一个元素）
        for j in range(i-1,-1,-1):
            #将要插入的元素同它前面的元素进行比较
            if value<lists[j]:
                #交换两个元素的位置
                lists[j+1]=lists[j]
                insertIndex=j
                #发生交换，将要插入的元素插入指定的位置
```

```
        if insertIndex!=None:
            #把待排序元素赋值到最新得到的插入索引
            lists[insertIndex]=value
        print('第{}次插入排序后的序列：{}'.format(i,lists))
    return lists
#程序主入口
if __name__=='__main__':
    lists=[7,6,8,4,9,2,5,1,3]
    print('初始序列：{}'.format(lists))
    end_lists=insertSort(lists)
    print('排序后的序列：{}'.format(lists))
```

插入排序算法的运行效果如图 11-14 所示。

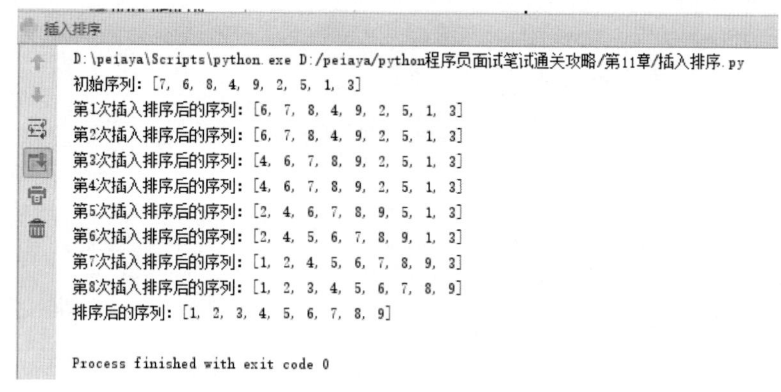

图 11-14　插入排序算法的运行效果

11.5.4　什么是爬虫？怎样实现网页的爬取

【选自 BD 笔试题】

试题题面：什么是爬虫？怎样实现网页的爬取？

题面解析：本题主要考查应聘者对爬虫的理解与掌握情况，本题的重点是应聘者不仅要了解爬虫的功能与作用，还要学会利用爬虫来实现对网页数据的爬取。

解析过程：

爬虫又称“网页蜘蛛”或者“网页机器人”，它的本质是一个具有特定爬取规则，能够自动爬取网页信息的程序或代码脚本。

Python 中有很多模块都可以实现爬虫，进行网页的爬取。

1. requests 模块

```
import requests
r=requests.get('http://www.baidu.com')
html=r.text
```

2. urllib2 模块

```
import urllib2
#请求
request=urllib2.Request('http://www.baidu.com')
#响应
response=urllib2.urlopen(request)
```

3. Selenium

Selenium 模块实现的爬虫，可以模拟浏览器，复现用户在浏览器上执行的操作。

4. Scrapy 框架

使用 Scrapy 框架，通过简单的配置，不仅可以爬取到网页，还能将网页中的数据进行处理并保存到数据库中。